全国高校安全工程专业本科规划教材

化 工 安 全

高等学校安全工程学科教学指导委员会组织编写

主　编　蒋军成
主　审　张礼敬

中国劳动社会保障出版社

图书在版编目(CIP)数据

化工安全/蒋军成主编. —北京：中国劳动社会保障出版社，2007
全国高校安全工程专业本科规划教材
ISBN 978-7-5045-6817-5

Ⅰ.化… Ⅱ.蒋… Ⅲ.化学工业-安全工程-高等学校-教材
Ⅳ.TQ086

中国版本图书馆 CIP 数据核字(2007)第181413号

中国劳动社会保障出版社出版发行
（北京市惠新东街1号　邮政编码：100029）
出版人：张梦欣
*
北京市艺辉印刷有限公司印刷装订　新华书店经销
787毫米×960毫米　16开本　18.75印张　327千字
2008年1月第1版　2022年6月第10次印刷
定价：36.00元

读者服务部电话：(010) 64929211/84209101/64921644
营销中心电话：(010) 64962347
出版社网址：http://www.class.com.cn

高等学校安全工程学科教学指导委员会

内 容 简 介

本书从化工物料安全、火灾爆炸、危险化学品泄漏扩散、化工单元操作安全技术、典型反应过程安全技术、事故应急救援六个方面对化工企业生产安全进行了全面系统的阐述。

本书是全国高校安全工程专业本科规划教材，由高等学校安全工程学科教学指导委员会组织编写。本书除作为高等院校安全工程、化学工程、消防工程及相关工程类专业本科生的教学用书外，还可作为从事化学工业、石油化学工业安全生产技术与管理的专业人员的参考用书。

序　言

党的十六届五中全会确立了“安全发展”的指导原则，极大地促进了我国安全科学事业的发展，同时为安全工程学科提供了良好的发展机遇。据初步统计，到目前为止，全国开设安全工程专业的高校已达百余所，安全工程专业已成为我国高等教育中重要的新兴专业之一。

加强教材建设，是促进我国安全工程专业健康发展的重要基础工作。本届（2004—2008年）高等学校安全工程学科教学指导委员会在充分吸收现有教材成果和借鉴上届教指委安全工程专业教材成功编写经验的基础上，于2006年启动了“全国高校安全工程专业本科规划教材”的组织编写和出版工作。第一批安全工程专业本科规划教材包括《安全学原理》《安全管理学》《安全人机工程学》《安全系统工程》《职业卫生概论》《工业通风与除尘》《化工安全》《工业防毒技术》《机械安全工程》《电气安全工程》《防火防爆技术》《锅炉压力容器安全》《安全经济学》《安全心理学》《风险管理与保险》等15种。

本套规划教材的编写力求满足安全工程专业课程体系和课程教学的新发展，立足现实，反映前沿，力求创新，既包括已经成熟并被公认的理论与学术思想，又反映安全工程学科领域具有前瞻性与代表性的最新理论、技术和方法，并借鉴吸收世界上发达国家的先进理论、理念与方法。

在本套教材开发过程中，全国30余所高等学校、科研院所的近百名专家和学者积极参与了教材的编写和审订工作，教指委秘书处、教材开发分委会和中国劳动社会保障出版社做了大量的组织工作，在此向他们表示衷心的感谢！

本套教材的编写和出版，是我国安全工程学科在教材建设方面又迈出的重要一步。虽然我们尽了最大努力，但仍有不足，恳请安全工程领域的专家学者和广大师生提出宝贵意见。

高等学校安全工程学科教学指导委员会

2007 年 7 月

前　言

化工生产过程涉及化学品种类很多，且绝大部分是易燃、易爆、有毒、有腐蚀性的危险化学品，同时生产条件十分苛刻，大部分反应均在高温、高压下进行，这就使化工生产具有巨大的潜在危险性。随着科学技术的发展，化工生产装置的大型化以及高度的自动化、连续化已成为目前化工生产发展的趋势，这使得化工生产一旦发生事故，后果极其严重。因此，化工过程安全问题及事故的应急救援在化工生产中占据着非常重要的位置。

本书从化工物料安全、火灾爆炸、危险化学品泄漏扩散、化工单元操作安全技术、典型反应过程安全技术、事故应急救援六个方面进行了阐述，既注重理论知识的传授，也注重实践经验的总结。本书层次清晰、内容全面、重点突出，具有较强的系统性、实用性和可操作性。

本书旨在为高等院校安全工程、化学工程、消防工程及相关工程类专业本科生提供系统性较强的教学用书，同时也可作为从事化学工业、石油化学工业安全生产技术与管理的专业人员的参考用书。

本书第一、三章部分内容由南京工业大学蒋军成教授编写；第一、二、三章部分内容、第四章及第五章第二、六、七、八节及第一、四、五节部分内容由南京工业大学潘旭海副教授编写；第五章第三、九节及第一、四、五节部分内容由中国人民武装警察部队学院郭艳丽副教授编写；第二章主体内容由青岛科技大学张军教授编写；第六章由江苏工业学院邵辉教授编写。本书最后由南京工业大学蒋军成教授统稿。南京工业大学张礼敬教授审阅了全书。

由于编者水平有限、时间仓促，书中难免存在错误和不当之处，恳请广大读者批评指正。

编　者

2007 年 8 月

前　言

化工生产过程涉及化学[illegible]大部分是易燃、易爆、有毒、有腐蚀性的危险化学品，同时生产条件[illegible]设施的[illegible]下进行，这就使化工生产[illegible]事故[illegible]。[illegible]化工生产装置的大型化[illegible]的自动化[illegible]化工生产一旦发生事故，[illegible]

因此，化工[illegible]非常重要的位置。

本书[illegible]化工[illegible]技术，[illegible]

[illegible]

本书[illegible]工程类专业本科生使用[illegible]工业安全生产[illegible]的专业人员的参考[illegible]。

本书[illegible]第一、二[illegible]章内容[illegible]工业大学[illegible]

[illegible]

[illegible]衷心的[illegible]

编　者
2007年8月

目　　录

第一章 概 论

本章学习目标

1. 了解化工过程生产的特点。
2. 熟悉化工过程生产的主要事故类型。
3. 掌握化工生产物料的主要危险特性及预防措施。

第一节 化工生产的特点

化学工业是运用化学方法从事产品生产的工业，是一个多行业、多品种、在国民经济中占重要地位的工业部门。化学工业作为国民经济的支柱产业，与农业、轻工、纺织、食品、材料建筑及国防等部门有着密切的联系，其产品已经并将继续渗透到国民经济建设的各个领域。中国的化学工业经过几十年的发展，目前已形成相当的规模，如硫酸、合成氨、化肥、农药、烧碱、纯碱等主要化工产品的产量均在世界上名列前茅。

一、化工生产的特点

1. 生产涉及的危险化学品多

化工生产使用的原料、半成品和成品种类繁多，且绝大部分是易燃、易爆、有毒、有腐蚀性的危险化学品。这给生产中对这些原材料、燃料、中间产品和成品的储存和运输都提出了特殊的要求。

2. 化工生产要求的工艺条件苛刻

有些化学反应要在高温、高压下进行，有的化学反应要在低温、高真空度下进行。如：在由轻柴油裂解制乙烯、进而生产聚乙烯的生产过程中，轻柴油在裂解炉中的裂解温度为 800℃；裂解气要在深冷（－96℃）条件下进行分离；纯度为 99.99％的乙烯气体在 294 MPa 压力下聚合，制成聚乙烯树脂。

3. 生产规模大型化

近几十年来，国际上化工生产采用大型生产装置是一个明显的趋势。以化肥为例，20 世纪 50 年代合成氨的最大规模为 6 万吨/年，60 年代初为 12 万吨/年，60 年代末达到 30 万吨/年，70 年代发展到 50 万吨/年，如今已发展到 100 万吨/年以上。

采用大型装置可以明显降低单位产品的建设投资和生产成本，有利于提高劳动生产率。因此，世界各国都在积极发展大型化工生产装置。

4. 生产方式日趋先进

现代化工企业的生产方式已经从过去的手工操作、间歇生产转变为高度自动化、连续化生产；生产设备由敞开式变为密闭式；生产装置由室内走向露天；生产操作由分散控制变为集中控制，继而又发展到计算机控制。

二、化工生产中常见的安全事故

化学工业作为高危行业，重大伤亡事故屡见不鲜。通过大量的化工事故统计分析，可以看出以下几个特点。

1. 爆炸事故屡见不鲜

燃烧爆炸是化工行业生产多发事故之一，主要原因是由行业生产特点决定的，加之违章指挥，违章作业，违反操作规程；设备、工具、附件有缺陷；管理上有漏洞，如规章制度不健全、劳动组织不合理；不懂操作技术知识，操作人员文化素质不高，从而导致燃烧爆炸事故屡屡发生。

2. 泄漏事故普遍发生

泄漏中毒灼伤事故是化工生产普遍发生的事故，是导致职业病发病的主要渠道之一。由于有毒物质大多是原料和中间产物，在生产过程中以气体或液体状态存在，在发生泄漏事故的情况下，有害物质迅速外泄并污染作业环境，如果防护不当或应急救援不及时，很容易发生急性中毒、慢性中毒、职业性皮炎和化学灼伤等伤害事故。

分析泄漏事故的原因，主要是设备密封不严、严重腐蚀穿孔、超压引起设备与管道突然断裂、检修时未加设挡板、有毒气体倒流负压系统、阀门泄漏、操作失误、管理混乱和规章制度不落实等。

3. 相同事故接连不断

不论是化工设备还是化工机器，有些事故会重复发生，甚至在一台设备上连续发生多次。

4. 恶性事故没能遏制

从发生设备事故的数量及事故的严重性来看，总的趋势有所增加和发展，重大恶性事故没能遏制。

5. 设备缺陷比例很大

在大量的设备事故中，因设计制造缺陷而导致的事故所占比例很大。例如自制设备，擅自修改图纸改装设备，材质不符合要求、随意选用代材，铸造、焊接质量低劣，以及管件、阀门质量不佳而留下隐患等。

6. 正常生产时事故隐患多

（1）化工生产中有许多副反应，有些机理尚不完全清楚，有些则是在危险边缘（如爆炸极限）附近生产，如乙烯制环氧乙烷，生产条件稍一变化就会发生严重事故，间歇生产更是如此。

（2）化工工艺中影响各种参数的干扰因素很多，参数很容易发生偏移，而参数的偏移是事故的根源之一，即使在自动调节的过程中也会发生失调或失控现象，人工调节更易发生事故。

（3）由于人的素质或人机工程设计欠佳，往往造成误操作，如看错仪表、开错阀门等。特别是现代化生产中，人是通过控制台进行操作的，发生误操作的机会更多。

通过对我国化工系统重大工伤事故的分析可见，爆炸、中毒、火灾、灼烫为最常见的事故类别。就上述四种类型事故的平均每起致死人数而言，爆炸引起的平均死亡人数最多，其次为火灾、中毒、灼烫。化工事故的危害取决于所涉及的化学物质种类、致伤因素、操作条件和现场特点等。

第二节　化工生产与安全

化工生产中，从原料、中间体到成品，大都具有易燃易爆、有毒有害等危险；化工工艺过程复杂多样，高温、高压、深冷等不安全因素很多，这些化工危险因素大多都具有潜在的性质，即存在着“危险源”。危险源在一定条件下可以发展成为“事故隐患”，而事故隐患继续失去控制，就会导致“事故”的发生。总体来说，化工生产中一般易发生如下几类事故：燃烧与爆炸，电气事故，静电和雷电事故，职业中毒与尘肺，压力容器爆炸，化工厂腐蚀等。

一、燃烧与爆炸

燃烧是可燃物与助燃物发生的一种发光放热的化学反应。爆炸是物质发生急剧的物理、化学变化，在瞬间释放出大量的能量并伴随有巨大声响的过程。在爆炸过程中，爆炸物质快速释放的能量，变为对爆炸物质本身、爆炸产物及周围介质的压缩能或运动能。物质爆炸时，大量能量在极短的时间和有限体积内突然释放并聚集，造成高温高压，对邻近介质形成巨大的压力并引起随后的复杂运动。爆炸介质在压力的作用下，表现出不寻常的运动或机械破坏效应，以及爆炸介质受振动而产生的音响效应。

二、电气事故

人体作为电的良导体，如果成为电路的一部分，电流将在其中通过，造成对人体的伤害，工业上的许多伤亡事故都是由于对电的职业暴露引起的。触电事故依照其作用方式的不同可分为电击和电伤两种类型。人遭电击后会引起胸肌收缩、神经中枢麻痹、心跳暂停、出血等症状。人体遭受数十毫安工频电流电击时，时间稍长即会致命。电击是全身伤害，但一般不在身体表面留下大面积明显伤痕。电伤是电能转变为热能、化学能、机械能等其他形式的能，能对人体造成伤害。如由于电流的热效应，会引起细胞组织的损害或烧伤；供能电路的合闸或短路产生的电弧可造成人体的深度灼伤；电能转化为化学能或机械能，会在人体留下电印记、皮肤金属化和机械损伤等。电伤多属局部性伤害，在人体表面留有明显伤痕。

除了触电事故以外，火灾和爆炸也是电气灾害的主要形式。电气火灾和爆炸在火灾和爆炸中占有很大的比例。电气火灾和爆炸除了可能造成人身伤亡和设备、设施损坏外，还可能造成大规模停电，导致重大经济损失。电气火灾和爆炸的原因主要有：电气线路、电动机、电力变压器、开关设备、插销座、灯具、电炉、电焊机等电气设备的设计、安装、运行和维修不当。

三、静电和雷电事故

静电包括固体静电、液体静电、粉尘静电、气体静电和人体静电。

1. 固体静电

绝缘材料现在越来越多地用于化工生产设备和构件，这类材料（例如，流经塑料管道的粉体流或液体流等）很容易通过接触起电而带电。绝缘材料的带电给生产带来的危害有两方面：一是由于电场力作用使生产不能顺利进行；二是对化工生产环境中存在可燃气体的场合，静电放电可成为引燃引爆的点火源。后者是十分危险的。

2. 液体静电

当液体带电时，电场存在于其内部及周围空间，当场强足够高时，就会发生放电。一般来说，发生在液体内部的放电没有引燃危险，但可以引起化学变化，这种变化能改变液体的性能或引起有关设备的腐蚀。空气中的放电是危险的，油罐内部液面与接地罐壁或其他金属构件之间的场强超过击穿强度时，即发生放电。

3. 粉尘静电

当尘云中所产生的场强足够高时，就会发生尘云内部放电或尘云对大地的放电，它可引燃非常敏感的混合物，如悬浮的细微粉尘或可燃混合气体。而对于结块粉体放电，随着粉体结块的形成，其电荷密度及周围电场强度将会增高，发生静电放电的概率也会相应增大。

4. 气体静电

纯净气体或气体混合物的运动，产生静电的数量是极小的。然而悬浮在气体中的液体或固体颗粒能够产生和携带较多的静电电荷，带电是由粒子的接触而产生的。

5. 人体静电

人体的体电阻率很低，可视为导体。当人体穿着绝缘鞋或站在绝缘地板上时，人体能够通过感应而带电，也能与其他带电体接触而带电，其危害主要有人体火花放电和衣物放电。

雷电是一种自然放电现象，其危害有：爆炸和火灾、电击、毁坏设备和设施、造成停电事故等。

四、职业中毒与尘肺

职业中毒是指在生产劳动过程中由于接触化学毒物引起的中毒。化学工业是毒性物质品种最多、数量最大、分布最广的行业，化学工业生产中大多接触毒物，许多化工产品的原料、中间体和产品本身就是毒性物质，再加上副产物和过程辅助物料，毒性物质可以说是无时不有、无处不在。由于生产工艺的需要和加工过程，例如加热、加压、破碎、溶解等操作，使工业毒物在生产环境中常呈气体、蒸气、雾、烟尘、粉尘等形态存在。在职业中毒中，毒性物质主要是通过呼吸道和皮肤侵入人体的。

尘肺是由于长期从事粉尘作业，尘肺患者两肺产生进行性、弥漫性的纤维组织增生，逐渐发展影响呼吸机能及其他器官的功能。它是最常见、危害最严重的一类职业病。在化工生产中，许多作业都接触粉尘：如化学矿的凿岩、爆破、装渣、运输、选矿；化工机械制造的选型、清砂、混砂；金属研磨、电焊；染料、树脂的干燥、包装、储运等。

五、压力容器爆炸

对于压力容器，反应、分离、传热、储运等化工过程，都在其中进行，并伴随有一定的化学腐蚀和热学环境，所处理的工艺介质多数易燃、易爆、有毒，一旦发生事故，所造成的损害要比常温常压机械设备大得多，而且易引发中毒、火灾、爆炸等次生灾害。对压力容器而言，其最常见的失效形式是破裂失效，通常分为以下几种形式。

1. 韧性破裂

韧性破裂是指压力容器壳体承受过高的应力，以致超过或远远超过其屈服极限和强度极限，使壳体产生较大的塑性变形，最终导致破裂。

2. 脆性破裂

它是压力容器未发生明显塑性变形就破坏的破裂形式。化工容器常发生低应力脆断，主要原因是热学环境、载荷作用和容器本身结构缺陷所致。所处理的介质易造成容器应力腐蚀、晶间腐蚀、氢损伤、高温腐蚀、热疲劳、腐蚀疲劳、机械疲劳等，使焊缝和母材原发缺陷易于扩展开裂，或在应力集中区易产生新的裂纹并扩展开裂，使容器承受的应力低于设计应力而破坏。

3. 疲劳破裂

压力容器长期在交变载荷作用下运行，其承压部件发生破裂或泄漏，容器外观没有明显的塑性变形，而且是突发性的破裂，它往往发生在应力较高或存在材料缺陷处。如果容器材料强度较低而韧性较好，不一定发生破裂，而是疲劳裂纹穿透器壁发生泄漏。如果容器材料强度偏高而韧性较差，则会发生爆破事故。

4. 应力腐蚀破裂

所谓应力腐蚀破裂是指容器材料在特定的介质环境中，在拉应力作用下，经一定时间后发生开裂或破裂的现象。由于压力容器广泛使用在石油、化工等工业部门，因此腐蚀破裂是压力容器破裂的最常见的形式。由于许多压力容器材料对应力腐蚀敏感，所以应力腐蚀是压力容器最重要的一种腐蚀形式。

5. 蠕变破裂

在高温下运行的压力容器，当操作温度超过一定限度，材料在应力作用下发生缓慢的塑性变形，塑性变形经长期累积，最终会导致材料破裂。蠕变破裂有明显的塑性变形和蠕变小裂纹，断口无金属光泽呈粗糙颗粒状，表面有高温氧化层或腐蚀物。

六、化工厂腐蚀造成的事故

在化工生产中，所用原料及中间产品、成品等大部分具有腐蚀性，对建（构）筑物、机械、设备、仪表、电气设施，均会造成腐蚀破坏，严重影响生产安全。按照腐蚀机理可分为缝隙腐蚀、孔蚀、晶间腐蚀、应力腐蚀破裂、氢损伤、腐蚀疲劳、选择性腐蚀七类。

1. 缝隙腐蚀

即在电解液中，金属与金属、金属与非金属之间构成窄缝空腔内发生的一种腐蚀。化工生产中，管道连接处，衬板、垫片处，设备污泥沉积处及设备外部尘埃、腐蚀产物的附着处，易产生此类腐蚀。当金属涂层破损时，金属与涂层之间也会发生缝隙腐蚀。

2. 孔蚀

即集中于金属表面个别小点上深度较大的腐蚀。其腐蚀机理是金属表面由于露头、错位、介质不均匀等缺陷，使其表面膜的完整性遭到破坏，成为点蚀源。该点蚀源在某段时间内是活性状态，电极电位为负，与表面其他部位构成局部腐蚀微电池。在大阴极小阳极的条件下，点蚀源的金属迅速被溶解形成孔洞。

3. 晶间腐蚀

即一种沿金属晶粒间的分界面向内部扩展的腐蚀，它可以在外观无变化的情况下，完全丧失金属的强度。其机理是由于金属材料在腐蚀环境中，晶粒表面和内部的物理化学和电化学性能有差异时，会在它们之间构成腐蚀电池，使腐蚀沿晶粒边界向前发展，致使材料的晶粒间失去结合力。

4. 氢损伤

包括氢腐蚀和氢脆。氢腐蚀是在高温高压下，氢引起钢组织的化学变化，使其机械性能受损，被腐蚀的钢强度、塑性下降，宏观是脆断。氢脆是由于氢扩散到金属内部，使材料发生脆化的现象。

5. 腐蚀疲劳

材料在腐蚀环境中，受交变应力作用产生的破坏。

6. 选择性腐蚀

合金腐蚀时，其某种组分有选择性的溶解。常见的有黄铜脱锌和铸铁石墨化等。

第三节　化工物料安全

化工生产中的物料大都具有易燃、易爆、有毒、有腐蚀性等化学危险性，都属于化学危险品。由于危险化学品品种繁多，性质各异，危险性大小不一，有的还常常具有多重危险特性。

一、爆炸品

1. 爆炸品

爆炸品是指在外界作用下（如受热、撞击等）能发生剧烈的化学反应，瞬时产生大量的气体和热量，使周围压力急剧增大，发生爆炸，对周围环境造成破坏的物品。也包括无整体爆炸危险，但具有着火、抛射及较小爆炸危险，或仅产生热、光、声响或烟雾等一种或几种效应的烟火物品。不包括与空气混合才能形成爆炸性气体、蒸气和粉尘的物质。

2. 爆炸品的危险特性

爆炸品是爆炸物质和以爆炸物质为原料制成的成品物质在内的物品的总称。以炸药的危险特性为例。

炸药的危险特性就是敏感易爆性。炸药的敏感性是指炸药在受到环境的加热、撞击、摩擦或电火花等外能作用时发生着火或爆炸的难易程度，这是炸药的一个重要特性。炸药对外界作用的敏感程度不同，且差别很大。例如，碘化氮若用羽毛轻轻触动就可能引起爆炸；而常用的炸药 TNT 即使用枪弹射穿也可能不会爆炸。

二、压缩气体和液化气体

1. 定义

指在温度＜50℃，包装容器内蒸气压力＞300 kPa 或在标准大气压 101.3 kPa，温度在 20℃时，在包装容器内完全处于气态的物质。

2. 压缩气体和液化气体的危险特性

(1) 易燃易爆性。压缩气体或液化气体中，约有 54.1%是可燃气体。可燃气体的主要危险性是易燃易爆性，所有处于燃烧浓度范围之内的可燃气体，遇火源都可能发生着火或爆炸，有的可燃气体遇到极微小能量的着火源的作用即可引爆。

可燃气体的易燃易爆性具有以下三个特点：

1) 比液体、固体易燃，且燃速快，一燃即尽。这是因为气体分子间引力小，容易断键，不需要熔化分解过程，也不需要用以熔化、分解所消耗的热量。

2）一般来说，由简单成分组成的气体比复杂成分组成的气体易燃，燃速快，火焰温度高，着火爆炸危险性大。如氢气比甲烷、一氧化碳等组成复杂的可燃气体易燃，且爆炸浓度范围大。这是因为单一成分的气体不需受热分解的过程和分解所消耗的热量。

3）价键不饱和的可燃气体比相对应价键饱和的可燃气体的火灾危险性大。这是因为不饱和的可燃气体的分子结构中有双键或三键存在，化学活性强，在通常条件下，即能与氯、氧等氧化性气体起反应而发生着火或爆炸，所以火灾危险性大。

（2）扩散性。处于气体状态的任何物质都没有固定的形状和体积，且能自发地充满任何容器。由于气体的分子间距大，相互作用力小，所以非常容易扩散。

（3）可缩性和膨胀性。任何物体都有热胀冷缩的性质，气体也不例外，其体积也会因温度的升降而胀缩，且胀缩的幅度比液体要大得多。当储存在固定容积容器内的气体被加热时，温度越高，其膨胀后形成的压力就越大。如果盛装压缩或液化气体的容器（钢瓶）在储运过程中受到高温、暴晒等热源作用时，容器、钢瓶内的气体就会急剧膨胀，产生比原来更大的压力。当压力超过了容器的耐压强度时，就会引起容器的膨胀，甚至爆裂，造成事故。因此，在储存、运输和使用压缩气体和液化气体的过程中，一定要注意采取防火、防晒、隔热等措施；在向容器、气瓶内充装时，要注意极限温度和压力，严格控制充装量。防止超装、超温、超压。

（4）带电性。从静电产生的原理可知，任何物体的摩擦都会产生静电，氢气、乙烯、乙炔、天然气、液化石油气等压缩气体或液化气体从管口或破损处高速喷出时也同样能产生静电。其主要原因是气体本身剧烈运动造成分子间的相互摩擦；气体中含有的固体颗粒或液体杂质在压力下高速喷出时与喷嘴产生的摩擦等。

液化石油气喷出时，产生的静电电压可达 9 000 V，其放电火花足以引起燃烧。因此，压力容器内的可燃压缩气体或液化气体在容器、管道破损时或放空速度过快时，都易产生静电，一旦放电就会引起着火或爆炸事故。

（5）腐蚀性、毒害性和窒息性。

1）腐蚀性。这里所说的腐蚀性主要是指一些含氢、硫元素的气体具有腐蚀性。如硫化氢、硫氧化碳、氨、氢等，都能腐蚀设备，削弱设备的耐压强度，严重时可导致设备系统裂隙、漏气，引起火灾等事故。目前危险性最大的是氢，氢在高压下能渗透到碳素中去，使金属容器发生“氢脆”。因此，对盛装这类气体的容器，要采取一定的防腐措施。

2）毒害性。压缩气体和液化气体中，除氧气和压缩空气外，大都具有一定的毒害性。毒性最大的是氰化氢，空气中的氰化氢浓度达到 300 mg/m^3 时，能够使人立即死亡；达到 200 mg/m^3 时，10 min 后死亡；达到 100 mg/m^3 时，一般在 60 min后死亡。不仅如此，氰化氢、硫化氢、二甲胺、氨、三氟氯乙烯等气体，除具有相当的毒害性外，还具有一定的着火爆炸性。

3）窒息性。除氧气和压缩空气外，其他压缩气体和液化气体都具有窒息性。一般地，压缩气体和液化气体的易燃易爆性和毒害性易引起人们的注意，而其窒息性往往被忽视，尤其是那些不燃无毒的气体。如氮、二氧化碳及氩等惰性气体，这些气体一旦泄漏于房间或大型设备及装置内时，均会使现场人员窒息死亡。另外，充装这些气体的气瓶也是压力容器，在受热时，气瓶压力将会升高，当超过其强度时便会发生爆裂。

三、易燃液体

1. 易燃液体

易燃液体是指闪点≤61℃（闭杯试验温度）时能够放出易燃蒸气的液体、液体混合物或含有处于悬浮状态的固体混合物的液体；或液体的闪点＞61℃（闭杯试验温度），但运输温度大于等于液体的闪点和液体在加温条件下运输时会放出易燃蒸气的液体，以及退敏爆炸品液体等。

2. 易燃液体的危险特性

（1）高度易燃。由于液体的燃烧是通过其挥发出的蒸气与空气形成可燃性混合物，在一定的浓度范围内遇火源点燃而实现的，因而液体的燃烧是液体蒸气与空气中的氧进行的剧烈反应。由于易燃液体的沸点都很低，故十分易于挥发出易燃蒸气，且液体表面的蒸气压较大，加之着火所需的能量极小，故易燃液体都具有高度的易燃性。如二硫化碳的闪点为－30℃，最小引燃能量为 0.015 mJ；甲醇闪点为 11.11℃，最小引燃能量为 0.215 mJ。

（2）蒸气易爆。由于液体在任意温度下都能蒸发，所以，在存放易燃液体的场所也都蒸发有大量的易燃蒸气，并常常在作业场所或储存场地弥漫。由于易燃液体具有这种蒸发性，所以当挥发出的易燃蒸气与空气混合，达到爆炸浓度范围时，遇火源就会发生爆炸。易燃液体的挥发性越强，这种爆炸危险就越大；同时，这些易燃蒸气可以任意飘散，或在低洼处聚积（油品蒸气的相对密度为 1.59～4），使得易燃液体的储存更具有火灾危险性。

（3）受热膨胀性。易燃液体也和其他物质一样，有受热膨胀性。故储存于密闭容器中的易燃液体受热后，在本身体积膨胀的同时会使蒸气压力增加，如若超过了容器所能承受的压力限度，就会造成容器膨胀，以致爆裂。所以，对盛装易燃液体的容器，应留有不少于5%的空隙，夏天要储存于阴凉处或用喷淋冷水降温的办法加以防护。

（4）流动性。流动性是任何液体的通性，由于易燃液体易着火，故其流动性的存在更增加了火灾危险性，如易燃液体渗漏会很快向四周流淌，并由于毛细管和浸润作用，能扩大其表面积，加快挥发速度，提高空气中的蒸气浓度。所以，为了防止液体泄漏、流散，在储存工作中应备置事故槽（罐），构筑防火堤、设置水封井等；液体着火时，应设法堵截流散的液体，防止火势扩大蔓延。

（5）带电性。多数易燃液体都是电介质，在灌注、输送、喷流过程中能够产生静电，当静电荷聚集到一定程度则会放电发火，故有引起着火或爆炸的危险。液体产生静电荷的多少，除与液体本身的介电常数和电阻率有关外，还与输送管道的材质和液体流速有关。管道内表面越光滑，产生的静电荷越少；流速越快，产生的静电荷则越多。

（6）毒害性。易燃液体大都本身或其蒸气具有毒害性，有的还有刺激性和腐蚀性。

四、易燃固体、自燃物品和遇湿易燃物品

1. 易燃固体

易燃固体是指燃点低，对热、撞击、摩擦敏感，易被外部火源点燃，燃烧迅速并可能散发出有毒烟雾或有毒气体的固体。其主要危险特性如下：

（1）燃点低，易点燃。易燃固体的着火点都比较低，一般都在300℃以下，在常温下只要有能量很小的着火源与之作用即能引起燃烧。如镁粉、铝粉只要有20 mJ的点火能即可点燃；硫磺、生松香则只需15 mJ的点火能即可点燃。有些易燃固体当受到摩擦、撞击等外力作用时也能引发燃烧。所以，易燃固体在储存、运输、装卸过程中，应当注意轻拿轻放，避免摩擦撞击等外力作用。

（2）遇酸、氧化剂易燃易爆。绝大多数易燃固体遇无机酸性腐蚀品、氧化剂等能够立即引起着火或爆炸。如萘与发烟硫酸接触反应非常剧烈，甚至引起爆炸；红磷与氯酸钾相遇，稍经摩擦或撞击，就会引起着火或爆炸。所以，易燃固体绝对禁止和氧化剂、酸类混储混运。

（3）本身或燃烧产物有毒。很多易燃固体本身就是具有毒害性或燃烧后能产生有毒气体的物质，如硫磺等，不仅与皮肤接触（特别是夏季有汗的情况下）能引起中毒，而且粉尘吸入后，亦能引起中毒；硝基化合物、硝化棉及其制品等易燃固

体，由于本身含有硝基（—NO_2）、亚硝基（—NO）等不稳定的基团，在快速燃烧的条件下，还有可能转为爆炸，燃烧时亦会产生大量的一氧化碳、氧化氮、氢氰酸等有毒气体，故应特别注意防毒。

（4）自燃危险性。易燃固体中的赛璐珞、硝化棉及其制品等在积热不散的条件下都容易自燃起火，硝化棉在 40℃的条件下就会分解。因此，这些易燃固体在储存和运输时，一定要注意通风、降温、散潮，堆垛不可过大、过高，加强管理，防止自燃造成火灾。

2．自燃物品

自燃物品是指在环境中易于发生放热反应，放出热量而自行燃烧的物品。自燃物品的危险特性主要表现在以下几个方面：

（1）遇空气自燃。自燃物品大部分性质非常活泼，具有极强的还原性，接触空气后能迅速与空气中的氧化合，并产生大量的热，达到其自燃点而着火，接触氧化剂和其他氧化性物质反应更加剧烈，甚至爆炸。如黄磷遇空气即自燃起火，生成有毒的五氧化二磷。所以此类物品的包装必须保证密闭，充氮气保护或据其特性用液封密闭（如黄磷须存放于水中）等。

（2）遇湿易燃。硼、锌、锑、铝的烷基化合物类，烷基铝氢化合物类，烷基铝卤化物类，烷基铝类（三乙基铝等）的自燃物品，化学性质非常活泼，具有极强的还原性，遇氧化剂和酸类反应剧烈。除在空气中能自燃外，遇水或受潮还能分解而自燃或爆炸。如三乙基铝在空气中能氧化而自燃；此外，三乙基铝遇水还能发生爆炸。所以，在储存、运输、销售时，包装应充氮密封，防水、防潮，起火时不可用水或泡沫等含水的灭火剂扑救。

（3）积热自燃。硝化纤维的胶片、废影片、X 光片等，由于本身含有硝酸根，化学性质很不稳定，在常温下就能缓慢分解，当堆积在一起或仓库通风不好时，分解反应产生的热量无法散失，放出的热量越积越多，便会自动升温达到其自燃点而着火，火焰稳定可达 1 200℃。另外，此类物品在阳光及水分的影响下也会加速氧化，分解出一氧化氮。一氧化氮在空气中会与氧化合生成二氧化氮，而二氧化氮与潮湿空气中的水汽化合又能生成硝酸及亚硝酸，二者会进一步加速硝化纤维及其制品的分解。此类物品在空气充足的条件下燃烧速度极快，比相应数量的纸张快 5 倍，且在燃烧过程中能产生有毒和刺激性的气体。灭火时可用大量水，但要注意防止复燃和防毒。火焰扑灭后应当立即掩埋。

3．遇湿易燃物品

遇湿易燃物品是指遇水或受潮时可发生剧烈的化学反应，并放出大量的易燃气体和热量的物品。该项物品是以实验结果为依据的。其特点是：遇水、酸、碱、潮湿发生剧烈的化学反应，放出可燃气体和热量。当热量达到可燃气体的自燃点或接触外来火源时，会立即着火或爆炸。

遇湿易燃物品主要包括碱金属、碱土金属及其硼烷类和氰化钙、锌粉等金属粉末类。

（1）遇水易燃易爆。这是该类物品的通性，其特点是：

1）遇水后发生剧烈的化学反应使水分解，夺取水中的氧与之化合，放出可燃气体和热量。如金属钠、氢化钠、二硼氢等遇水反应剧烈，放出氢气多，产生热量大，能直接使氢气燃爆。

2）遇水后反应较为缓慢，放出的可燃气体和热量少，可燃气体接触明火时才可引起燃烧。如氢化铝、硼氢化钠等都属于这种情况。

3）电石、碳化铝、甲基钠等遇湿易燃物品盛放在密闭容器内，遇湿后放出的乙炔和甲烷及热量逸散不出来而积累，致使容器内的气体越积越多，压力越来越大，当超过了容器的强度时，就会胀裂容器以致发生化学爆炸。

（2）遇氧化剂或酸着火爆炸。遇湿易燃物品除遇水能反应外，遇到氧化剂、酸也能发生反应，而且比遇到水反应得更加剧烈，危险性更大。有些遇水反应较为缓慢，甚至不发生反应的物品，当遇到酸或氧化剂时，也能发生剧烈反应。如锌粒在常温下放入水中并不会发生反应，但放入酸中，即使是较稀的酸，反应也非常剧烈，放出大量的氢气。这是因为遇湿易燃物品都是还原性很强的物质，而氧化剂和酸类等物品都具有较强的氧化性。

（3）自燃危险性。有些物品不仅有遇湿易燃的危险，而且还有自燃的危险。如金属粉末类的锌粉、铂镁粉等，在潮湿空气中能自燃，与水接触，特别是在高温下反应比较强烈，能放出氢气和热量。

（4）毒害性和腐蚀性。在遇湿易燃物品中，有一些与水反应生成的气体是易燃有毒的，如乙炔、磷化氢等。尤其是金属的磷化物、硫化物与水反应，可放出有毒的可燃气体及热量；同时，遇湿易燃物品本身有很多也是有毒的，如钠汞齐、钾汞齐等都是毒害性很强的物质。硼和氢的金属化合物类的毒性比氰化氢、光气的毒性还大。因此，还应特别注意防毒。

五、氧化剂和有机过氧化物

1. 氧化剂

氧化剂是指处于高氧化态，具有强氧化性，易于分解并放出氧和热量的物质，包括含有过氧基的无机物。其特点是本身不一定可燃，但能导致可燃物的燃烧，与松软的粉末状可燃物能形成爆炸性混合物，对热、震动或摩擦较为敏感。其主要危险特性如下：

（1）强烈的氧化性。氧化剂多为碱金属、碱土金属的盐或过氧化基所组成的化合物。其特点是氧化价态高，金属活泼性强，易分解，有极强的氧化性；本身不燃烧，但与可燃物作用能发生着火和爆炸。

（2）受热被撞分解性。在现行列入氧化剂管理的危险品中，除有机硝酸盐类外，都是不燃物质，但当受热、被撞或摩擦时，极易分解出原子氧，若接触易燃物、有机物，特别是与木炭粉、硫磺粉、淀粉等粉末状可燃物混合时，能引起着火和爆炸。

（3）与可燃液体作用自燃性。有些氧化剂与可燃液体接触能引起自燃。如高锰酸钾与甘油或乙二醇接触，过氧化钠与甲醇或乙酸接触，铬酸与丙酮或香蕉水接触等，都能自燃起火，故在储运这些氧化剂时，一定要与可燃液体隔离，分仓储存，分车运输。

（4）与酸作用分解性。氧化剂遇酸后，大多数能发生反应，而且反应常常是剧烈的，甚至引起爆炸。因此，氧化剂不可与硫酸、硝酸等酸类物质混储混运。这些氧化剂着火时，也不能用泡沫和酸碱灭火器扑救。

（5）与水作用分解性。有些氧化剂，特别是过氧化钠、过氧化钾等活泼金属的过氧化物，遇水或吸收空气中的水蒸气和二氧化碳时，能分解放出原子氧，致使可燃物质爆燃。

此外，漂白剂（主要成分是次氯酸钙）吸水后，不仅能放出原子氧，还能放出大量的氯；高锰酸锌吸水后形成的液体，接触纸张、棉布等有机物能立即引起燃烧。所以，这类氧化剂在储运中，要严密包装，防止受潮、雨淋。着火时禁止用水扑救，也不能用二氧化碳扑救。

（6）强氧化剂与弱氧化剂作用的分解性。在氧化剂中，强氧化剂与弱氧化剂相互之间接触能发生复杂分解反应，产生高热而引起着火或爆炸。因为弱氧化剂在遇到比其氧化性强的氧化剂时，又呈还原性，如漂白粉、亚硝酸盐、亚氯酸盐、次氯酸盐等，当遇到氯酸盐、硝酸盐等氧化剂时，即显示还原性，并发生剧烈反应，引起着火或爆炸。如硝酸铵与亚硝酸钠作用能分解生成硝酸钠和比其危险性更大的亚硝酸铵。

（7）腐蚀毒害性。绝大多数氧化剂都具有一定的毒害性和腐蚀性，能毒害人体，烧伤皮肤。如二氧化铬（铬酸）既有毒害性又有腐蚀性，故储运这类物品时应注意安全防护。

2. 有机过氧化物

有机过氧化物是指分子组成中含有过氧基的有机物。有机过氧化物是一种含有二价的—O—O—结构的有机物质，也可能是过氧化氢的衍生物。由于分子组成中含有过氧基，所以热稳定性很差，可发生放热反应并加速分解过程。其危险特性可归纳为以下几点：

（1）分解爆炸性。由于有机过氧化物都含有过氧基—O—O—，而—O—O—基是极不稳定的结构，对热、震动、冲击或摩擦都极为敏感，所以当受到轻微的外力作用时即分解。如过氧化二乙酰，纯品制成后存放 24 h 就可能发生强烈的爆炸；过氧化二苯甲酰当含水在 1%以下时，稍有摩擦即能爆炸；过氧乙酸（过乙酸）纯品极不稳定，在－20℃时也会爆炸，浓度大于 45%时就有爆炸性，作为商品制成含量为 40%的溶液时，在存放过程中仍可分解出氧气，加热至 110℃时即爆炸。

（2）易燃性。有机过氧化物不仅极易分解爆炸，而且还特别易燃。如过氧化叔丁醇的闪点为 26.67℃，过氧化二叔丁酯的闪点只有 12℃。有机过氧化物当受热或与杂质（如酸、重金属化合物、胺等）接触或摩擦、碰撞而发热分解时，可产生有害或易燃气体或蒸气；许多有机过氧化物易燃，而且燃烧迅速而猛烈，当封闭受热时极易由迅速的爆燃而转为爆轰。所以扑救有机过氧化物火灾时应特别注意爆炸的危险性。

（3）人身伤害性。有机过氧化物的人身伤害性主要表现为容易伤害眼睛，如过氧化环己酮、叔丁基过氧化氢、过氧化二乙酰等，都对眼睛有伤害作用，其中有些即使与眼睛有短暂的接触，也会对角膜造成严重的伤害。因此，应避免眼睛接触有机过氧化物。

六、毒害品

毒害品是指进入人体后累积达到一定的量，能与体液组织发生生物化学作用或生物物理学变化，扰乱或破坏机体的正常生理功能，引起暂时性或持久性的病理状态，甚至危及生命安全的物品。

毒害品的定量标准是根据施毒的途径，按半数致死剂量来确定的：通常是指急性经口吞咽毒性，固体 $LD_{50}\leqslant$200 mg/kg，液体 $LD_{50}\leqslant$500 mg/kg，或急性经皮肤接触毒性 $LD_{50}\leqslant$1 000 mg/kg；急性烟雾、粉尘的吸入毒性 $LD_{50}\leqslant$10 mg/L 的固体或液体，以及列入危险货物品名表的农药。毒害品的主要危险特性如下。

1. 毒害性

毒害品的主要危险性是毒害性，主要表现为对人体及其他动物的伤害。但伤害是有一定途径的，引起人体及其他动物中毒的主要途径是呼吸道、消化道和皮肤。

（1）呼吸中毒。在毒害品中，挥发性液体的蒸气和固体的粉尘最容易通过呼吸器官进入人体。尤其在火场上和抢救疏散毒害品过程中，接触毒品的时间较长，消防人员呼吸量大，很容易引起呼吸中毒。如氢氰酸、溴甲烷、苯胺、三氧化二砷等的蒸气和粉尘，都能经过人的呼吸道进入肺部，被肺泡表面所吸收，随着血液循环引起中毒。此外，呼吸道的鼻、喉、气管黏膜等，也具有相当大的吸收能力，很易吸收毒物而引起中毒。呼吸中毒比较快，而且严重，因此，扑救毒害品火灾的人员，应佩戴必要的防毒器具，以免引起中毒。

（2）消化中毒。消化中毒是指毒害品侵入人体消化器官引起的中毒。此种中毒通常是在进行毒品操作后，未经漱口、洗手就饮食、吸烟，或在操作中误将毒品服入消化器官，进入胃肠引起中毒。由于人的肝脏对某些毒物具有解毒功能，所以消化中毒较呼吸中毒缓慢。有些毒品如砷和它的化合物，在水中不溶或溶解度很低，但通过胃液后会变为可溶物被人体吸收而引起人身中毒。

（3）皮肤中毒。一些能溶于水或脂肪的毒物接触皮肤后，都易侵入皮肤引起中毒。如芳香族的衍生物，硝基苯、苯胺、联苯胺、农药中的有机磷、有机汞等毒物，能通过皮肤破裂的地方侵入人体，并随着血液循环而迅速扩散。特别是氰化物的血液中毒，能极其迅速地导致死亡。此外，氯苯乙酮等毒物对眼角膜等人体的黏膜有较大的危害。

2. 火灾危险性

从列入毒害品管理的物品分析，约89%都具有火灾危险性，主要有以下几方面：

（1）遇湿易燃性。无机毒害品中金属的氰化物和硒化物大都本身不燃，但都有遇湿易燃性。如钾、钠、钙、锌、银等金属的氰化物（如氰化钾、氰化钠等），遇水或受潮都能放出极毒且易燃的氰化氢气体；硒化镉、硒化铁、硒化锌、硒化铅、硒粉等硒的化合物类，遇酸、高热、酸雾或水解能放出易燃且有毒的硒化氢气体；硒酸、氧氯化硒还能与磷、钾猛烈反应。

（2）氧化性。在无机毒害品中，锑、汞和铅等金属的氧化物本身不燃，但都具有氧化性，如五氧化二锑（锑酐）本身不燃，但氧化性很强，380℃时即分解；四氧化铅（红丹）、红降汞（红色氧化汞）、黄降汞（黄色氧化汞）、硝酸铊、硝酸汞、钒酸钾、钒酸铵、五氧化二钒等，它们本身都不燃，但都是弱氧化剂，在500℃时分解，与可燃物接触后，易引起着火或爆炸，并产生毒性极强的气体。

（3）易燃性。毒害品中有很多是透明或油状的易燃液体，有的系低闪点液体，如溴乙烷的闪点低于－20℃，三氟丙酮的闪点小于－1℃，三氟乙酸乙酯的闪点为－1℃。卤代醇、卤代酮、卤代醛、卤代酯等有机的卤代物，以及有机磷、硫、氯、砷、硅、腈、胺等，都是甲、乙类或丙类液体及可燃粉剂，马拉硫磷等农药都是丙类液体。

硝基苯、菲醌等芳香环、稠环及杂环化合物类毒害品，阿片生漆、尼古丁等天然有机毒害品类，遇明火都能够燃烧，遇高热分解出气体。

（4）易爆性。毒害品中的叠氮化钠，芳香族含 2、4 位两个硝基的氯化物、萘酚、酚钠等化合物，遇高热、撞击等都可引起爆炸，并分解出有毒气体。如2，4—二硝基氯化苯，毒性很高，遇明火或受热至 150℃以上有引起爆炸或着火的危险。砷酸钠、氟化砷、三碘化砷等砷及砷的化合物类，本身都不燃，但遇明火或高热时，易升华放出极毒的气体。三碘化砷遇金属钾、钠时，还能形成对撞击敏感的爆炸物。

七、腐蚀品

1. 腐蚀品

腐蚀品是指能灼伤人体组织，并对金属等物品造成损坏的固体或液体。其区分标准是：皮肤接触在 4 h 以内出现可见坏死现象；或温度在 55℃时，对 20 号钢的表面均匀年腐蚀超过 6.25 mm 的固体或液体。

2. 腐蚀品的危险特性

（1）腐蚀性。当一种物质与其他物质接触时，会使其他物质发生化学变化或电化学变化而受到破坏，这种性质就叫腐蚀性，它是腐蚀性物品的主要危险特性如下：

1）对人体的伤害。腐蚀性物品的形态有液体和固体（晶体、粉状）两种，当人们直接触及这些物品后，会引起灼伤或发生破坏性创伤以至溃疡等；当人们吸入这些挥发出来的蒸气或飞扬到空气中的粉尘时，呼吸道黏膜便会受到腐蚀，引起咳嗽、呕吐、头痛等症状，特别是接触氢氟酸时，能发生剧痛，使组织坏死，如不及时治疗，会导致严重后果；人体被腐蚀性物品灼伤后，伤口往往不容易愈合。故在储存、运输过程中，应特别注意防护。

2）对有机物质的伤害。腐蚀性物品能夺取木材、衣物、皮革、纸张及其他一些有机物质中的水分，破坏其组织成分，甚至使之炭化。如有时封口不严的浓硫酸坛中进入杂草、木屑等有机物，浅色透明的酸液会变黑就是这个道理；浓度较大的氢氧化钠溶液接触棉质物，特别是接触毛纤维，即能使纤维组织受破坏而溶解；这些腐蚀性物品在储运过程中，若渗透或挥发出气体（蒸气）还能腐蚀库房的屋架、门窗和运输工具等。

3）对金属的腐蚀。在腐蚀品中，不论是酸性还是碱性，对金属均能产生不同程度的腐蚀作用。浓硫酸虽然不易与铁发生作用，当储存时间较长，吸收空气中的水分后浓度变稀薄时，也能继续与铁发生作用，使铁受到腐蚀；又如冰乙酸，有时使用铝桶包装，但长时间储存也能引起腐蚀，产生白色的乙酸铝沉淀；有些腐蚀品，特别是无机酸类，挥发出来的蒸气对库房的钢筋、门窗、照明用品、排风设备等金属物料和库房的砖瓦、石灰等均能发生腐蚀作用。

（2）毒害性。在腐蚀品中，有一部分能挥发出具有强烈腐蚀和毒害性的气体。如氢氟酸的蒸气在空气中的浓度达到0.005%～0.025%时，即便短时间接触也是有害的；硝酸挥发的二氧化氮气体、发烟硫酸挥发的三氧化硫等，都对人体有相当大的毒害作用。

（3）火灾危险性。在腐蚀品中，约83%具有火灾危险性，有的还是相当易燃的液体和固体，其火灾危险性主要有以下几点：

1）氧化性。无机腐蚀品大都本身不燃，但都具有较强的氧化性，有的还是氧化性很强的氧化剂，与可燃物接触或遇高温时，都有着火或爆炸的危险。如：硫酸、浓硫酸、硝酸、发烟硝酸、氯酸（浓度40%左右）、溴素等无机酸性腐蚀品，氧化性都很强，与可燃物如甘油、乙醇、木屑、纸张、稻草、纱布等接触，都能氧化自燃而起火。

2）易燃性。有机腐蚀品大都可燃，且有的非常易燃。如有机酸性腐蚀品中的溴乙酰闪点为1℃，硫代乙酰闪点小于1℃。甲酸、冰乙酸等遇火易燃，蒸气可形成爆炸性混合物；有机碱性腐蚀品甲基肼在空气中可自燃，1，2—丙二胺遇热可分解出有毒的氧化氮气体；其他有机腐蚀品如苯酚、甲酚、甲醛等，本身不仅可燃，且都能挥发出有刺激性或毒性的气体。

3）遇水分解易燃性。有些腐蚀品，特别是五氯化磷、五氯化锑、五溴化磷、四氯化硅等多卤化合物，遇水分解、放热、冒烟，放出具有腐蚀性的气体，这些气体遇空气中的水蒸气还可形成酸雾；氯磺酸遇水猛烈分解，可发生大量的热和浓烟，甚至爆炸；无水溴化铝、氧化钙等腐蚀品遇水能产生高热，接触可燃物时会引起着火；更加危险的是烷基醇钠类，本身可燃，遇水可引起燃烧；无水硫化钠本身有可燃性，且遇高热、撞击还有爆炸危险。

本 章 小 结

本章对化工生产的特点及主要存在的事故类型进行了简要介绍，重点对化工生产过程中所涉及的原料、产品等各类危险化学品的自身危险性及危险预防措施进行了介绍，本章是学习《化工安全》课程后续内容的基础。

复习思考题

1. 化工生产的特点是什么？化工行业常见的安全事故类型有哪些？

2. 压力容器常见的破裂失效形式有哪些？

3. 化工设备的腐蚀类型有哪些？

4. 危险化学品分为哪几类？每类危险化学品的危险特性是什么？这些危险化学品在储运过程中应注意哪些安全事项？

第二章　火灾与爆炸

本章学习目标

1. 熟悉火灾与爆炸的区别；掌握火灾发生条件及防灭火方法。
2. 掌握燃烧极限的计算方法。
3. 熟悉爆燃与爆轰的发生机理和影响因素以及它们的区别。
4. 熟悉蒸气爆炸的特征；掌握粉尘爆炸机理、特征及影响因素。
5. 熟悉 TNT 当量法和 TNO 多能法计算爆炸超压。
6. 熟悉机械爆炸能的计算方法。
7. 掌握爆炸破坏的防护方法。
8. 熟悉泄压设备位置的设置及泄压设备的类型。
9. 熟悉池火灾的发展历程及影响因素；掌握沸溢或喷溅发生必备的条件。
10. 熟悉喷射火的主要特点；掌握池火灾和喷射火的危害及防护。
11. 熟悉蒸气云爆炸的条件和特点；掌握蒸气云爆炸的危害及防护。
12. 掌握沸腾液体膨胀蒸气爆炸的形成、危害及防护。

第一节　基本概念

火灾与爆炸是非常复杂的现象，在讨论这些复杂现象之前应先了解和掌握一些有关的概念。下面给出一些与火灾、爆炸相关的基本概念。

（1）燃烧与火灾。燃烧是可燃物质与氧化剂的一种剧烈的氧化反应，释放出大量的热能，通常还伴随着光。火灾是失去控制的燃烧。

（2）闪燃与闪点。液体可燃物表面挥发的蒸气与空气形成混合物，有外部火源接近时可瞬间燃烧并很快熄灭，不产生持续的燃烧，这种燃烧现象被称为闪燃。由于液体表面的蒸气压取决于液体的温度，因此液体能够发生闪燃的最低温度被称为闪点。

（3）引燃。引燃是可燃物持续燃烧反应的开始，如果燃烧仅仅是瞬间的，则属于闪燃。不过，实际应用时，对持续燃烧的时间并没有一致的规定。引燃一般发生在气相，液体和固体可燃物通常要先产生可燃性气体才会被引燃。当可燃性混合气体达到一定温度时可能引发自燃，或者在具有一定能量的外界火源作用下被点燃，从而引发燃烧。因此引燃分为自燃和点燃两种类型。

（4）自燃与自燃点。在无外界火源的条件下，可燃物由于温度升高而自行引发的燃烧称为自燃。可燃物质发生自燃现象的最低温度为自燃点，也称为自燃温度。

（5）点燃与燃点。点燃是指在外部火源作用下可燃物开始持续地燃烧。能够使液体可燃物发生持续燃烧的最低温度称为燃点，燃点高于闪点。固体可燃物发生持续燃烧的最低温度习惯上称为点燃温度。

（6）燃烧极限。在可燃性气体混合物中，可燃气体与空气（或氧气）的比例只在一定的范围内才可以发生燃烧。高于或低于这个范围都不会燃烧。通常，把一个大气压下可燃气体在其与空气的混合物中能发生燃烧的最低体积浓度称为燃烧下限（LFL），而将最高体积浓度称为燃烧上限（UFL）。在上限与下限之间的浓度，则称为可燃物的燃烧范围。

（7）受限爆炸。即发生在容器或建筑物等受限空间的爆炸。它是比较常见的爆炸，危害很大。

（8）无约束爆炸。即发生在空旷区域等敞开空间的爆炸。由于爆炸性气体常常被流动的空气稀释，不容易达到爆炸下限，所以比受限爆炸较少发生。

（9）沸腾液体膨胀蒸气爆炸（BLEVE）。即温度高于其常压沸点温度的加压液体突然释放并立即汽化而产生的爆炸。如果是可燃液体，如液化石油气等，则能引发爆炸和大火，形成大火球。装有此类物质的压力容器在被外部热源加热或烘烤时，罐内液体的蒸气压力增大，容器结构强度不足时导致破裂，过热液体就会爆炸性地蒸发。

（10）冲击波。爆炸形成的高温、高压、高能量的气体产物，以极高的速度向周围膨胀，强烈压缩周围静止的空气，使其压力、密度和温度突然升高，产生波状气压向四周扩散冲击的一种压力波。冲击波中，压力增加很快，其过程为绝热过程。

第二节　火灾与爆炸的区别

一、火灾的基本特点

火灾是一种没有受到控制的燃烧现象。燃烧是一种强烈的氧化反应，而火灾中的燃烧本质上也是一种强烈的氧化反应过程，反应产生热，通常还产生可见光。火灾涉及的燃烧形式很多，但大体上可以分成三种形式：即预混燃烧、扩散燃烧和固体表面燃烧。

1. 预混燃烧

一般是指燃料气与空气或其他助燃气体预先混合构成可燃性预混气体，当燃料气浓度比例达到一定的程度，遇点火源点燃而发生的燃烧。预混燃烧速度快、温度高，建筑内爆燃属于这种形式。预混燃烧通常在矿井、化工厂和使用天然气的场所出现。

2. 扩散燃烧

一般是指燃料气与空气（或氧）从不同的方向由于浓度差而向火焰区扩散，燃烧的火焰区是在二者接触的界面区域形成。可燃气体由容器内或管道中喷出与周围的空气（或氧）相互接触、扩散而产生的燃烧是气相扩散燃烧，气相扩散燃烧过程中往往也会有部分预混燃烧的形式存在。在火灾中，固体燃料和液体燃料在空气中燃烧时，分解或蒸发的燃料气与空气从不同的方向输送到火焰燃烧区，在火焰区进行放热氧化反应，同时高温火焰区向固体燃料表面或液体燃料表面输送热量，促使燃料固体分解挥发和液体蒸发过程继续进行，也构成了扩散燃烧。一般火灾中常遇到的燃烧现象大多数是扩散燃烧形式的气体、固体、液体的燃烧。

3. 固体表面燃烧

强烈的氧化反应发生在固体表面，并放出大量的热，称为表面燃烧。泡沫塑料、木粉等材料的阴燃燃烧均为表面燃烧。可燃金属的燃烧也属于表面燃烧。金属的燃烧，无汽化过程，燃烧热很大，火焰温度很高，并且高温下金属性质活泼，能与水、二氧化碳、氮、卤素及卤素化合物发生反应，常用灭火剂难以奏效，需要特殊灭火剂。

燃烧按照发生的相态，还可分为均相燃烧和非均相燃烧。燃烧发生时，燃料物质和氧化剂（或助燃物质）同处相同相态时为均相燃烧，二者是异相时为非均相燃烧。均相燃烧时可燃物质与助燃物质在同一相中进行，如氢气在空气中的燃烧、天然气在空气中的燃烧等。而非均相燃烧时，可燃物质和助燃物质属于不同的相态，如塑料和木材的燃烧是固相材料在空气中的燃烧，油类物质的燃烧是液相在空气中的燃烧。非均相燃烧的过程比较复杂，因此形式也有较多变化。一般固相可燃物要先分解成气体，如塑料、木材；或经过熔融，而后蒸发，如硫磺和萘等物质，然后这些气体在气相中发生燃烧反应。液相物质则要经过蒸发，变成气体而后燃烧。

二、爆炸的基本特点

爆炸是物质的一种急剧的物理、化学变化，在变化过程中伴有物质所含能量的快速释放，产生巨大的压缩能或动能。爆炸可以分为物理爆炸和化学爆炸。物理爆炸是由物理变化引起的爆炸，如蒸汽锅炉、压缩气体超压引起的爆炸。化学爆炸是由化学反应或化学变化引起的爆炸，如可燃气体的爆炸、炸药的爆炸等。化学反应导致的爆炸按照爆炸的速度又分为两种主要类型：一类是爆燃，指爆炸速度低于声波传播速度的化学爆炸，爆燃产生大量热气，但一般不会产生冲击波，除非是在容器内的受限爆炸；另一类是爆轰，指爆炸速度达到声波或超声波速度的一类化学爆炸，这类爆炸即使不在容器内发生也会产生冲击波。爆轰的爆炸速度极快，如氢—氧的爆炸速度达 2 804 m/s，TNT 的爆炸速度达到 6 949 m/s，硝化甘油的爆炸速度达到 7 985 m/s。爆轰是在一定浓度范围内产生的。

三、火灾与爆炸的区别

火灾与爆炸的主要区别是能量释放的速度不同，火灾中燃烧时能量的释放较慢，而爆炸时能量释放的极快。能量释放的速率对事故的后果影响非常大，比如容器内的压缩气体，缓慢释放，可能不会出现危险。而容器突然破裂，使内部气体突然释放，则可能会导致爆炸的危险。火灾中释放的能量主要以热能的形式造成危害，而爆炸中释放的能量主要以压缩能和动能造成危害。当然火灾燃烧也能由爆炸引起，爆炸也能由火灾引起。

第三节　火灾发生条件

一、火三角

火三角是用来描述燃烧发生的一个概念。其示意图如图 2—1 所示。

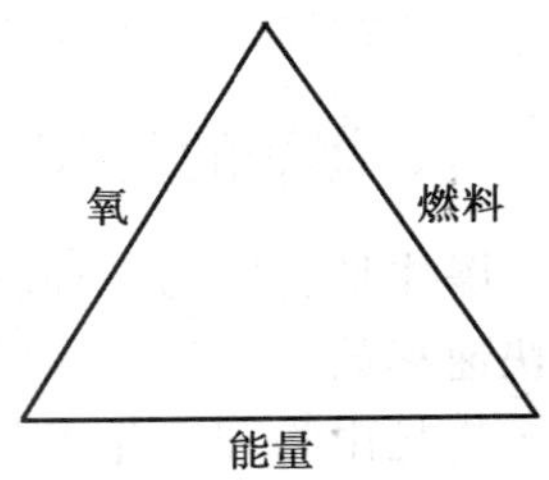

图 2—1　火三角燃烧关系示意图

图 2—1 中的火三角关系表示燃烧的发生由三个必需的要素构成，包括：①燃料，它是发生燃烧的主要物质，可以是固体、液体或气体，气体可以直接燃烧，而液体和固体需要先蒸发或分解成气体然后燃烧；②氧或者助燃剂，是燃烧反应的要素；③引发和维持燃烧必需的能量，这些能量可以是引发燃烧时的初始外部引火源，也可以是传递到固体或液体燃料，使其产生可燃性挥发物质以维持化学反应所需要的热量。火三角表明了燃烧发生的最基本的条件，这是燃烧发生的必要条件。但燃烧是否能发生还取决于这三个要素的具体情况，即与燃料相关的燃烧极限（或爆炸极限）、与氧相关的极限氧浓度，以及与能量相关的引燃能量大小。

1. 燃烧极限与爆炸极限

可燃气体和空气的混合物并不是在任何比例下都可以燃烧，每种可燃气体的混合物都有一个可燃烧的浓度范围，即燃烧极限。高于燃烧上限（UFL）或低于燃烧下限（LFL）时都不会燃烧。低于下限时混合物中燃料气比例太低，无法维持自身的反应，而高于上限时，混合物中燃料气比例过大，氧化剂太少，也无法燃烧，只有当燃料气浓度落在可燃浓度范围内，燃料才能够燃烧。

可燃混合气体的燃烧极限受环境温度的影响。温度升高燃烧下限值下移，而燃烧上限值上移，因此升高温度会使可燃气体的燃烧浓度范围扩大。因为可燃气体温度升高使其分子内能增加，容易引发燃烧反应。而且，温度升高还会使原本在燃烧下限的可燃气体或原本高于燃烧上限的可燃气体引发燃烧，即扩大了燃烧的浓度范围。温度对不同的碳氢烃类燃料在空气中的燃烧下限的影响如图 2—2 所示。以下经验公式适用于蒸气燃烧极限随温度变化的计算：

$$\mathrm{LFL}_T=\mathrm{LFL}_{25}-\frac{0.75}{\Delta H_c}(T-25) \qquad (2—1)$$

$$UFL_T = UFL_{25} - \frac{0.75}{\Delta H_c}(T-25) \quad (2—2)$$

式中 ΔH_c——燃烧热，4.19 kJ/mol；

T——温度，℃。

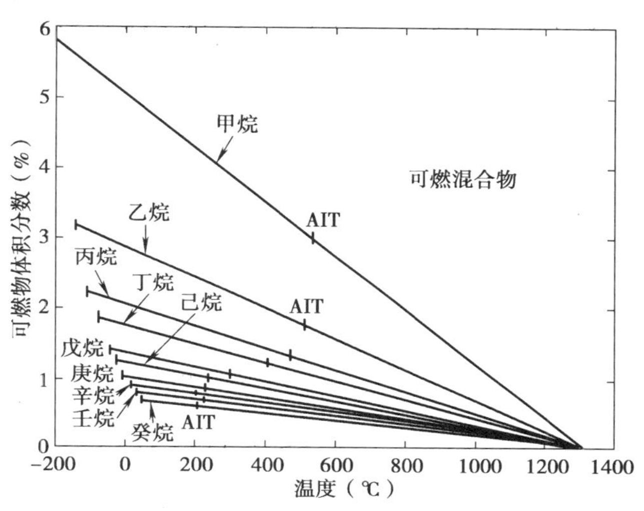

图 2—2 温度对燃烧下限的影响

压力对燃烧极限也有重要影响。对燃烧下限而言，当压力高于大约 0.006 7 MPa 时，可燃混合气体的压力变化对燃烧下限（LFL）的影响很小。但压力对燃烧上限的影响较大。压力增加，燃烧上限显著升高，燃烧或爆炸的浓度范围随之扩大。下面的经验公式可以估算压力对燃烧上限的影响。

$$UFL_P = UFL + 20.6(\log p + 1) \quad (2—3)$$

式中 p——绝对压力，MPa。

在已知气体中，只有一氧化碳例外，它的燃烧或爆炸浓度范围是随着压力的升高而缩小的。对大多数其他可燃气体而言，压力降低可导致燃烧与爆炸浓度范围缩小。值得重视的是，压力降至很低时，燃烧上限会与下限汇合到一点，再继续降压，则可燃混合气体将变为不可燃烧或不可爆炸。这个爆炸范围缩小为零的压力，被称为爆炸的临界压力。这表明在密闭的容器内进行减压操作，降低至临界压力以下时，可以防止爆炸。

对于安全而言，一般燃烧下限比燃烧上限更重要，因为燃烧下限表示可以发生燃烧的燃料的最低浓度。不过，有些物质的燃烧上限几乎是百分之百，如乙炔、氧化乙烯、正丙基硝酸盐等，即使没有空气，也能燃烧，因此具有很大的危险性。表2—1列出某些可燃性气体和蒸气的燃烧极限数据。

表 2—1　　某些可燃性气体和蒸气的燃烧极限数据

物质	下限（LFL)/%	上限（UFL)/%	物质	下限（LFL)/%	上限（UFL)/%
甲醇	6.7	36	石脑油	0.8	5
乙醇	3.3	19	甲苯	1.2	7.1
丙醇	2.2	14	二甲苯	1.1	6.4
异丙醇	2.0	11.8	苯乙烯	1.1	6.1
1－丁醇	1.7	12.0	环丙烷	2.4	10.4
二乙醚	1.9	36	环己烷	1.3	7.8
二甲醚	3.4	27	环庚烷	1.1	6.7
甲烷	5.0	15	甲基环己烷	1.1	6.7
乙烷	3.0	12.4	丙酮	2.6	13
乙烯	2.7	36	乙醛	4.0	60
丙烷	2.1	9.5	氧化乙烯	3.6	100
丁烷	1.8	8.4	氧化丙烯	2.8	37
丁烯－1	1.6	10	氯甲烷	7	—
丁二烯1－3	2.0	12.0	氯乙烯	3.6	33
正戊烷	1.4	7.8	氯乙烷	3.8	—
己烷	1.2	7.4	一氧化碳	12.5	74
庚烷	1.05	6.7	硫化氢	4.0	44
乙炔	2.5	100	氨	15	28
丙烯	2.4	11	氢	4.0	75

必须指出，在实际使用时，人们习惯将燃烧极限与爆炸极限看成一回事，互换使用，即燃烧上限也称为爆炸上限，燃烧下限也称为爆炸下限，事实上这是不准确的。对有些物质，燃烧的最低体积浓度和爆炸的最低体积浓度是不一样的，对有些物质，最高体积浓度的数值也是不一样的，如氢气在空气中的体积浓度达到4%就可以燃烧，但要达到18.3%才发生爆炸。表2—2列出了一些燃烧极限和爆炸极限

差别较大的常见气体。

表 2—2　　燃烧极限和爆炸极限差别较大的常见气体比较

混合物	下限（LFL），体积%		上限（UFL），体积%	
	燃烧	爆轰	爆轰	燃烧
H_2/O_2	4.65	15	90	94
H_2/空气	4.0	18.3	59	74
CO/O_2（潮湿）	15.5	38	90	93.9
$(CO+H_2)$/空气	12.5	19	58.7	74.2
C_2H_2/空气	2.5	4.2	50	80
$C_4H_{10}O$（乙醚）$/O_2$	2.1	2.6	40	82
$C_4H_{10}O$/空气	1.85	2.8	4.5	36.5

2. 极限氧浓度

火三角关系表明，一般火灾中没有氧是不会发生燃烧的。但对可燃性气体而言，并不是在任何氧浓度下都可以发生燃烧，存在一个可引起燃烧的最低氧浓度，即极限氧浓度（LOC）。低于极限氧浓度时，燃烧反应就不会发生，因此极限氧浓度也称为最小氧浓度（MOC），或者最大安全氧浓度（MSOC）。可见，从安全角度考虑可燃性气体的防火防爆时，极限氧浓度就是可燃混合气体中氧的最高允许浓度。对可燃性气体常采取的防火防爆措施之一就是在混合物体系中提高惰性气体的浓度比例，从而降低氧的浓度，使其降低至极限氧浓度以下，这种通过稀释氧浓度来防火防爆的方法被称为可燃气体的惰化防爆。各种可燃性气体的极限氧浓度在不同的惰性气体中是不同的。表 2—3 列出了一些物质的 LOC 值。

表 2—3　　一些物质的 LOC 值　　单位：体积%

气体或蒸气	N_2/空气	CO_2/空气	气体或蒸气	N_2/空气	CO_2/空气
甲烷	11.5	14.5	煤油	10（150℃）	13（150℃）
乙烷	10.5	13.5	天然气	12	14.5
丙烷	11.5	14.5	二氯甲烷	19（30℃）	—
n—丁烷	12	14.5	二氯甲烷	17（100℃）	—
异丁烷	12	15	三氯乙烷	14	—

续表

气体或蒸气	N_2/空气	CO_2/空气	气体或蒸气	N_2/空气	CO_2/空气
n—戊烷	12	14.5	1，2—二氯乙烷	13	—
异戊烷	12	14.5		11.5（100℃）	—
n—己烷	12	14.5	三氯乙烯	9（100℃）	—
n—庚烷	11.5	14.5	丙酮	11.5	14
乙烯	10	11.5	二硫化碳	5	7.5
丙烯	11.5	14	一氧化碳	5.5	5.5
1—丁烯	11.5	14	乙醇	10.5	13
异丁烯	12	15	乙基醚	10.5	13
丁二烯	10.5	13	氢	4	5.2
苯	11.4	14	硫化氢	7.5	11.5
甲苯	9.5	—	甲酸异丁酯	12.5	15
苯乙烯	9.0	—	甲醇	10	12
乙苯	9.0	—	乙酸甲酯	11	13.5
环丙烷	11.5	14	煤粉	—	12～15

极限氧浓度表示燃烧反应时氧气的量占燃烧反应物质总量的体积百分比，因此通过简单变换，可以由燃烧下限来计算极限氧浓度，即：

$$\mathrm{LOC}=\frac{\text{氧气的量}}{\text{燃烧反应物总量}}\times 100\%=\left(\frac{\text{燃料的量}}{\text{燃烧反应物总量}}\right)\left(\frac{\text{氧气的量}}{\text{燃料的量}}\right)\times 100\%$$

$$=\mathrm{LFL}\left(\frac{\text{氧气的量}}{\text{燃料的量}}\right)\times 100\%=z\mathrm{LFL}\times 100\% \qquad (2—4)$$

式中 z——燃烧反应中氧的化学计量系数，即：燃料$+zO_2\longrightarrow$燃烧产物

3. 引燃能

各种可燃性物质或爆炸性混合物（包括粉尘），在外界火源作用下被引燃或引爆时都存在一个最小的引燃能量或点燃能量，称为最小引燃能（MIE）。低于这个能量就不会发生燃烧或爆炸。因此，最小引燃能是表示可燃性混合物爆炸危险性的一项重要参数。该能量越小爆炸危险性就越大。表 2—4 列出一些化合物的最小引燃能。

表 2—4　　一些化合物的最小引燃能

化学物质	最小引燃能/mJ	化学物质	最小引燃能/mJ	化学物质	最小引燃能/mJ
甲烷	0.28	氯丁烷	1.2	二甲醚	0.29
乙烷	0.25	氯丙烷	1.08	甲醇	0.14
丙烷	0.25	氯化丙烷	0.23	异丙醇	0.65
丁烷	0.25	乙烯	0.096	乙胺	2.4
异丁烷	0.52	丙烯	0.282	三乙胺	1.15
异戊烷	0.21	1，3—丁二烯	0.13	乙酸	0.62
己烷	0.24	乙炔	0.019	氨	680
庚烷	0.24	乙醛	0.376	丙烯腈	0.16
异辛烷	1.35	丙醛	0.32	苯	0.20
环丙烷	0.17	丙烯乙醛	0.13	甲苯	2.5
环己烷	0.22	丙酮	1.15	二硫化碳	0.009
环戊烷	0.23	丁酮	0.27	氢	0.019
环氧乙烷	0.065	二乙醚	0.19	硫化氢	0.077

研究表明，混合物中压力增加时引燃能降低，而且氮气浓度增加时引燃能随之增加，表明引燃能随氧气浓度降低而增加。此外，粉尘的引燃能比可燃性气体的要高得多。

另一方面，不同的引燃源产生的引燃能量是不同的。引起火灾或爆炸的引燃源很多，统计资料表明多达数千种。常见的主要引燃源有明火类，如吸烟、火柴、燃气炉、电焊火花等；冲击或摩擦类，如物体下落撞击产生火花，物体之间摩擦生热或产生火花；高温类，如高温蒸气管道表面、加热炉和加热釜等高温物体及其表面；静电类，包括静电放电、静电火花等。各种引燃源产生的能量大小需要根据实际的情况来实验测定，还没有非常标准的数据可供参考，但有些引燃源的能量范围也有一些估算的数据可以参考，比如，普通的火花放出的能量约为 25 mJ，在地毯上行走摩擦产生的静电能量可达 22 mJ。对比表 2—4 中的可燃性气体的引燃能可见，这些能量足以使大多数碳氢化合物引燃引爆，非常危险。将这些能量范围与可燃性气体以及粉尘的最小引燃能比较，可以预测引燃引爆的可能性。

二、燃烧四面体

燃烧四面体是与火三角概念相近的一种观点，它认为燃烧除了需要有燃料、氧化剂、温度或能量三个要素外，还有燃烧反应受燃料与助燃物质链式反应的控制这样一个要素。即四个要素形成一个四面体，每个要素为一面，缺一不可。四面体观点强调燃烧过程的链式反应，这是现代燃烧理论的重要部分。链式反应是指在燃烧反应中不是气体分子之间直接反应，而是通过活性的分子自由基，或原子自由基与分子间作用。一个自由基，由于它的未成对电子一经生成就会尽快地和它周围的分子或其他自由基反应，以满足正常的价键需要。自由基比普通分子的活化能低，在一般条件下是不稳定的，容易与其他分子作用产生新的自由基，新自由基又迅速参加反应，如此继续下去形成一系列链式反应。

链式反应一般经历三个阶段，即链的引发、链的传递（包括支化）和链的终止。链的引发需要外来能量的激发，使分子键破坏形成第一个自由基，链的传递则是自由基与分子的反应，链终止是自由基消失反应。链式反应通常分为直链反应和支链反应两种类型。

直链反应的自由基与分子反应时活化能很低，容易反应，但反应后仅生成一个新的自由基。如氯和氢的反应是典型的直链反应，在氯和氢的反应中，只要引入一个光子，就能生成上万个氯化氢分子，这就是链式反应的结果。如：

链的引发 $Cl_2 = 2\dot{Cl}$

链的传递 $\dot{Cl} + H_2 = HCl + \dot{H}$

$\dot{H} + Cl_2 = HCl + \dot{Cl}$

支链反应的特点是一个自由基能生成一个以上的自由基活性中心。如：

链的引发 $H_2 + O_2 \xlongequal{\triangle} 2\dot{O}H$

$H_2 + M = 2\dot{H} + M$

链的传递 $\dot{O}H + H_2 = \dot{H} + H_2O$

链的支化 $\dot{H} + O_2 = \dot{O} + \dot{O}H$

$\dot{O} + H_2 = \dot{H} + \dot{O}H$

链的终止 $2\dot{H} = H_2$

$4\dot{H} + O_2 + M = 2H_2O + M$

慢速传递 $\dot{H}O_2 + H_2 = \dot{H} + H_2O_2$

$\dot{H}O_2 + H_2O = \dot{O}H + H_2O_2$

三、防火灭火方法

1. 防火灭火基本原理

按照火三角和燃烧四面体的观点，燃烧的发生必须具备的基本条件，即燃料、氧或其他助燃物质以及高温环境或引火源，而且燃烧一旦引发，由于自由基链式反应的特点，迅速发展，酿成火灾。因此，防火灭火的基本原理就是基于消除、抑制或控制这些环节中的一个或几个，以防止火灾的发生、发展或使发生的火灾得到控制、抑制直至熄灭。

2. 防火的基本原则

（1）控制可燃物。在可能的情况下，用难燃或不燃材料代替易燃材料；对工厂易产生可燃气体的地方，可采取通风措施。

（2）隔绝助燃物质。涉及易燃易爆物质的生产过程，应在密闭设备中进行；对有异常危险的，要充入惰性介质保护；隔绝空气储存等。

（3）消除或控制点火源。在易产生可燃性气体的场所，应采用防爆电器，同时禁止一切火种等。

（4）阻止火灾蔓延。阻止火焰或火星窜入有可燃物存在的设备、管道或空间，将燃烧限制在一定的范围内不致向外蔓延。一般采用阻火的装置和设施来防止火灾的蔓延。常见的阻火装置有安全液封装置、阻火器、回火防止器、防火阀等。

3. 灭火的基本原则

（1）隔离法。将尚未燃烧的可燃物移走，使其与正在燃烧的可燃物分开；断绝可燃物来源等，燃烧区得不到足够的可燃物就会熄灭。

（2）冷却法。用水等降低燃烧区的温度，当其低于可燃物的燃点时，燃烧就会停止。

（3）窒息法。用不燃或难燃物覆盖燃烧物表面；用水蒸气或惰性气体灌注着火的容器；密闭起火的建筑物的孔洞等，使燃烧区得不到足够的氧气而熄火。

（4）化学抑制法。使灭火剂参与到燃烧反应中去，它可以销毁燃烧过程中产生的游离基，形成稳定分子或低活性游离基，从而使燃烧反应终止。

第四节　燃烧极限的计算

燃烧极限一般采用实验的方法来测定。但在无法得到实验数据时，可以根据常用的经验公式进行估算。

1. 化学浓度计算法

许多链烷烃类可燃性气体完全燃烧时，可根据其化学理论浓度来计算燃烧的上限和下限。常用的经验公式为：

$$\mathrm{LFL}=0.55C \tag{2—5}$$

$$\mathrm{UFL}=3.50C \tag{2—6}$$

式中 LFL——燃烧下限；

UFL——燃烧上限；

C——可燃性气体完全燃烧时的化学理论浓度，指燃料在空气中的体积分数，即：

$$C=\frac{\text{燃料的量}}{\text{燃料的量}+\text{空气的量}}\times 100=\frac{100}{1+\dfrac{\text{空气的量}}{\text{燃料的量}}} \tag{2—7}$$

$$=\frac{100}{1+\dfrac{\text{氧气的量}}{0.21\times\text{燃料的量}}}=\frac{100}{1+\dfrac{z}{0.21}}$$

式中 z 表示燃烧反应中氧气的化学计量系数，单位为 mol，可由化学计量方程求得。

大多数有机化合物的化学计量浓度可由通常的燃烧反应来确定，即：

$$C_mH_xO_y+zO_2 = mCO_2+\frac{x}{2}H_2O$$

按照化学计量方程，z 由式（2—8）计算：

$$z=m+\frac{x}{4}-\frac{y}{2} \tag{2—8}$$

将式（2—7）和式（2—8）式代入式（2—5）和式（2—6），分别得到：

$$\mathrm{LFL}=\frac{0.55\times 100}{4.76m+1.19x-2.38y+1} \tag{2—9}$$

$$\mathrm{UFL}=\frac{3.50\times 100}{4.76m+1.19x-2.38y+1} \tag{2—10}$$

该法除可用于链烷烃类物质之外，也可用来估算其他可燃气体的燃烧下限，但估算 C_2H_2，H_2 以及含有 N_2，Cl_2，S 等有机可燃气体时，误差较大。此外，该法也不适用于无机可燃气体的计算。

2. 含碳原子数计算燃烧极限

脂肪族碳氢化合物的燃烧或爆炸极限还可以通过其所含碳原子数（n_c）来计算，有如下经验关系：

$$\frac{1}{\mathrm{LFL}}=0.1347n_{\mathrm{c}}+0.04343 \qquad (2—11)$$

$$\frac{1}{\mathrm{UFL}}=0.1337n_{\mathrm{c}}+0.05151 \qquad (2—12)$$

3. 根据燃料燃烧焓估算燃烧极限

有研究表明对于含有碳、氢、氧、硫和氮的 30 多种有机化合物，燃烧极限和燃料的燃烧焓之间有较好的相关性。

$$\mathrm{LFL}=\frac{-3.42}{\Delta H_{\mathrm{c}}}+0.569\Delta H_{\mathrm{c}}+0.0538\Delta H_{\mathrm{c}}^{2}+180 \qquad (2—13)$$

$$\mathrm{UFL}=6.30\Delta H_{\mathrm{c}}+0.567\Delta H_{\mathrm{c}}^{2}+23.5 \qquad (2—14)$$

式中　ΔH_{c}——燃料的燃烧热，10^{3} kJ/mol。

应当注意式（2—14）仅适用于 UFL 为 4.9%～23%的浓度范围。

4. 混合可燃气体燃烧极限计算

如果可燃性混合气体中有两种以上的可燃性气体或蒸气，其燃烧或爆炸极限可根据各组分已知的燃烧极限，按照如下经验公式计算。该式适用于各组分间不反应、燃烧时无催化作用的可燃性混合气体。

$$\mathrm{LFL_{m}}=\frac{100}{\dfrac{V_{1}}{\mathrm{LFL_{1}}}+\dfrac{V_{2}}{\mathrm{LFL_{2}}}+\cdots+\dfrac{V_{n}}{\mathrm{LFL}_{n}}} \qquad (2—15)$$

式中　$\mathrm{LFL_{m}}$——混合气体的燃烧下限或爆炸下限；

$\mathrm{LFL_{n}}$——不同的可燃性气体组分的燃烧下限。

式（2—15）中的 LFL 改成 UFL 也适用于计算混合可燃性气体的燃烧上限。

如果可燃混合气体中存在惰性气体，此时燃烧极限的计算采用如下经验公式计算：

$$L_{\mathrm{m}}=L_{\mathrm{f}}\times\frac{\left(1+\dfrac{B}{1-B}\right)\times 100}{100+L_{\mathrm{f}}\dfrac{B}{1-B}} \qquad (2—16)$$

式中　L_{m}——含有惰性混合气体的燃烧极限，%；

L_{f}——混合气体可燃部分的燃烧极限，%；

B——惰性气体的含量，%。

例 2—1　某干馏气体的成分为：含 $C_{n}H_{m}$ 1%（爆炸范围：3.1%～28.6%），含 CH_4 3%（爆炸范围：5%～15%），含 CO 3%（爆炸范围：12.5%～74.2%），含 H_2 10%（爆炸范围：4.1%～74.2%），含 CO_2 18%，含 N_2 65%，计算爆炸极限。

解：可燃气体占总气体含量17%；惰性气体占总体积含量83%；在可燃气体中：

C_nH_m：1/17=5.9（%）　CH_4：3/17=17.6（%）

CO：3/17=17.6（%）　H_2：10/17=58.8（%）

混合物可燃部分的LFL为：$L'_{ml}=\dfrac{100}{\dfrac{5.9}{3.1}+\dfrac{17.6}{5}+\dfrac{17.6}{12.5}+\dfrac{58.8}{4.1}}=4.7$（%）

混合物可燃部分的UFL为：$L'_{mv}=\dfrac{100}{\dfrac{5.9}{28.6}+\dfrac{17.6}{15}+\dfrac{17.6}{74.2}+\dfrac{58.8}{74.2}}=41.5$（%）

所以混合气体的LFL为：$L'_{ml}=4.7\times\dfrac{\left(1+\dfrac{0.83}{1-0.83}\right)\times100}{100+4.7\times\dfrac{0.83}{1-0.83}}=22.5$（%）

混合气体中的UFL为：$L'_{mv}=41.5\times\dfrac{\left(1+\dfrac{0.83}{1-0.83}\right)\times100}{100+\dfrac{0.83}{1-0.83}\times41.5}=80.5$（%）。

第五节　爆　　炸

对于化工生产来说，爆炸主要可以分为物理爆炸和化学爆炸。如图2—3所示，对爆炸类型进行了归类，当然，在爆炸事故中，爆炸类型往往都是好几种混合在一起。表2—5给出了这几种爆炸类型的典型例子。

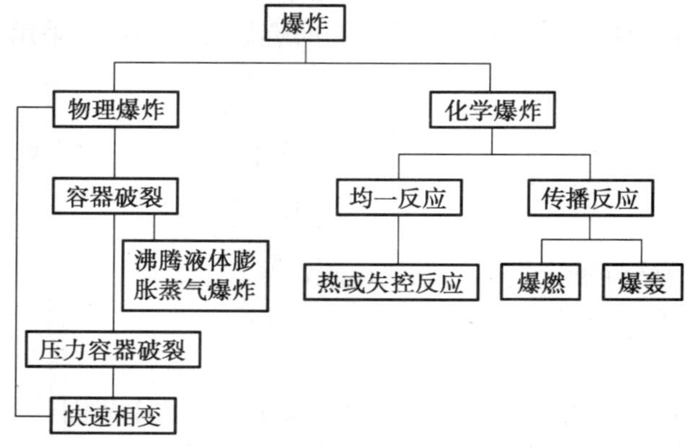

图2—3　不同爆炸类型之间的关系图

表 2—5　　各种爆炸类型举例

<table>
<tr><th></th><th>爆炸类型</th><th>举例</th></tr>
<tr><td rowspan="7">物理爆炸</td><td rowspan="2">快速相变</td><td>用泵将热油送入盛水的容器中</td></tr>
<tr><td>管线阀门打开，使水进入热油中</td></tr>
<tr><td rowspan="2">沸腾液体膨胀蒸气爆炸</td><td>热水加热器因腐蚀发生故障</td></tr>
<tr><td>丙烷储罐破裂</td></tr>
<tr><td rowspan="3">容器破裂</td><td>盛有高压气体容器发生机械故障</td></tr>
<tr><td>盛有气体的容器出现过压</td></tr>
<tr><td>过压时压力释放装置失效</td></tr>
<tr><td rowspan="3">化学爆炸</td><td>均一反应</td><td>连续搅拌反应器出现热失控</td></tr>
<tr><td rowspan="2">传播反应</td><td>燃料罐内可燃蒸气的燃烧</td></tr>
<tr><td>管线内可燃蒸气的燃烧</td></tr>
</table>

物理爆炸是由物理变化（温度、体积和压力等因素）引起的。在物理爆炸的前后，爆炸物质的性质及化学成分均不改变。物理爆炸包括容器破裂，沸腾液体膨胀爆炸（BLEVE）和快速相变爆炸。容器破裂爆炸是由于容器承受不了受压物料导致，其原因可能是机械故障、腐蚀、受热或周期故障等。BLEVE 是由于盛有高于正常沸点物料的容器发生故障所致，容器故障导致液体突然闪蒸成气体，随后由于气体膨胀、液体喷射及碎片而产生破坏作用。快速相变爆炸是由于物料暴露在热源下，受热而发生快速相变，引起物料体积变化。

化学爆炸则存在化学反应，可以是燃烧反应、分解反应或者其他快速放热反应。均一反应是指反应物料在反应空间反应均匀，如连续搅拌反应器发生的反应。此类反应发生爆炸的例子有失控反应或热失控，当反应放出的热大于移走的热量时，就会发生失控反应。传播反应指反应通过反应物料进行空间传播，如可燃蒸气在管线中的燃烧反应，蒸气云爆炸或不稳定固体的分解。

一、受限爆炸

受限爆炸发生在受限空间，例如容器内或建筑物中。两种最普通的受限爆炸情形是蒸气爆炸和粉尘爆炸。

1. 蒸气爆炸

（1）蒸气爆炸的类型。对于化工生产过程，在受限空间发生的蒸气爆炸，既有物理爆炸又有化学爆炸。

1）蒸气物理爆炸。对于蒸气物理爆炸，主要是超压造成容器破裂，这里大体可以分为两种情况，一种是纯压力容器超压爆炸，还有一种就是沸腾液体膨胀蒸气爆炸（BLEVE）。

装有惰性气体的压力容器爆炸，是一种物理爆炸，即将高压气体的压缩潜能转化为动能，对周围介质起破坏作用，高压容器爆裂的主要原因是容器结构上的缺陷、机械撞击、疲劳断裂、表面腐蚀或外部火源加热等，这种爆炸所产生的一次碎片具有相当大的杀伤力。

对于 BLEVE 来说，这种类型的爆炸通常是在容器内的液体高于沸点，并失效而发生事故。容器失效迅速减压导致部分液体迅速闪蒸成蒸气，液体迅速汽化以及蒸气膨胀形成的压力波是造成破坏的原因之一。例如液化石油气体罐车，由于外部热源或邻区着火等诱发因素，罐内液体会膨胀汽化，使储罐破裂。这种破裂过程比较缓慢，因为储罐是韧性的，在此缓慢破裂过程中，罐体破片获得较大的冲量（较长的作用时间），即碎片获得较高的初速，但这种爆裂过程所产生的冲击波一般较小。在这种事故中，由于液体蒸发是一个较慢的过程，因此产生的压力上升较小。油气储罐的爆炸强度取决于液面上方空间自由蒸气的体积和浓度，接近空罐往往是最危险的状态，因为此时自由蒸气空间体积接近最大值，爆炸强度也达到最大值。

沸腾液体汽化爆炸往往是由外部热源加热引起的。如果储罐中的液体是可燃的，而由外部用明火加热引起了储罐 BLEVE，则情况会复杂一些。在这种事故中，BLEVE 产生一个升腾的火球，火球的持续时间和大小由发生爆炸瞬间储罐所装燃料的总质量确定。如果储罐比较大，火球发出的热辐射还能烧伤裸露的皮肤和点燃附近的可燃物。

2）蒸气化学爆炸。对于受限空间蒸气化学爆炸，主要有燃料蒸气爆炸和反应失控爆炸。当燃料油漏入某一容器内时，便与空气混合形成可燃性混合物。这种混合物一接触到适当的点火源，就会发生受限爆炸事故。例如在油船或储罐发生爆炸时，燃料上方油气挥发空间处在爆炸极限范围内，遇到适当的火源就会发生爆炸。

失控化学反应也往往引起容器的爆裂。化学反应器发生爆炸，主要是由于正在进行的受控化学反应是放热反应，并在工艺控制中受到了某些干扰（例如催化剂太多、失去了足够的冷却、不适当的搅拌等）而导致。

图 2—4 所示的就是一个间歇反应器体系。在反应器中发生放热反应，反应温度通过外部夹套冷却水受到控制。假定在某一时刻冷却水不流动了，因为反应是放热的，冷量减少将导致反应器内温度升高，温度升高会使反应速率加快，从而使放

热速率加快。由于反应器温度呈指数增加，其后果就会导致反应失控。对于像丙烯醛、羟胺、环氧乙烷等反应物料，温度每分钟会上升几百摄氏度。反应器内的高温状态会由于液体的蒸气压或气相产物的生成导致压力增加，同时由于高温也可能发生一些分解反应。这样压力会迅速超过容器的承受能力，从而导致爆炸。

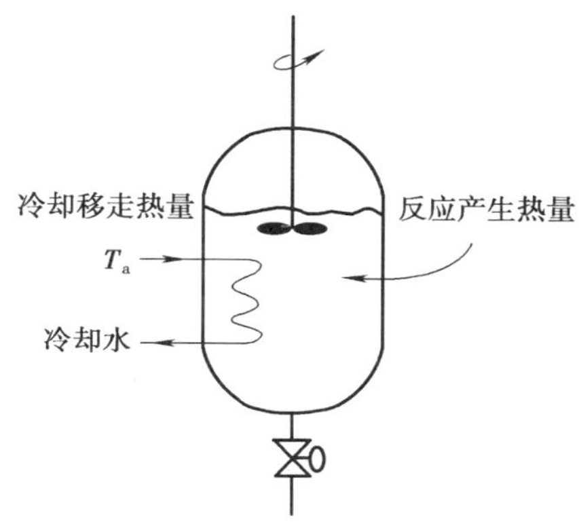

图 2—4 间歇反应器

根据英国研究的结果，表 2—6 列出了造成失控反应的几个主要原因。温度失控（包括冷却量不足或加热过量）是最主要的原因，依次是错误的进料（进料太多或太少），化学反应（在高温下一些未知的放热行为或未知的分解等），反应物料或容器被污染，搅拌不正确（搅拌过慢或过快），间歇控制不正确（操作步骤错误）等。

表 2—6 造成失控反应的主要原因

原　因	所占比例/%
温度失控（冷量不足、加热过量）	24
错误的进料	18
化学反应（未知的放热，未知的分解反应）	16
污染物	14
搅拌不正确	11
间歇控制不正确	10

（2）蒸气爆炸特性的表征。用于测试蒸气爆炸特性的仪器如图 2—5 所示。测试步骤包括：①排空容器；②调节温度；③计量气体以便得到正确的混合物；④用火花点燃气体；⑤测量压力随时间的变化。

引燃后，压力波在容器内向四周移动，直至碰到容器壁；反应在容器壁上终止。容器内的压力由位于内壁上的传感器测量。典型的压力随时间变化曲线如图2—6所示。该类型的实验通常导致几个大气压力增长的爆燃。

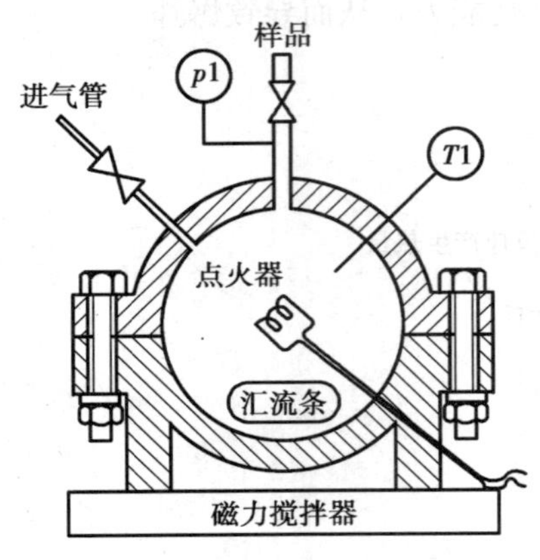

图2—5　蒸气爆炸数据的测试仪器

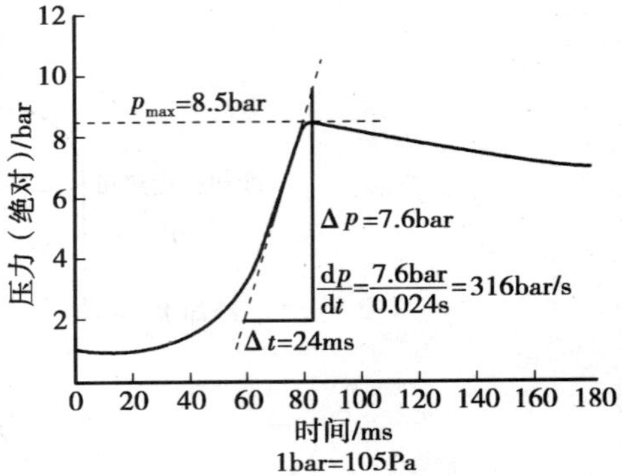

图2—6　典型的压力值随时间的变化

压力增长速率是火焰阵面传播速率的表征，因而也是爆炸量级的表征。压力速率或斜率在压力曲线的变形点处计算，如图2—6所示。实验在不同的浓度下重复进行，每次实验的压力速率和最大压力与浓度的关系曲线绘制在图2—7中，这样即可确定最大压力和最大压力上升速率。典型的最大压力和压力上升速率发生在燃烧区域内的某一区域（但不必是在相同的浓度值下）。通过使用这一相对简单的实验装置，即可完全表征爆炸特性。

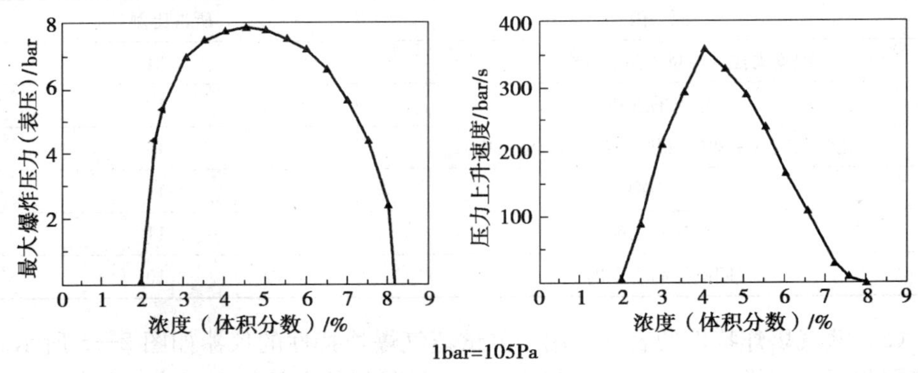

图2—7　压力上升速率和最大爆炸压力与蒸气浓度之间的关系

实验研究表明，最大爆炸压力并不受体积变化的影响，最大压力和最大压力上升速率线性依赖于初始压力，如图 2—8 所示。

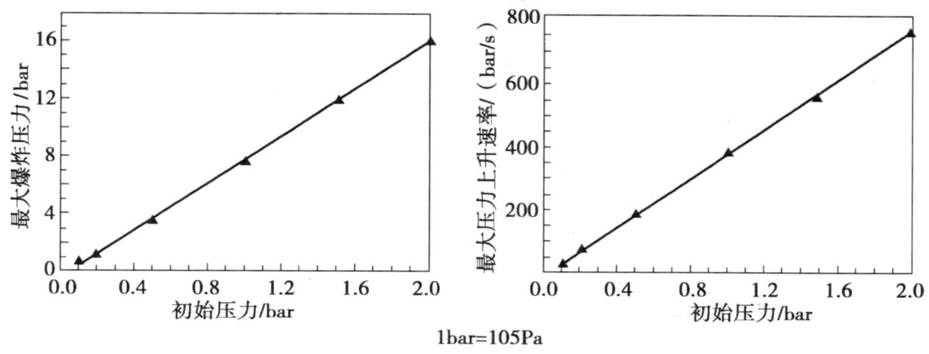

图 2—8　初始压力对最大爆炸压力和最大压力上升速率的影响

2. 粉尘爆炸

(1) 粉尘爆炸的基本概念。

1) 粉尘。任何直径小于或等于 402 μm 的微细分散的固体颗粒（即可以通过美国 40 号标准筛的物质）（NFPA 68，2002）均可以定义为粉尘。粉尘可能会在生产过程中出现，也可能是最终生产的产品。任何可燃固体物质以细小的颗粒存在时，如果和空气接触并点燃均会产生爆炸。粉尘爆炸属于爆燃，会突然产生气体、热量和压力。一定质量的粉尘所占有的体积比爆炸过程中产生气体的空间小得多，受限空间内气体受热产生的压力造成容器、设备的爆裂。通过火焰前沿，爆燃不断移动，如果接触人会造成灼伤。如果粉尘是有机物，产生的二氧化碳会使人窒息，但由于产生的一氧化碳毒性很大，可以迅速致命，所以更让人关注。

2) 粉尘分类。按堆积状态可将粉尘分为粉尘层和粉尘云两类。粉尘层是指堆积在物体表面上的静止状态的粉尘，而粉尘云则指悬浮在空间的运动状态的粉尘。

按可燃粉尘的爆炸特性，将其分为活性粉尘和非活性粉尘。非活性粉尘是典型的燃料，本身不含氧，故只有分散在含氧的气体中（如空气）时才有可能发生爆炸。反之，活性粉尘本身含氧，故含氧气体并不是发生爆炸的必要条件，它在惰性气体中也可爆炸。因而在活性粉尘的浓度与爆炸特性的关系中表现出不存在浓度上限的情形。显而易见，火炸药和烟火剂粉尘属于活性粉尘，而其他粉尘，如金属、煤、粮食、塑料及纤维粉尘等属于非活性粉尘。

3) 点燃源。引起粉尘爆炸的点燃源有：

①焊接、切割和火焰。火焰、焊炬或切割工具产生的热量要比点燃粉尘所需的能量多好几倍。粉尘层通常在100～200℃时即会点燃，因此，一定要把沉积的粉末从焊接时可能变热的所有表面上清除掉。仅仅清理设备场地是不够的，设备内部的粉尘也必须清理出去，以防残余的粉尘继续闷烧而形成点燃源。

②自动加热——自燃。如果存在一个放热反应，而产生的热量超过散失的热量时都可能发生自燃。因为产生热量的速度通常随温度升高而加快，最坏情况是发生失控状况，这个反应继续下去则变为着火。

氧化是普通的化学反应。润滑脂和油容易与氧一起反应，而一些分解成很细的金属也特别易于自动加热。微生物的作用能使温度显著升高。虽然微生物通常大约在70℃，即大大低于点燃温度时就被杀死，但是产生的热量足以开始进行像氧化这样的化学反应，然后继续下去变成点燃。其他化学反应也能产生热量。例如：一些物质（如生石灰）与水的放热反应。虽然本身不是可燃的，但能产生足够的热量点燃周围的可燃物质。

③热表面。热表面是附于其上的粉尘层的一个点燃源。虽然这些粉尘层往往引起燃烧而不是爆炸，但若粉尘层被扰动的话，其浓度会超过最高爆限，也可能发生爆炸。

为点燃与热表面相接触的粉尘层所需的最低温度，随着它上面的粉尘厚度的增加而减小。粉尘层的厚度对点燃温度的影响最大，而粉尘层的堆积只是对0.5 cm以下的薄层才显得重要。对疏松物质中自动加热过程所进行的热分析也适用于热表面上的粉尘层，热损失是由于试样的传导和它上面的对流造成的。

④火花。火花可以分成电火花、静电火花和摩擦冲击火花三种。

当无外部电源时，若有摩擦产生的电荷，或绝缘导体上聚积的电荷，也会发生火花。聚集的电荷即便储存的总电荷量不多，也可以使电位上升到几千伏，当电压上升到能击穿火花间隙中的空气时，就产生火花。

当一个承载电流的电路被切断或在一个电路中有一个间隙时，该电流能够通过间隙并形成一个瞬时电弧产生火花，只有几毫焦的短暂火花就足以点燃许多粉尘云。

当金属撞击石头时，就会产生火花。在某些情况下，这种火花能点燃可燃性混合物。

⑤二次点燃。许多大型粉尘云爆炸在学术上称为二次爆炸。这就是说，一次大型爆炸的点燃源是来自起初一次小型火灾或设备的爆炸所产生的燃烧碎片或加热了的粉尘。通常只有初次点燃产生粉尘才会出现二次爆炸中的粉尘云，如果一些小火

灾和爆炸被阻止而不扩散，不激起下次爆炸，那么危害常常会很快减小，但这些小火灾和爆炸是很难在大范围内消除的。

（2）粉尘爆炸的条件及爆炸过程。粉尘爆炸所采用的化学计量浓度单位与气体爆炸不同。气体爆炸采用体积百分数表示，即燃料气体在混合气总体积中所占的体积百分数；而在粉尘爆炸中，粉尘粒子的体积在总体积中所占的比例极小，几乎可以忽略，所以一般用单位体积中所含粉尘粒子的质量来表示。常用单位是 g/m^3 或 mg/L。

与可燃气空气混合物一样，粉尘空气混合物只有在爆炸上限和下限之间一定的浓度范围内才具有爆炸性。表 2—7 列出了几种类型的粉尘云状态，以作为参考。

表 2—7　　几种类型的粉尘云

粉尘云浓度/（$g \cdot m^{-3}$）	含　义
10～5 000	粉尘的爆炸浓度
0.4～0.7	粉尘风暴
0.02～0.3	矿山空气
0.008～0.03	雾
0.000 2～0.007	城市工业区空气
0.000 07～0.000 7	乡村和郊区空气

从表中可以看出，在一般情况下是不会达到爆炸浓度的，只有在极少数强粉尘粒子源附近才能出现这种浓度。另外，即使在爆炸浓度下限时，也足以使人呼吸困难，难以忍受，而且此时能见度也已受到严重限制。这种人可以感受到的爆炸危险实际发生时，爆炸源发生在设备内部或局部点，随后这局部爆炸将地面粉尘层扬起，使空间达到极限浓度而形成二次爆炸，二次爆炸所造成的破坏程度和范围往往比一次爆炸更严重。

粉尘爆炸是粉尘粒子表面和氧作用的结果，此时有可燃气体产生。不过粉尘爆炸过程非常复杂，受很多物理因素的影响。一般认为，粉尘爆炸经过以下发展过程，如图 2—9 所示。

根据图 2—9，可以这样描述粉尘爆炸过程：

①粉尘粒子表面通过热传导和热辐射，从点火源获得点火能量，使表面温度急剧升高；

②粒子表面的分子，由于热分解或干馏作用，在粒子周围生成气体；

③这些气体与空气混合，便生成爆炸性混合气体，遇火产生火焰；

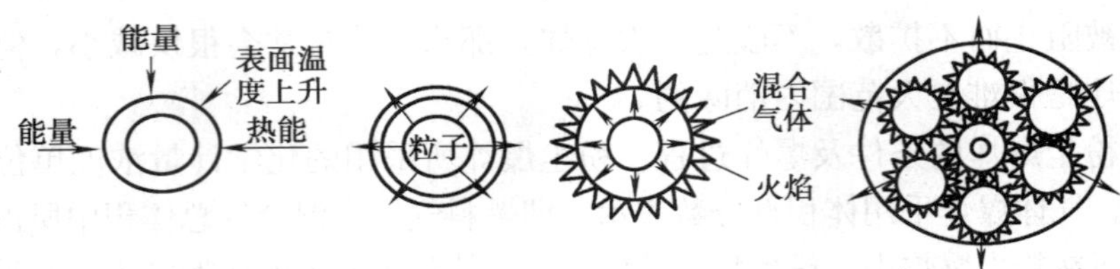

图 2—9 粉尘爆炸过程

④另外，粉尘粒子本身从表面一直到内部相继发生熔融和汽化，迸发出微小的火花，成为周围未燃烧粉尘的点火源，使粉尘着火，从而扩大了爆炸范围；

⑤由于燃烧产生的热量，更进一步促进粉尘的分解，不断地放出可燃气体和空气混合而使火焰传播。

因此，粉尘爆炸实质上就是气体爆炸，可认为是可燃气体储藏在粉尘自身之中。但是应该提醒的是：使粉尘粒子表面温度上升的原因，主要是热辐射的作用。这点与气体爆炸不同，因为气体燃烧热的供给主要靠热传导。

（3）粉尘爆炸特性表征。粉尘爆炸特性标志着火爆炸的难易和猛烈的程度，一般包括下列几个参数：①着火温度；②最小点火能；③爆炸下限浓度；④最大允许含氧量；⑤最大爆炸压力及最大压力上升速度。上述参数中，前三项标志着粉尘着火爆炸的难易程度，最后一项标志其猛烈的程度。

用来描述粉尘爆炸特性的实验仪器如图 2—10 所示，与蒸气爆炸的实验仪器（如图 2—5 所示）相似。不过该设备体积较大（体积最小是 20 L，目的是使表面冷却的影响最小），并且增加了一个样品容器，还安装了一个粉尘分配环，点燃前要确保粉尘在被引燃之前充分混合。

由粉尘爆炸仪器测得的典型的压力随时间变化的曲线如图 2—11 所示。用与蒸气爆炸仪器同样的方式进行数据的采集和分析，确定最大压力和最大压力上升速率，以及爆炸极限。

使用粉尘爆炸（蒸气爆炸）仪器得到的爆炸特征，可用于以下途径：

1）用燃烧或爆炸极限来确定操作的安全浓度，或将浓度控制在安全区域内所需的惰性物质的数量。

2）最大压力上升速率表明了爆炸的强弱。因此，不同物质的爆炸过程可进行比较。也可根据最大速率设计泄爆口，以便在爆炸期间，爆炸压力还没有撑破容器之前，缓解容器所承受的压力；或者设定添加爆炸抑制物（水、二氧化碳等）的时间间隔，以阻止燃烧过程。

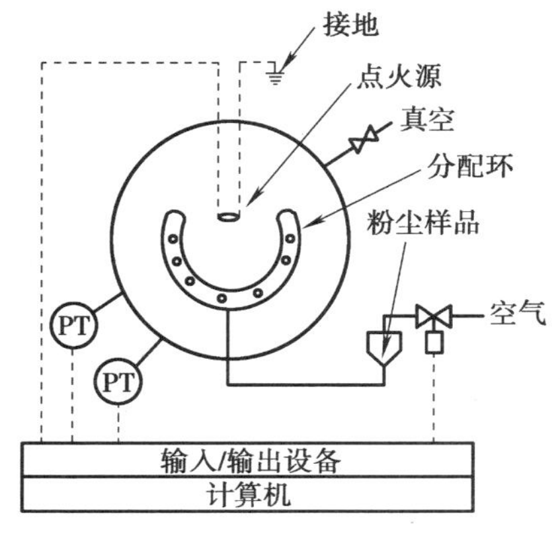

图 2—10　测取粉尘爆炸数据的实验装置

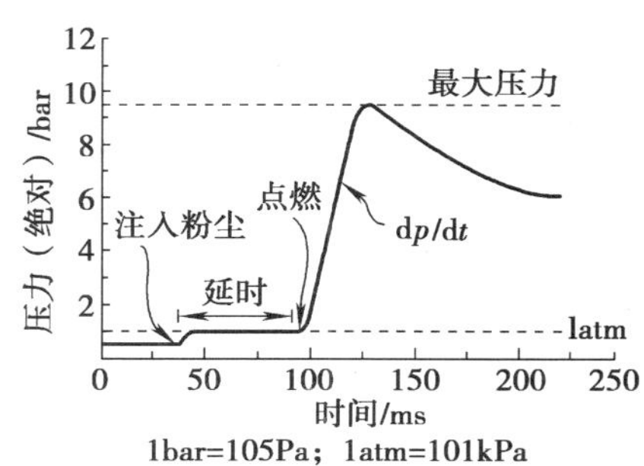

图 2—11　由粉尘爆炸装置测得的压力数据

（4）粉尘爆炸的影响因素。粉尘爆炸比可燃气体爆炸要复杂，影响因素也较多，总的可分为粉尘自身性质和外部条件两大方面的影响。

1）粉尘的燃烧性质。很多材料以整块的形式存在时，不容易燃烧，但如果分成细小的微粒，则同样的材料会很容易燃烧。如铁和铝等金属如果变得非常细小，加很小的能量就可以点燃。在室温下就可以点燃。因此通常可以用做引火合金。有些固体特别是有机物，容易释放挥发性物质，可以在更低的温度下点燃。

2）粉尘颗粒尺寸。粉尘越细，固体表面和空气间的接触越紧密，粉尘越容易燃烧。随着颗粒尺寸和粗糙度的减低，点燃更容易。此外，粉尘越细越容易分散均匀，而且可以悬浮的时间更长，形成的粉尘云持续时间更长。

3）粉尘云浓度。与气体类似，粉尘云将在一定浓度极限范围才能点燃。在浓度极限范围内，存在一个使反应速度达到最大的粉尘颗粒尺寸和浓度。当高于下限时，随粉尘浓度增加，点燃之后压力不断增加，并达到一最优浓度；此后，随浓度增加，压力开始下降。

4）燃烧混合物的温度。对于任何反应而言，随温度的增加所需外加初始能量降低，粉尘云在升温过程比降温过程更易点燃。

5）湿度。粉尘的湿度能影响粉尘的点火敏感度和爆炸强度。其中含有的水分可以充当冷却剂。通过水蒸发来吸收微粒点燃产生的热量，同时水蒸气作为惰性气体可以稀释氧气。此外，水分的存在使空气更易导电，抑制了粉尘粒子上静电的累积，可以减少火花引燃的可能性。而且，水分的存在可以使粉尘粒子粘在一起，形成大团，减少点燃发生的可能性。

图 2—12 是粉尘的湿度对其最小电火花点火能量（MIE）的影响，从图中可以

看出，这种影响还是相当大的。图 2—13 是湿度对粉尘爆炸强度的影响，从图中可以看出，湿度的增加降低了粉尘的爆炸强度。

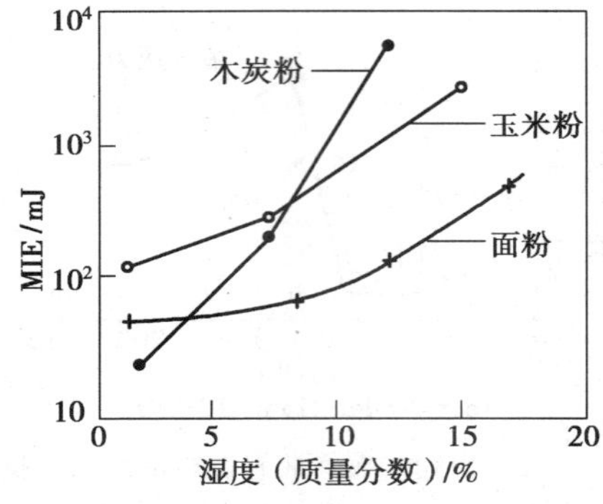

图 2—12 湿度对最小点火能的影响

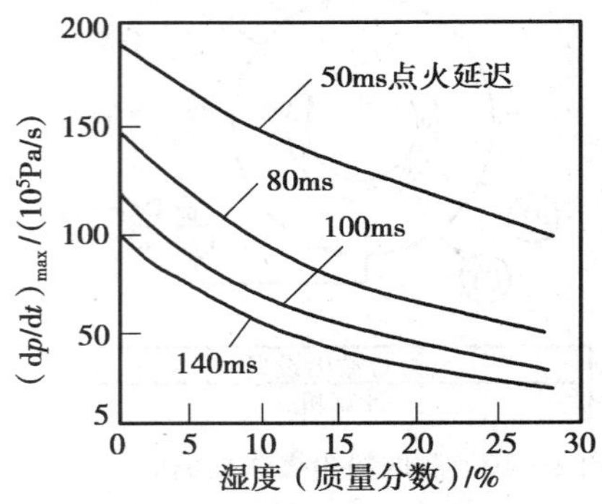

图 2—13 湿度对爆炸强度的影响

6）惰性固体粒子的存在。不燃材料的存在会降低或抑制粉尘云点燃或传播，可以是每个粉尘粒子的一部分，也可以是独立分开的微粒。

7）粉尘云的初始压力。研究表明，峰值压力与初始压力近似成正比，而且对应于峰值压力的粉尘浓度也近似与初始压力成正比。这也表明，一定存在着一个与初始压力无关的粉尘质量与空气质量的比值，使燃烧效率最高。

3. 立方定律及其应用

（1）立方定律的提出。对蒸气爆炸以及粉尘爆炸测试仪器测得的爆炸数据进行分析，发现如果对最大压力斜率的对数与容器体积的对数作图通常得到一条直线，斜率为－1/3，如图 2—14 所示。这种关系称为立方定律。

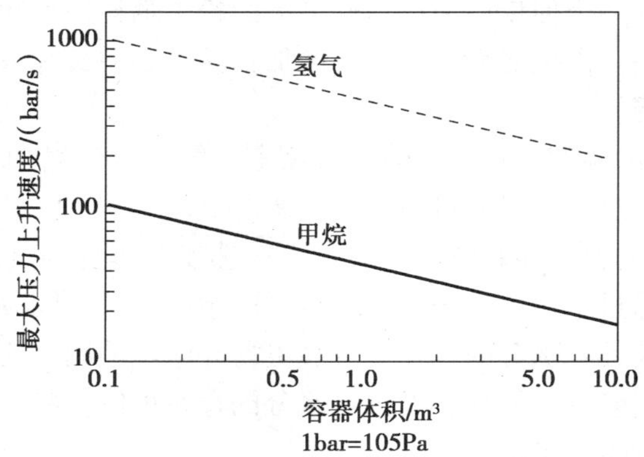

图 2—14 典型的爆炸数据所表现出的立方定律

对于蒸气爆炸而言，Bartknecht 给出了下面的经验公式：

$$\left(\frac{dp}{dt}\right)_{max} V^{1/3} = K_G \quad (2—17)$$

式中　K_G——气体的爆燃指数。

对于粉尘爆炸而言，其爆燃指数公式与蒸气爆炸形式相同，如下所示：

$$\left(\frac{dp}{dt}\right)_{max} V^{1/3} = K_{St} \quad (2—18)$$

式中　K_{St}——粉尘的爆燃指数。

由公式（2—17）和（2—18）可知，随着爆炸强度的增加，爆燃指数 K_G 和 K_{St} 也增加。立方定律说明如果压力波阵面要通过较大的容器，必须花费更长的传播时间。蒸气的 p_{max}、K_G 数据见表 2—8。从表中可以看出，对于最大压力 p_{max}，不同的研究方法得到的结果是一致的，但得到的 K_G 结果却不太一致。这说明 K_G 值对实验布置和条件都很敏感。根据爆燃指数的值可进一步将粉尘分为四类。St 分类见表 2—9。

表 2—8　　气体和蒸气的最大压力和爆燃指数

化学物质	最大压力 p_{max}（表压）/(10^5 Pa)			爆燃指数 K_G/(10^5 Pa · m/s)		
	NFPA 68 (1997)	Bartknecht (1993)	Senecal 和 Beaulieu (1998)	NFPA 68 (1997)	Bartknecht (1993)	Senecal 和 Beaulieu (1998)
乙炔	10.6			109		
氨气	5.4			10		
丁烷	8.0	8.0		92	92	
二硫化碳	6.4			105		
二乙醚	8.1			115		
乙烷	7.8	7.8	7.4	106	106	78
普通乙醇	7.0			78		
乙苯	6.6	7.4		94	96	
乙烯			8.0			171
氢气	6.9	6.8	6.5	659	550	638
硫化氢	7.4			45		
异丁烷			7.4			67
甲烷	7.05	7.1	6.7	64	55	46

续表

化学物质	最大压力 p_{max}（表压）/(10^5 Pa)			爆燃指数 K_G/(10^5 Pa·m/s)		
	NFPA 68 (1997)	Bartknecht (1993)	Senecal 和 Beaulieu (1998)	NFPA 68 (1997)	Bartknecht (1993)	Senecal 和 Beaulieu (1998)
甲醇		7.5	7.2		75	94
二氯甲烷	50			5		
戊烷	7.65	7.8		104	104	
丙烷	7.9	7.9	7.2	96	100	76
甲苯		7.8			94	

表 2—9　　粉尘的 St 分类

爆燃指数 K_{St}/(10^5 Pa·m/s)	St 类型	举例
0	St−0	岩石粉尘
1～200	St−1	小麦颗粒粉尘
200～300	St−2	有机染料
>300	St−3	阿司匹林、铝粉

由表 2—9 可以看出，随着爆燃指数的增加，St 级数也增加即粉尘爆炸变得更剧烈。

(2) 立方定律的应用。式（2—17）和式（2—18）可用来估算发生在诸如建筑物或容器内等受限空间的爆炸后果。

$$\left[\left(\frac{\mathrm{d}p}{\mathrm{d}t}\right)_{max}V^{1/3}\right]_{\text{in vessel}}=\left[\left(\frac{\mathrm{d}p}{\mathrm{d}t}\right)_{max}V^{1/3}\right]_{\text{experimental}} \qquad (2—19)$$

式中，下标“in vessel”是指反应器或建筑物；下标“experimental”表示在实验室中采用其他蒸气或粉尘爆炸仪器得到的数据。式（2—19）允许使用由粉尘或蒸气爆炸仪器得到的实验结果，来确定建筑物或过程容器内物质的爆炸行为。常数 K_G 和 K_{St} 不是物质的物理性质，因为它们依赖于：①混合物的组成；②容器内的混合状况；③反应器的形状；④引燃源的能量。因此，实验条件尽可能地接近所考虑的实际条件。

二、冲击波超压破坏

冲击波是由压缩波叠加形成的，是波阵面以突跃形式在介质中传播的压缩波。在传播中使介质状态发生突跃变化。其传播速度大于扰动介质的音速，速度大小取决于波的强度。

在离爆炸中心一定距离的地方，空气压力会随时间发生迅速而悬殊的变化。压力突然升高然后降低，反复循环数次渐次衰减下去。开始产生最大正压力即冲击波波阵面上的超压。多数情况下，冲击波的破坏作用是由超压引起的。

爆炸气体产生的冲击波是立体冲击波，它以爆炸点为中心，以球面向外扩展传播。随半径增大，波阵面表面积增大，超压逐渐减弱，最后减至0，冲击波变成声波。

冲击波还会直接危害在它波及范围内的人身安全，见表2—10。人体上首先受到影响的是耳朵，耳朵对突然的超压有一定的自保护，然而，自保护的作用也是很有限的，冲击波可以引起耳膜的破裂。随后受到影响的是肺和循环系统，特别是人在受限空间影响更大。

表2—10　　超压对人的破坏效应

超压 $\Delta p/(10^5\ \mathrm{Pa})$	破坏效应
>1.0	大部分人员会死亡
0.5～1.0	损伤人的听觉器官或产生骨折
0.2～0.3	人体受到轻微损伤
<0.2	能保证人员安全

冲击波遇到障碍物（如墙）时，会压缩空气致使压力比冲击波阵面处或后面的静压力大，压缩空气的压力可达入射压力的5～6倍。靠近墙的人员受到冲击波的损害将是致命的，而在露天场合下受的伤害则很小。

三、TNT当量法

TNT当量法是将已知能量的燃料等同于TNT的一种简单方法。该方法建立在假设燃料爆炸的行为如同具有相等能量的TNT爆炸的基础之上。可使用下式估算：

$$m_{\mathrm{TNT}}=\frac{\eta m\Delta H_{\mathrm{c}}}{E_{\mathrm{TNT}}} \tag{2—20}$$

式中　m_{TNT}——TNT当量质量；

η——经验爆炸效率；

m——碳氢化合物的质量；

ΔH_{c}——可燃气体的爆炸能；

E_{TNT}——TNT的爆炸能。

TNT 爆炸能的典型值为 4 686 kJ/kg。对于可燃气体，可用燃烧热替代爆炸能。

爆炸效率是经验值，对于大多数可燃气云，在 1%～10%之间变化。对于丙烷、二乙醚和乙炔的可燃气云，其爆炸效率分别为 5%、10%和 15%。

基于超压的破坏估算见表 2—11。由表 2—11 可知，即使是较小的超压，也能导致较大的破坏。爆炸实验证明，超压可由 TNT 当量（记为 m_{TNT}），以及距离地面上爆炸源点的距离 r 来估算：

$$z_e = \frac{r}{m_{TNT}^{1/3}} \tag{2—21}$$

TNT 的当量能量为 4 686 kJ/kg。

表 2—11　　基于超压的普通建筑物破坏评估

压力/kPa	破　　坏
0.14	令人讨厌的噪声（137 dB，或低频 10～15 Hz）
0.21	已经处于疲劳状态下的大玻璃窗突然破碎
0.28	非常吵的噪声（143 dB）、音爆、玻璃破裂
0.69	处于疲劳状态的小玻璃破裂
1.03	玻璃破裂的典型压力
2.07	“安全距离”（低于该值，不造成严重损坏的概率为 0.95）；抛射物极限；屋顶出现某些破坏；10%的窗户玻璃被打碎
2.76	受限较小的建筑物破坏
3.4～6.9	大窗户和小窗户通常破碎；窗户框架偶尔遭到破坏
4.8	房屋建筑物受到较小的破坏
6.9	房屋部分破坏，不能居住
6.9～13.8	石棉板粉碎，钢板或铝板起皱，紧固失效，扣件失效，木板固定失效、吹落
9.0	钢结构的建筑物轻微变形
13.8	房屋的墙和屋顶局部坍塌
13.8～20.7	没有加固的水泥或煤渣石块墙粉碎
15.8	低限度的严重结构破坏
17.2	房屋的砌砖有 50%被破坏
20.7	工厂建筑物内的重型机械（3 000 lb）遭到少许破坏；钢结构建筑变形，并离开基础
20.7～27.6	无框架、自身构架钢面板建筑破坏；原油储罐破裂
27.6	轻工业建筑物的覆层破裂

续表

压力/kPa	破　　坏
34.5	木制的柱折断；建筑物被巨大的水压（4 000 lb）轻微破坏
34.5～48.2	房屋几乎完全破坏
48.2	满装的火车翻倒
48.2～55.1	未加固的 8～12 in 厚的砖板被剪切，或弯曲而失效
62.0	满装的火车货车车厢被完全破坏
68.9	建筑物可能全部遭到破坏；重型机械工具（7 000 lb）被移走并遭到严重破坏，非常重的机械工具（12 000 lb）幸免
2 068	有限的爆坑痕迹

注：1 lb=0.453 6 kg；1 in=0.025 4 m。

图 2—15 给出了比拟超压 p_s 与单位为 $m/kg^{1/3}$ 的比拟距离 z_e 之间的关系曲线。比拟超压 p_s 由下式给出：

$$p_s=\frac{p_0}{p_a} \tag{2—22}$$

式中　p_s——比拟超压；

p_0——侧向超压峰值超压；

p_a——周围环境压力。

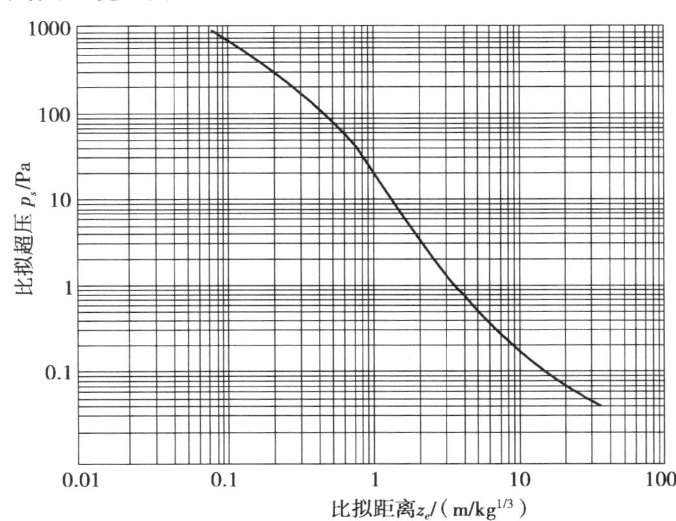

图 2—15　发生在平坦地面上的 TNT 爆炸的最大侧向超压峰值与比拟距离的关系

图 2—15 中的数据仅对发生在平整地面上的 TNT 爆炸有效，发生在化工厂中的大多数爆炸都被认为是发生在地面上的。图 2—15 中的数据，也可由下述经验方程来描述：

$$p_s=\frac{1\ 616\left[1+\left(\frac{z_e}{4.5}\right)^2\right]}{\sqrt{1+\left(\frac{z_e}{0.048}\right)^2}\sqrt{1+\left(\frac{z_e}{0.32}\right)^2}\sqrt{1+\left(\frac{z_e}{1.35}\right)^2}} \tag{2—23}$$

TNT 当量法的优点是计算简单，容易使用。

采用 TNT 当量法估算爆炸造成的破坏的步骤如下：

（1）确定参与爆炸的可燃物质的总量。

（2）估计爆炸效率，使用式（2—20）计算 TNT 当量质量。

（3）使用式（2—21）和图 2—15 或式（2—23）给出的比拟定律，估算侧向超压峰值。

（4）使用表 2—11 估算普通建筑受到的破坏。

根据估算的破坏程度，该步骤也可倒过来用于估算参与爆炸的物质的量。

例 2—2　1 kg 的 TNT 发生爆炸，计算距离爆源 30 m 处的超压。

解：使用式（2—21），确定比拟参数的值：

$$z_e=\frac{r}{m_{TNT}^{1/3}}=\frac{30}{1^{1/3}}=30\ (m/kg^{1/3})$$

由图 2—15 可知，比拟超压为 0.055。因此，如果周围环境压力为 101 kPa，那么，所产生的侧向超压可以用式（2—22）计算即 0.055×101.3 kPa=5.6 kPa。由表 2—11 可知，该超压将引起房屋结构的较小破坏。

例 2—3　1 000 kg 甲烷从储罐中泄漏出来，并同空气混合发生爆炸。计算：①TNT 当量；②距离爆炸 50 m 处的侧向超压峰值。假设爆炸效率为 2%，甲烷的爆炸能为818.7 kJ/mol。

解：①将已知数据代入式（2—20），得到：

$$m_{TNT}=\frac{\eta m\Delta H_c}{E_{TNT}}=\frac{0.02\times1\ 000\times(1/0.016)\times818.7}{4\ 686}$$
$$=218\ (kg)$$

②使用式（2—21）计算比拟距离：

$$z_e=\frac{r}{m_{TNT}^{1/3}}=\frac{50}{218^{1/3}}=8.3\ (m/kg^{1/3})$$

由图 2—16 或式（2—23），比拟超压为 0.25，因此，超压为：

$$p_0 = p_s p_a = 0.25 \times 101.3 = 25\ (kPa)$$

查表 2—11 可知该超压将破坏钢表面建筑。

四、化学爆炸能

化学爆炸导致的冲击波是由爆炸性气体的快速膨胀造成的。该膨胀可以用两种机理解释：反应产物的热量加热以及反应造成的总物质的量的变化。

对于大多数碳氢化合物在空气中的燃烧爆炸，物质的摩尔量的变化很小。例如，丙烷在空气中的燃烧，化学式为：

$$C_3H_8 + 5O_2 + 18.8N_2 \longrightarrow 3CO_2 + 4H_2O + 18.8N_2$$

方程左侧的初始物质的量为 24.8，右侧的物质的量为 25.8。该例中，由物质的量变化导致的压力增加是很少的，几乎所有的爆炸能都来自所释放的热能。

爆炸反应期间，所释放的能量可使用标准热力学方法来计算，释放的能量等于膨胀气体所需的功。准确计算爆炸性混合气体爆炸能量是困难的，一般只是估算。对于许多物质，燃烧热和爆炸能之间相差小于 10%，对于大多数工程计算，这两种性质可互换使用。这样可以通过假定参与爆炸反应的气体的百分比，然后按其燃烧热计算爆炸能量：

$$L_H = VH \tag{2—24}$$

式中　L_H——化学爆炸所做的功，kJ；

V——参与反应的可燃气体积（标准状态下），m^3；

H——可燃气体的高燃烧热值，kJ/m^3。

例 2—4　1 kg 汽油完全蒸发并与空气混合达到爆炸极限，遇火花在 1 s 内爆炸，求爆炸所做的功。

解：1 kg 汽油的燃烧热＝43 260 kJ。

若爆炸在 1/10 s 内发生，能量增大 10 倍，即达到 432 000 kJ；若在 10 min 内发生，则能量降为：43 200/600＝72 kJ。因此，爆炸之所以有很大的破坏力，就在于爆炸反应是瞬间发生的。

五、机械爆炸能

对于机械爆炸，能量来自压缩气体膨胀、液体气体迅速蒸发等而放出的物理能。

1. 压缩气体与水蒸气的爆炸能量

有四种方法用来估算压缩气体的爆炸能：Brode 法、等熵法、等温法和有效能法。

(1) Brode 法。在气体体积不变的情况下进行计算，将气体压力由环境压力升高至最高容器内的压力所需的能量。表达式为：

$$E=\frac{(p_2-p_1)V}{\gamma-1} \tag{2—25}$$

式中 E——爆炸能；

p_1——周围环境压力；

p_2——容器的爆炸压力；

V——容器内膨胀气体的体积；

γ——气体的热容比。

因为 $p_2>p_1$，由式（2—25）计算得到的能量是正值，这说明，在容器破裂期间能量向周围环境中释放。

(2) 等熵法。假设气体由初始状态转向终止状态的过程是等熵的。可用下述方程表示：

$$E=\left(\frac{p_2V}{\gamma-1}\right)\left[1-\left(\frac{p_1}{p_2}\right)^{(\gamma-1)/\gamma}\right] \tag{2—26}$$

(3) 等温法。假设气体等温进行膨胀。方程如下：

$$E=RT_1\ln\left(\frac{p_2}{p_1}\right)=p_2V\ln\left(\frac{p_2}{p_1}\right) \tag{2—27}$$

式中 R——理想气体常数；

T_1——周围环境温度。

(4) 有效能法。指物料进入外界环境时所需的等效最大机械能。爆炸引起的超压是机械能的一种形式。因此，有效能法可以预测产生超压的机械能的最大上限值。

预测受限容器内的气体最大爆炸能可以用下式表示：

$$E=p_2V\left[\ln\left(\frac{p_2}{p_1}\right)-\left(1-\frac{p_2}{p_1}\right)\right] \tag{2—28}$$

注意，式（2—28）与等温膨胀式（2—27）几乎相同，仅增加了一个修正项。该修正项说明了由于热力学第二定律导致的能量损失。

水蒸气的爆炸能量可以使用压缩气爆炸能量计算公式，但是误差较大。一般用下式计算：

$$L_s=C_sV \tag{2—29}$$

式中 L_s——水蒸气爆炸能量，J；

V——水蒸气体积，m^3；

C_s——干饱和水蒸气爆炸能量系数，J/m³，见表 2—12。

表 2—12　　常用压力下的干饱和水蒸气爆炸能量系数

绝对压力/(10^5 Pa)	爆炸能量系数/(J/m³)	绝对压力/(10^5 Pa)	爆炸能量系数/(J/m³)
4	4.5×10^5	14	2.8×10^6
6	8.5×10^5	26	6.2×10^6
9	1.5×10^6	31	7.7×10^6

例 2—5　体积为 1 m³ 的容器内盛有氮气，压力为 50 MPa（绝对压力）。环境压力为 1.01×10^5 Pa（绝对压力），温度为 298 K。假定氮气的热容比不变，$\gamma=1.4$，试用四种方法估算爆炸能。

解：由题意可知，$p_1=1.01\times10^5$ Pa　$p_2=50$ MPa

方法一：使用 Brode 法，将数据代入 Brode 方程得：

$$E=\frac{(p_2-p_1)V}{\gamma-1}=\frac{(50-0.101)\times10^6\times1}{1.4-1}=1.25\times10^8\ \text{(J)}$$

方法二：使用等熵法，将数据代入方程得：

$$E=\left(\frac{p_2V}{\gamma-1}\right)\left[1-\left(\frac{p_1}{p_2}\right)^{(\gamma-1)/\gamma}\right]=\frac{50\times10^6\times1}{1.4-1}\left[1-\left(\frac{0.101}{50}\right)^{(1.4-1)/1.4}\right]$$
$$=1.04\times10^8\ \text{(J)}$$

方法三：使用等温法，将数据代入方程得：

$$E=p_2V\ln\left(\frac{p_2}{p_1}\right)=50\times10^6\times1\times\ln\left(\frac{50}{0.101}\right)=3.10\times10^8\ \text{(J)}$$

方法四：使用有效能法，将数据代入方程：

$$E=p_2V\left[\ln\left(\frac{p_2}{p_1}\right)-\left(1-\frac{p_2}{p_1}\right)\right]=50\times10^6\times1\times\left[\ln\left(\frac{50}{0.101}\right)-\left(1-\frac{0.101}{50}\right)\right]$$
$$=2.60\times10^8\ \text{(J)}$$

从计算结果可以看出，等熵法得到的爆炸能最小，而等温法得到的爆炸能最大。

2. 液化气、高温饱和水的爆炸能量

液化气体和饱和水蒸气当容器破裂发生爆炸时所放出的能量包括容器内蒸汽（水蒸气）的爆炸能量以及处于过热状态液体的爆炸能量。由于两者相比前者很小，往往可以忽略不计，过热状态液体的爆炸能量按下式计算：

$$L_L=427[(I_1-I_2)-(S_1-S_2)T_1]W \tag{2—30}$$

式中　L_L——过热状态液体的爆炸能量，10 J；

I_1——容器破裂前的压力或温度下饱和液体的焓，J/kg；

I_2——在大气压力下饱和液体的焓，J/kg；

S_1——容器破裂前的压力或温度下饱和液体的熵，J/(kg·K)；

S_2——在大气压力下饱和液体的熵，J/(kg·K)；

W——饱和液体的质量，kg。

饱和水的爆炸能量按下式计算：

$$L_w = C_w V \tag{2—31}$$

式中 V——容器内饱和水体积，m^3；

C_w——饱和水的爆炸能量指数，J/m^3，其值见表 2—13。

表 2—13　　常用压力下饱和水爆炸能量系数

绝对压力/(10^5 Pa)	爆炸能量系数/(J/m^3)	绝对压力/(10^5 Pa)	爆炸能量系数/(J/m^3)
4	9.6×10^6	14	4.1×10^7
6	1.7×10^7	26	6.7×10^7
9	2.7×10^7	31	7.7×10^7

例 2—6　一台废热锅炉汽包，截面直径 2 m，长 5 m，运行中（表压力位 0.8 MPa）破裂爆炸，炸前水位在汽包中心上边约 0.2 m 处，计算汽包破裂时的爆炸能量。

解：汽包容积为 15.7 m^3，饱和水体积为 9.8 m^3，饱和蒸汽体积为 5.9 m^3。查表 2—12，2—13 得绝对压力 $p=0.9$ MPa 的饱和蒸汽及饱和水的爆炸能量系数分别为：

$$C_s = 1.5\times10^6\ J/m^3$$

$$C_w = 2.7\times10^7\ J/m^3$$

饱和蒸汽爆炸能量为：$L_s = C_s V = 1.5\times5.9\times10^6 = 8.85\times10^6$ (J)

饱和水爆炸能量为：$L_w = C_w V = 2.7\times9.8\times10^7 = 2.65\times10^8$ (J)

因此，汽包破裂时的爆炸能量为：$L = L_s + L_w = 0.0885\times10^8 + 2.65\times10^8 = 2.74\times10^8$ (J)

六、抛射物伤害

发生在受限容器或结构内的爆炸能使容器或建筑物破裂，导致碎片抛射，并覆盖很宽的范围。碎片或抛射物能引起较严重的人员受伤、建筑物和过程设备受损。非受限爆炸由于冲击波作用和随后的建筑物移动也能产生抛射物。抛射物通常意味着事故在整个工厂内传播。工厂内某一区域的局部爆炸将碎片抛射到整个工厂。这些碎片打击储罐、过程设备和管线，导致二次火灾或爆炸。

七、爆炸破坏的防护

预防爆炸破坏，对于工厂来说由于爆炸常常牵扯到可燃材料，因此采取的措施与预防火灾的措施大体相同。

爆炸破坏的防护方法有以下几种方法。

1. 爆炸封锁

爆炸封锁就是要按已制定的压力容器设计规范，设计一些能够承受足够压力的容器。但是当所考虑的容器越大，设计就变得越困难，对于大型容器来说常常难以实现。

对于不经常发生爆炸，而且很难找到其他合适的防爆措施的场合而言，设计一个机械强度很低但耐压力冲击的容器常常是比较好的选择。这样就必须选用具有足够韧性的材料，这些材料的延伸率和切口冲击韧性要完全符合压力容器规范的要求。当把容器设计成能承受最大爆炸压力而不破裂的结构后，一旦内部爆炸，材料发生变形就能起到防爆作用。

如果对容器内的可燃气（蒸气）或粉尘的爆炸采用爆炸封锁的防护措施，那么抗压容器必须进行持续的压力负荷试验，而且要反复进行，否则，抗压容器应采用不带压操作（在容易发生粉尘爆炸的地方更应如此）。经验证明，这类容器在爆炸以后多数不用修理便可继续使用。

2. 泄爆（泄压）防护

设备的失效或操作者的失误都能引起过程压力的增加，若压力超过管线和容器的最大强度，就可能导致过程装置的爆炸，造成一些破坏。防止超压的一种方法是安装泄爆系统，利用泄爆装置泄爆可以把容器中因快速燃烧产生的最大爆炸压力限制到不会使容器结构产生极大应力或破坏的程度，常用的泄爆装置有弹性开启式安全阀和爆破片。

3. 爆炸抑制

爆炸抑制的基本原理就是在爆炸形成的早期阶段检测出来，并用灭火介质覆盖在系统上以防止爆炸进一步发展。抑制剂可以是液态、雾态或粉末状的形式，两种最普通类型的抑制剂是卤代烃，如氯溴甲烷和磷酸铵粉末，但在某些情况下也使用水。抑制剂的作用包括：①冷却燃烧区域，如利用液态抑制剂的蒸发方法；②游离基的清除——抑制剂中的活性物质阻止使燃烧传播的化学反应链；③提前惰化——

在未燃烧的混合物中的抑制剂浓度可使混合物变成不燃的；④氧隔绝；⑤物理熄灭——未燃烧微粒或液滴引起凝聚作用使抑爆条件占优势。

如果设备装置的几何形状使泄爆变得比较困难时（如导管结构在急骤干燥器内就不能有效地泄爆），往往采用抑制措施来代替泄爆。另外，如果装置位于不能够向外面安全泄爆的地方或位于泄爆时释放的物质会出现问题的地方，通常最好的代替办法就是抑制。

与泄爆相比，抑制措施的安装和维护费用要贵得多，但是事故后只有较少的污染，而且通常不需要大量的清理工作。爆炸抑制不仅保护了设备本身，而且还保护了现场操作人员。在无法避免粉尘沉积的地方，爆炸抑制措施往往能够帮助避免发生二次爆炸。

如图 2—16 所示的装置系统，使用爆炸抑制剂来抑制反应，该系统中用传感器来探测爆炸是否发生，自动喷出抑制剂来阻止反应。当压力上升至 0.01 MPa 时就可以激活传感器，抑制开始时，压力已稍微上升了一些。装置的容器或结构应该足够强以承受此压力，起抑制作用的气体应对可能涉及的燃料非常有效。此外，有些

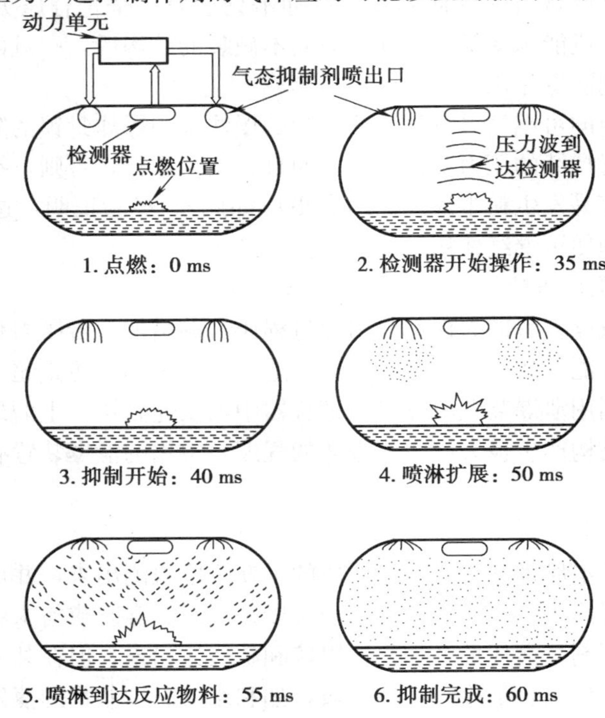

图 2—16 使用卤代烃喷雾抑制爆炸过程

爆轰是复杂爆炸分解产生而不是燃烧产生，一般这类爆轰由于其速度太快以致抑制剂不能发挥作用。

4. 惰化

惰化是把惰性气体加入到可燃性混合气体中，使氧气浓度减少到极限氧浓度以下的过程，惰性气体通常是氮气或二氧化碳，有时也用水蒸气。惰化可以应用于任何过程单元，包括压力容器、储藏容器、管线、蒸馏塔等。

惰化的方法很多，如真空惰化、压力惰化、压力—真空惰化、吹扫惰化、虹吸惰化等。具体选择哪一种方法，需要考虑好多因素，如过程装置如何设计、惰化的成本、过程中的真空度或压力等级、过程的几何结构以及操作某一惰化步骤所需要的时间等。

例如圆形罐经常可以向外输料，也可以装料，在这些操作过程中，空气可以进入罐中，形成可燃混合气，就会有火灾或爆炸危险。图 2—17 是将罐内物料向过程输出的一个示意图。如果没有惰化，随着罐内液位的下滑，空气就会进入罐中。因此，为了防止空气进入，在罐上方装了一个 T 形管装置，T 形管一端和低压惰性气源相连，另一端则和通风系统相连（以防惰性气体充满封闭工作场所造成工人窒息，如果工作场所是露天的，则不需这样做）。这样，随着液位下降，气相空间充满惰性气体，从而阻止可燃混合气的形成。

图 2—18 是在装可燃液体之前对圆形罐进行惰化的一个系统。方法是将一根足够长的管插入到圆形罐的底部，打开阀门，通入低压惰性气体。如果操作在封闭工作场所，也要安装通风系统，将从罐中出来的惰性气体排至工作场所外，防止工人窒息。通入惰性气体一定时间后（通常要求充进罐内气体的体积是罐体积的 3～4 倍），就可以将充气管移走，准备加料。

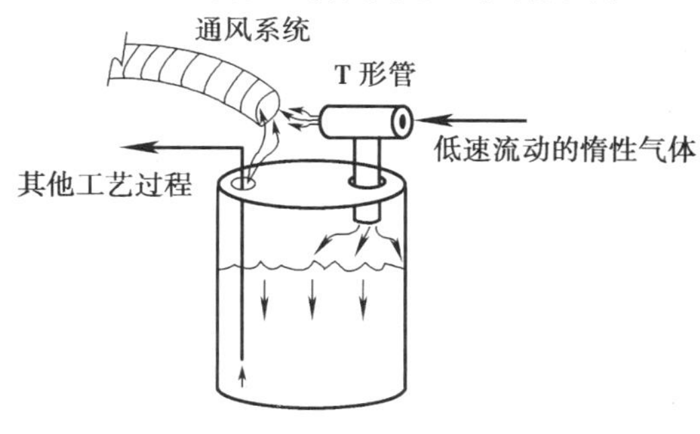

图 2—17 圆形罐向外输料过程中所采用的惰性保护系统

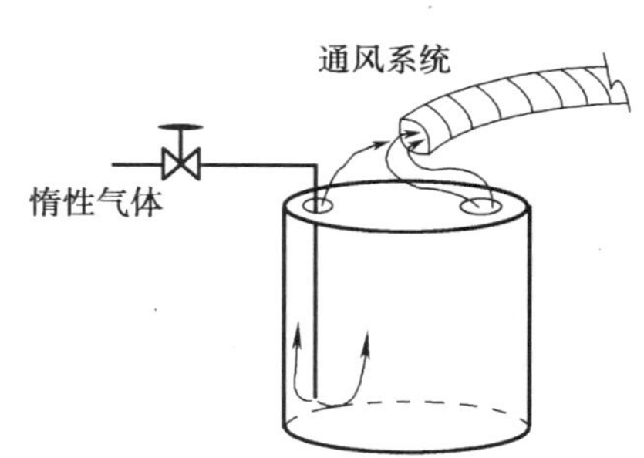

图 2—18 充装可燃液体前对圆形罐进行惰化

有效的惰化取决于整个设备内的氧浓度的降低。在整个设备上一定要在多处设置可以连续监控氧浓度的装置，同时检测系统应工作可靠以保证万一氧监控装置发生故障也无危险。

5. 接地和搭接

接地和搭接是为了防止静电的累积，从而预防静电点燃可燃混合气。接地是指将过程装备和物料连接到大地以移走累积的电荷，搭接是将两个过程单元连接到一起使这两个单元的电位相同，接地和搭接仅对导电的组件及物料有效。

图 2—19 所示的是一个典型的接地和搭接装置。在圆形罐中的液体进入金属容器前，就将容器与圆形罐进行搭接，其中容器接地，圆形罐也接地、无衬里并且是金属材料做成的。连接过程中，使用了两种类型的夹子，一种是用于长期安装，并有尖头螺丝，另一种用于临时操作，例如将罐临时搭接或接地，任何一种夹子都应确保与金属表面充分接触。图 2—19 中的弹簧夹用于搭接容器和罐，螺丝夹则是用于连接罐的接地和搭接。

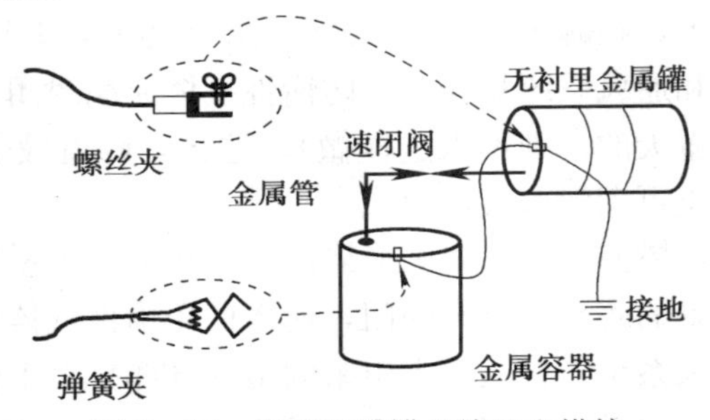

图 2—19　容器和储罐的接地和搭接

第六节　泄 压 系 统

化工厂中设备的失效或操作者的失误都能引起过程压力增加，并超过安全的水平，导致超压爆炸。防止此类事故的最后一个安全措施是安装泄压系统，以便在过大的压力显现前释放掉液体或气体。泄压系统由泄压设备和安全处置泄放物质的过程设备组成。

泄压设备安装使用步骤是：①确定泄压设备的安装位置；②选择正确的泄压设备类型，这依赖于泄放物质的特性和所需的泄放特性；③设想泄放能够发生的各种情形，目的是确定物质通过泄压设备的质量流量和物质的物理状态；④收集泄放过程数据，包括泄放物质的物理性质，并确定泄压设备的尺寸；⑤选择发生最严重事故的泄放情形，完成最终设计。

一、基本概念

（1）设定压力：泄压设备开始动作的压力。

（2）最大允许工作压力（MAWP）：对于设定温度的容器，顶部允许的最大测量压力，有时也称为设计压力。随着操作温度的增加，MAWP 减少，因为容器金属在高温下强度降低，同样，随着操作温度的下降，MAWP 下降，因为金属在低温下将变脆。典型的容器失效发生在 4 倍或 5 倍于 MAWP 下，在低于 2 倍 MAWP 压力下容器可能会发生变形。

（3）操作压力：通常工作期间的测量压力，通常比 MAWP 低 10%。

（4）累积：在泄放过程中，超出容器的 MAWP 的压力增量，表示为 MAWP 的百分比。

（5）超压：在泄放过程中，容器内超出设定压力的压力增量，当设定压力为 MAWP 时，超压等于累积，表示为设定压力的百分比。

（6）背压：泄放过程中泄压设备出口处的压力。

（7）压降：设定压力与泄压设备复位压力之间的压力差，表示为设定压力的百分比。

（8）最大允许累积压力：MAWP 和允许的累积之和。

（9）泄压系统：泄压设备四周的部件总称，包括：连接泄压设备的管道、泄压设备、排放管线、放空桶，洗涤器、火炬或在安全泄放过程中起辅助作用的其他设备。

二、泄压的概念

对于失控反应，典型的压力随时间变化曲线如图 2—20。假设反应器内发生放热反应，如果由于冷却水系统遭受破坏、阀门失效或其他情况导致冷却失败，那么反应器温度将上升，随着温度的上升，反应速度增加，导致产生更多的热量，这种自加速机理，导致反应失控。

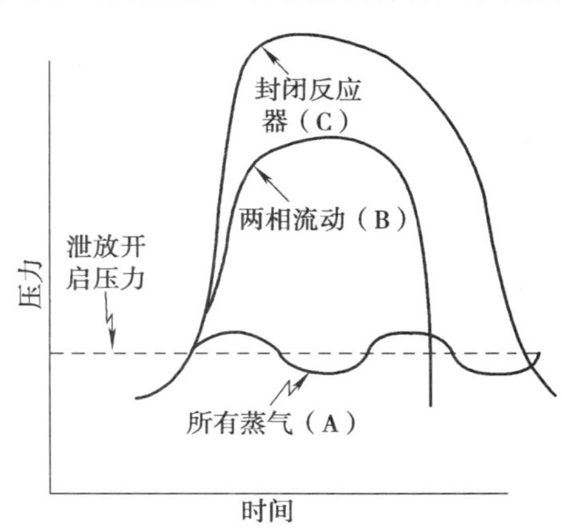

图 2—20 反应失控时间压力曲线

对于大型反应器，反应失控能在几分钟内发生，每分钟温度和压力分别增加几百摄氏度和几兆帕，如果反应器没有泄压系统，压力和温度将持续增加，直到反应物全部被消耗掉，如图 2—20 所示的曲线 C。反应物全部消耗完后，热量生成停止，反应器冷却下来，压力随后降低。曲线 C 假设反应器能经受住失控反应的全部压力。

如果反应器有泄压设备，压力响应依赖于泄压设备的特性和通过泄压设备排放的流体的性质。图 2—20 中的曲线 A 表示蒸气的泄放，曲线 B 表示两相泄放，反应器内的压力将增加，直到泄压设备在设定的压力下动作。

当两相流体泄放时，随着安全阀的开启，压力持续上升，超出初始泄放压力的压力增量称为超压。

曲线 A 是蒸气或气体泄放。当泄压设备打开时，压力立即下降，因为只要排放掉少量的蒸气，压力就能降低，压力持续降低，直到安全阀关闭，该压力差称为压降。

因为气一液两相物质的泄放特性与蒸气泄放差别很大，为了正确设计泄压设备，必须了解泄放物质的特性。

三、泄压设备的位置

确定泄放的位置，需要了解过程中每个操作单元，以及每个过程的操作步骤，必须预测可能导致压力上升的潜在问题。泄压设备要安装在每一个潜在危险源处，即该处的紊乱条件所产生的压力超过了 MAWP。

需了解的过程问题有：①伴随冷却、加热和搅动失效会发生什么？②如果过程受到污染，或催化剂、单体误排，会发生什么？③如果操作者失误会发生什么？④关闭暴露于热或冷冻环境中的充满液体的容器或管线上的阀门的后果什么？⑤如果管线失效，如进入低压容器的高压气体管线失效，会发生什么？⑥如果操作单元包围于火灾中会发生什么？⑦什么条件能引起反应失控，应该怎样设计泄压系统来处理反应失控带来的泄放？

确定泄压设备位置有以下一些原则。

（1）所有容器都需要泄压设备，包括反应器、储罐、塔器和桶

（2）暴露于热（例如太阳）或冷冻环境下的装有冷的液体管线的封闭部件，需要泄压设备。

（3）正压置换泵，压缩机和涡轮机的排放一侧，需要泄压设备。

（4）存储容器需要压力或真空泄压设备，保护封闭容器免遭吸入和抽出，或避免由凝结导致真空的产生。

（5）容器的蒸气护套通常根据低压蒸气进行分级。泄压设备被安装在护套中，

防止由于操作者失误或调压器失效，导致过高的蒸气压力。

例 2—7　确定图 2—21 中的简单聚合反应器系统的泄压设备的位置。该聚合过程的主要步骤包括：①将 45.4 kg 的引发剂充装入反应器 R1 中；②加热到反应温度 116℃；③加入单体，历时 3 h；④使用阀 V15，通过真空的方法将剩余的单体移除。因为反应是放热的，在单体加入期间需要用冷却水冷却。

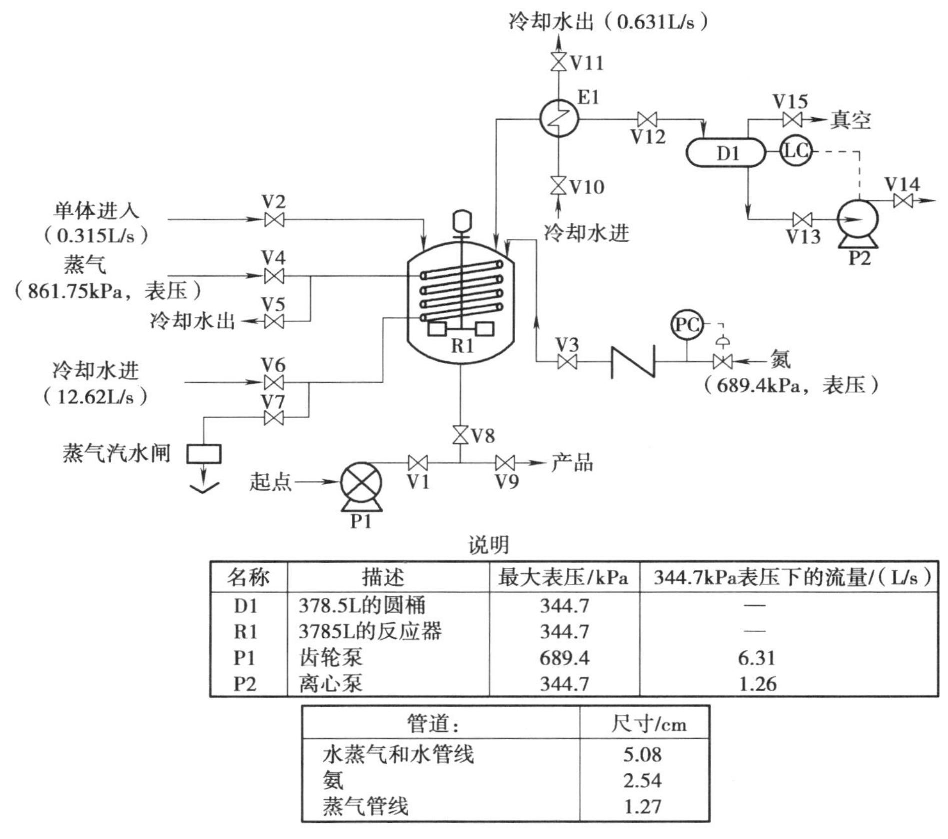

名称	描述	最大表压/kPa	344.7kPa表压下的流量/（L/s）
D1	378.5L的圆桶	344.7	—
R1	3785L的反应器	344.7	—
P1	齿轮泵	689.4	6.31
P2	离心泵	344.7	1.26

管道：	尺寸/cm
水蒸气和水管线	5.08
氮	2.54
蒸气管线	1.27

图 2—21　没有安全泄压装置的聚合反应器

解：确定泄压设备位置的方法如下（参考图 2—21、图 2—22）：

①反应器（R1）：反应器上应安装泄压设备，因为一般情况下每一个过程容器都需要一个泄压设备，泄压设备被注明为 PSV1。

②正压置换泵（P1）：如果正压置换泵在没有减压设备（PSV2）的情况下聚

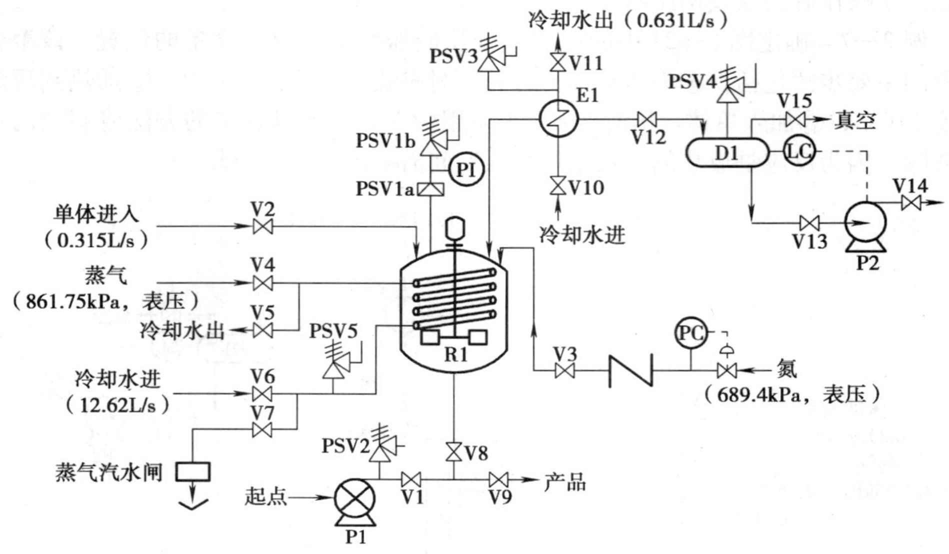

图 2—22　带有安全泄压装置的聚合反应器

集压力，就会过载、过热或遭受破坏。这种类型的泄压排放，通常经过再循环，重新回到进料容器。

③热交换器（E1）：当水被阻塞在热交换管道（V10 和 V11 关闭）和交换器，被加热（例如，被蒸汽加热）时，过高的压力导致热交换管破裂。这种危害通过增加 PSV3 消除。

④桶（D1）：所有的过程容器都需要泄压阀，PSV4。

⑤反应器盘管：当水被阻塞在盘管中（V4，V5，V6 和 V7 关闭），盘管被蒸气或太阳加热时，反应器盘管就会因过高的压力而被撑破。在该盘管中增设 PSV5。

对于这一相对较简单的反应过程，已经完成了泄压设备位置的确定。

四、泄压设备的类型

对于特定的应用对象，应选择特定类型的泄压设备。在工程中，泄压设备的类型是根据泄压系统、过程条件和释放物质的特性等情况确定的。

这里有两种一般类型的泄压设备（弹性开启式安全阀和爆破片）和两种主要类型的弹性开启式安全阀（传统的安全阀和平衡腔式安全阀），如图 2—23 所示。

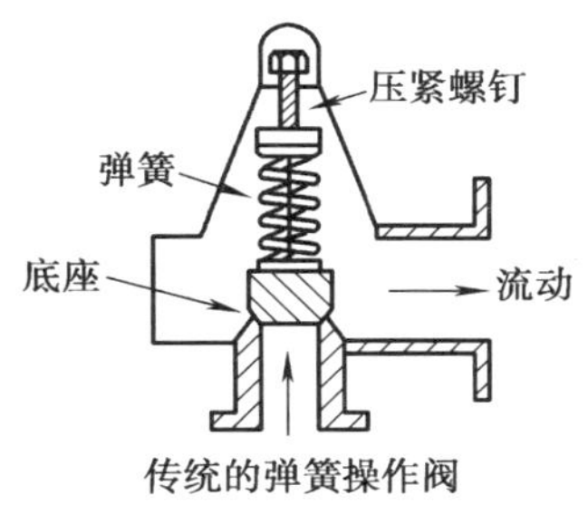

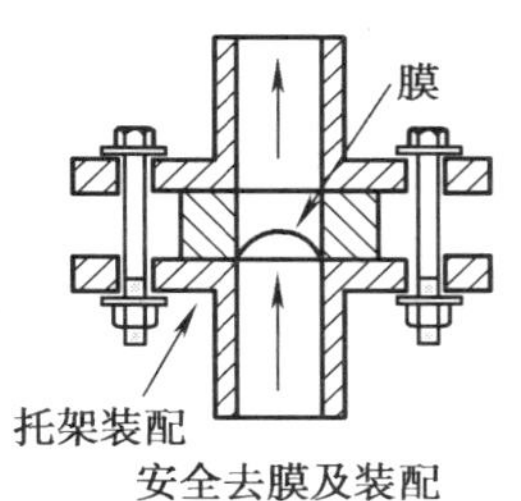

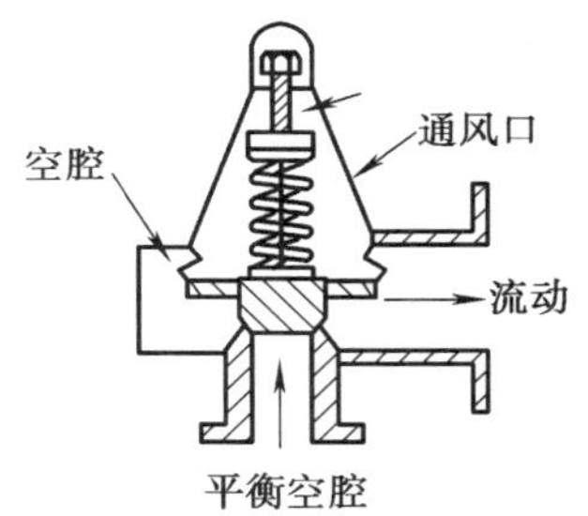

图 2—23　泄压装置的主要类型

关于弹性开启式安全阀，可根据可调的弹簧张力来调整进口压力，泄压设备的设定压力通常超出正常操作压力 10%，为避免非自动的人为改变这一设置的可能性，在可调节的螺钉上设有螺纹帽。

对于传统的弹性开启式泄压设备，阀门是基于穿过阀门底座的压力降而打开的，即设定压力与穿过底座的压力降成比例。因此，如果阀门下游的背压增加，设定压力将增加，并且阀门可能在正确的压力下不会打开。另外，通过传统的泄压设备的流量与穿过底座的压力差成比例，因此，通过泄压设备的流量随着背压的增加而减小。

对于平衡腔的设计，阀门底座背后的平衡腔确保底座这边的压力通常为大气压，因此，平衡腔式阀门通常在需要的设定压力下打开，然而，通过平衡腔的流动与阀门进、出口之间的压力差成比例，因此，随着背压的增加，流量减小。

爆破片被设计为在指定的泄放设定压力下破裂，它们通常由设计用来在指定的压力下破裂的金属校准薄片组成，可以单独、也可以与弹性开启式泄压设备串联或并联使用，能用各种材料制作。

爆破片的一个重要问题是，金属的可扰性随着过程压力的变化而变化，可扰性能导致爆破片在压力低于设定压力时过早失效。因为这个原因，一些爆破片系统，设计在压力远远低于设定压力的条件下工作。另外，如果泄压系统没有特别地被设计为能在真空环境下工作，那么真空环境可能会导致爆破片失效。

爆破片的另外一个问题是，它们一旦打开就不能关闭，这可能导致过程物质的全部排放，也可能会使空气进入到过程当中，可能导致火灾和（或）爆炸。在一些事故中，爆破片在过程操作人员没有意识到的情况下就破裂了。为了防止这种问题，可使用内含金属丝网的爆破片，而该金属丝网在其破裂时会被剪掉，这能够在控制室引发报警，以警告操作人员。另外，当爆破片破裂时，碎片可能被移走，造成潜在的下游阻塞。

爆破片比弹性开启式安全阀能在更大尺寸的条件下使用，尺寸最大的达到直径为几米，其成本要比当量尺寸的弹性开启式安全阀低。

爆破片通常与弹性开启式安全阀串联安装，目的是：①保护弹性开启式安全阀免遭腐蚀环境的损害；②当处理毒性非常强的化学物质时，提供完全的隔离（弹性开启式安全阀却不能）；③当处理可燃性气体时，提供完全的隔离；④保护相对复杂的弹性开启式安全阀部件免受能引起阻塞的反应性单体的影响；⑤释放可能阻塞弹性开启式安全阀的泥浆。

当爆破片在弹性开启式安全阀前使用时，压力表应安装在两设备之间，该表是一个指示器，显示爆破片什么时候破裂。失效是压力偏移或腐蚀小孔的结果，在任何一种情况下，指示表都指明需要更换爆破片。

这里有三种类型的弹性开启式泄压设备：

（1）泄压阀主要用于液体。泄压阀（仅用于液体）在设定压力下开启，当压力达到超压的 25%时，阀全部打开，随着压力恢复到设定压力，阀逐渐关闭。

（2）安全阀用于气体。当压力超过设定压力时，安全阀突然打开，这由所使用的排放喷嘴来完成，该喷嘴使高速物质朝向阀座喷射，在压力排放后，安全阀大约在低于设定压力 4%时复位，该阀具有 4%的压降。

（3）安全泄压阀用于液体和气体。对于液体，安全泄压阀功能同泄压阀，对于气体，功能同安全阀。

例 2—8 确定例 2—7 中的聚合反应器所需要的泄压设备的类型（如图 2—22 所示）。

解：

①PSV1a 是保护 PSV1b 免受反应性单体影响的爆破片（隔离聚合）。

②PSV1b 是安全泄压阀，因为反应失控，会导致两相流，既有液体，也有蒸气。

③PSV2 是泄压阀，因为该阀处于液体管线中，使用一般的阀就可以。

④PSV3 是泄压阀，因为仅仅是针对液体的，使用一般的阀就可以。

⑤PSV4 是安全泄压阀，因为可能存在液体或蒸气，而且该出口通向可能具有较大背压的洗涤塔，所以要使用平衡腔式安全阀。

⑥PSV5 是仅对液体使用的泄压阀，该阀对于以下情景提供保护：液体由于所有阀门的关闭而被阻塞；反应热增加了周围反应堆流体的温度；因为热膨胀，盘管内的压力增加。

五、泄放情形

泄放情形是对某一特定的泄放事件的描述，通常每一次泄压都会有多个泄放事件，最坏事件情形是需要最大泄放面积的情形或事件，泄放事件的例子有：

（1）泵被憋压。泵的泄放尺寸大小，应设计为能处理在额定压力下整个泵的容量。

（2）氮气调节器管线上的泵的泄放。如果调节器失效，泄放尺寸的大小应设计为能处理氮气。

（3）泵连接在具有流通蒸气的热交换器上。泄放尺寸应设计为能处理在不能控制的条件下喷射进入交换器的蒸气，例如，蒸气调节器失效。

以上针对某一特定泄放列出的可能出现的情形，随后可对每一种情形下的泄放面积进行计算，最坏事件情形就是最大泄放面积的事件。

对于图 2—22 中所描述的反应器系统的详细叙述总结于表 2—14 中，随后通过计算每一种情形和泄压下的最大泄放面积来确定最坏事件情形。表 2—14 中，仅有两个泄放具有多种情形，这样需要对计算进行比较，来建立最坏情形，其他三种泄放仅有一种情形，因此它们本身就是最坏事件情形。

表 2—14　　例 2—5 中的泄放情形（见图 2—22）

泄放的确定	情　　形
PSV1a 和 PSV1b	①充满液体的容器和泵 P1 事故性动作 ②冷却盘管被破坏，345 kPa 下的水以 0.757 m^3/min 的流速进入 ③氮气调节器失效，导致通过 25.4 mm 管线的临界流动 ④反应期间，冷却失效（反应失控）
PSV2	V1 事故性关闭，系统需要 345 kPa 压力下的流速为 0.38 m^3/min 的泄放
PSV3	受限水管被 862 kPa 压力下的蒸气加热
PSV4	①氮气调节器失效，导致通过 12.7 mm 管线的临界流动 ②注意：其他的 R1 情形将经 PSV1 泄放
PSV5	水在盘管内堵塞，反应热引起热膨胀

六、定制泄放尺寸的数据

在进行泄放尺寸计算时，需要物性数据，有时也需要反应速率特性。在设计单元操作时，使用工程假设估算得到的数据几乎总是可以接受的，因为唯一的结果是收益较差或质量较差，然而，在泄压设计中，这些类型的假设是不能接受的，因为误差将导致突然的和危险的失效。

在为气体或粉尘爆炸做泄压设计时，需要其泄放情形条件下特殊的爆燃数据。失控反应是另外一个需要专门数据的情形。众所周知，失控反应几乎总是导致两相流泄放，通过泄压系统的两相排放，与含有二氧化碳的香槟酒的喷出相似。如果香槟酒在开启前被加热，瓶内全部的东西都可能泄放出来，该结论也已经被化工厂中的失控反应所证实，两相流动的计算相对复杂，特别是当条件变化很快时，如失控反应。正因为复杂，为了获得相关的数据，并进行泄放尺寸的计算，已经建立了专用的计算方法。

几种商用的量热计可用来刻画失控反应的特征，包括加速量热计、自动压力跟踪绝热量热计和排放口尺寸计算包（VSP)。每一种量热计都有不同的实例尺寸、容器设计、数据采集硬件和数据灵敏度。

本质上，所有这些量热计的工作方式是相同的。测试样品通过两种方式被加热，第一种方式是样品被加热到一个固定的温度，然后量热计在该温度下保持一段固定的时间，确定是否有放热反应发生，如果没有检测到有反应发生，那么温度再增加一个增量。第二种加热方式是样品以固定的温升速度加热，当量热计监视到有更高的温升速率时，就可以确定放热反应开始发生。其中有些量热计是将这两种方式结合起来使用。

由量热计得到的数据包括：最大自加热速率、最高压力速率、反应开始温度以及温度和压力随时间的变化。

排放口尺寸计算包（如图 2—24 所示）本质上是绝热量热计。少量被测物质（30～80 mg）装入薄壁的反应容器中，一系列受控加热器将样品温度增加至失控条件，在失控反应期间，排放口尺寸计算包跟踪罐内的压力，并在主要的密封容器内维持相似的压力，这防止了薄壁样品盛装容器发生破裂。对于泄放尺寸计算，特别重要的结果包括：在设定压力下的温度变化速率 $(\mathrm{d}T/\mathrm{d}t)_s$ 和与超压 Δp 有关的温度增量 ΔT。因为量热计开始工作时的质量和组分都是已知的，反应热可由温度 T 随时间 t 的变化得到（假设单体和产物的热容都是已知的)。

七、泄压系统

在选择好泄放类型和完成泄放尺寸的计算以后，要确定怎样在系统中安装泄压设备和怎样处置排放出的液体和蒸气。

同化工厂内的其他系统相比，泄压系统是独特的，它们从不被希望得到启用，

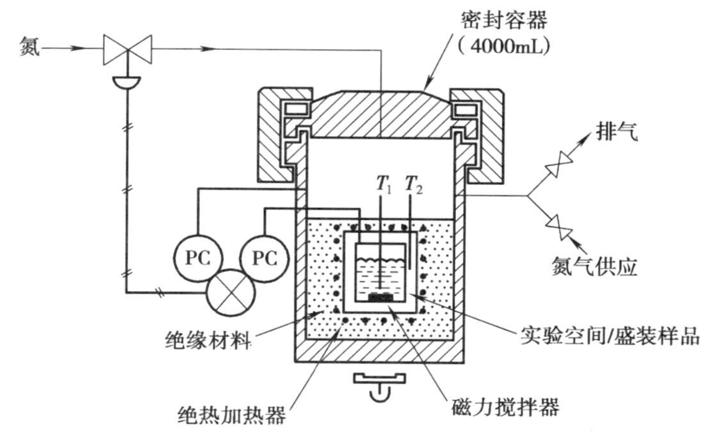

图 2—24 获得失控反应数据的排放口尺寸计算包

但是一旦启用，它们必须毫无缺陷地运行。其他系统，如萃取系统和蒸馏系统，通常只要设计出它们适宜的性能和可靠性就行了，泄压系统的开发必须进行最佳设计，并在工厂投产之前在实际环境中进行验证。

1. 泄压装置的安装

不管泄放尺寸设计、确定和检验得多仔细，拙劣的安装将导致泄压性能达不到要求，一些安装指南在表 2—15 中进行了说明。

表 2—15　　泄压阀安装

系统	建　议
容器	易腐蚀设备或者弹性开启阀可能会脱落的高毒性物质的容器上安装爆破片
p	在容器容易腐蚀的设备上安装两个爆破片。第一个爆破片可能需要定期更换
	安装爆破片和弹性开启泄压阀 正常的泄放可能经过弹性开启阀，对于大量的泄放则需要备用的爆破片

续表

<table>
<tr><th>系统</th><th colspan="2">建　议</th></tr>
<tr><td> 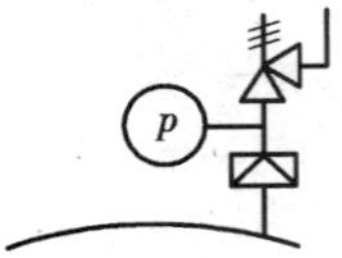P</td><td colspan="2">使用两个泄压装置。爆破片保护容器免受有毒或腐蚀性物质的破坏。弹性开启泄压阀用来使损失最小化</td></tr>
<tr><td> 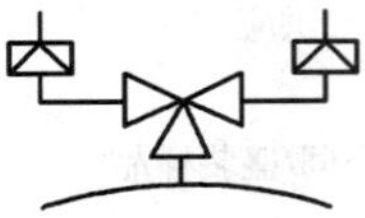</td><td colspan="2">通过一个特殊的阀门总能使两个爆破片中的一个直接与容器相连。该类型的设计对于需要定期清洗的聚合反应器是有好处的</td></tr>
<tr><td> 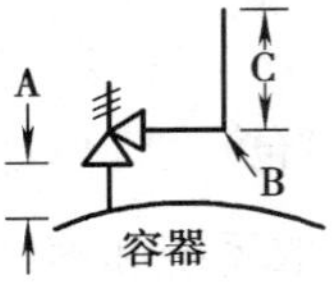A
C
B
容器</td><td colspan="2">A——压力下降不超过设定压力的 3%
B——长半径弯曲
C——如果距离大于3 m，则应在长半径弯曲下方支持重力和反作用力</td></tr>
<tr><td> 管道</td><td colspan="2">用于气体系统的单个安全阀的泄放口面积应该不超过被保护管道横截面积的 2%
可能需要交错设置多级阀门</td></tr>
<tr><td> 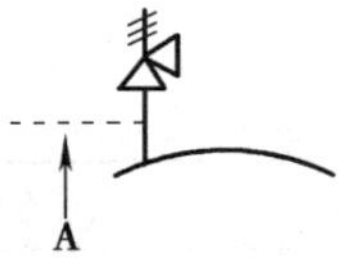A</td><td colspan="2">A——过程管线不应与安全阀的进口管道相连接</td></tr>
<tr><td rowspan="7"> 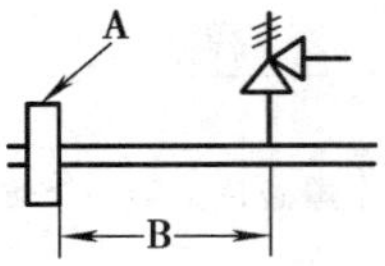A
B</td><td colspan="2">A——引起振动的设备
B——尺寸（B）如下所示：</td></tr>
<tr><td>设备引起振动</td><td>直管线的最小直径/ft</td></tr>
<tr><td>调节器或阀门</td><td>25</td></tr>
<tr><td>不在同一平面内的 2 个直角弯或弯曲</td><td>20</td></tr>
<tr><td>同一平面内的 2 个直角弯或弯曲</td><td>15</td></tr>
<tr><td>1 个直角弯或弯曲</td><td>10</td></tr>
<tr><td>脉冲消除装置</td><td>10</td></tr>
</table>

注：1 ft=0.304 8 m。

2. 泄压设计需要考虑的事项

泄压系统设计师，必须熟悉法律、法规、工业标准和所需要的保护性措施。

另外一个需要考虑的重要内容是，当释放物质高速流过泄压系统时产生的反作用力。从污染的角度出发，目前很少向大气环境泄放，大多数情况下，泄放首先排向分液器系统，将液体与蒸气分离，液体在这里被收集起来，蒸气被排向另外一个处理单元，随后的蒸气处理单元的组成与蒸气的危险性有关，可能包括：冷凝器、洗涤器、焚烧装置、火炬或它们之间的组合。这种排放系统被称为整体密闭系统，其中一种如图 2—25 所示。整体密闭系统经常被采用，并且它们正在成为一种工业标准。

3. 水平分液桶

分液桶有时被称为收集槽或排污桶，如图 2—25 所示，该水平分液桶系统起到了气一液分离和盛装被分离出的液体的作用。两相混合物通常在一端进入，蒸气在相反的一端排出，进口也可设计在两端，蒸气在中间排出，并使蒸气速度最小化。当工厂内空间受限时，可使用切向降压桶，如图 2—26 所示。

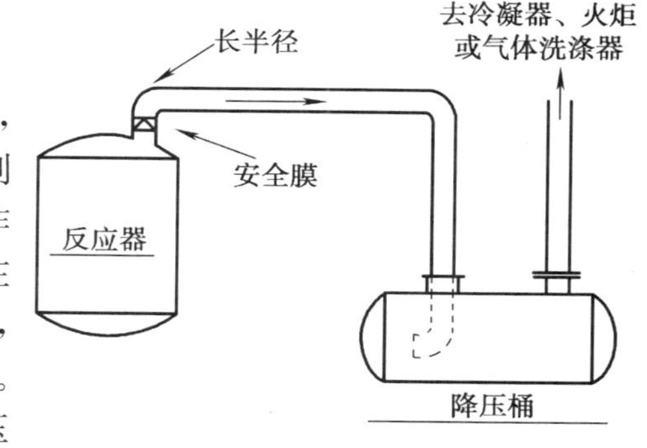

图 2—25　拥有降压桶的泄放收容系统

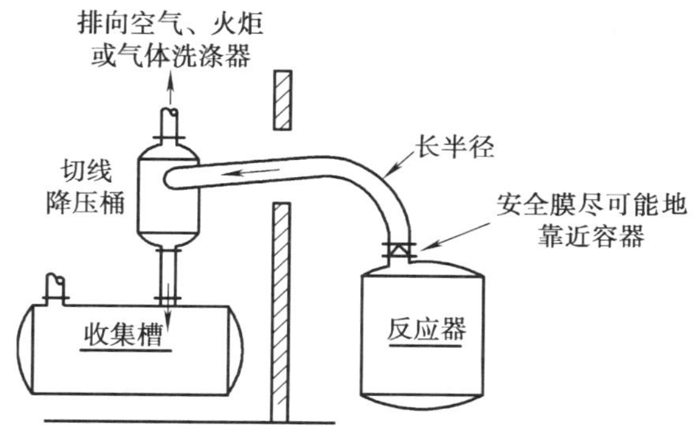

图 2—26　拥有切向降压桶的分离液体收容罐

这种类型系统的尺寸设计方法是建立在针对夹带小液滴的最大允许速度基础之上的，流动中液滴的排放速度为：

$$u_d = 1.15\sqrt{\frac{gd_p\ (\rho_L - \rho_v)}{\rho_v C}} \tag{2—32}$$

式中　u_d——排放速度，m/s；

g——重力加速度，m/s^2；

d_p——液滴直径，m；

ρ_L——液体密度，kg/m^3；

ρ_v——蒸气密度，kg/m^3；

C——由图 2—27 给出的牵引系数，图 2—27 的横坐标是：

$$C\ (Re)^2=[0.13\times10^8]\frac{\rho_V d_p^3\ (\rho_L-\rho_V)}{\mu_v^2} \tag{2—33}$$

式中 μ_v——蒸气的黏度，厘泊（cP）；

$C\ (Re)^2$——牵引系数，无单位。

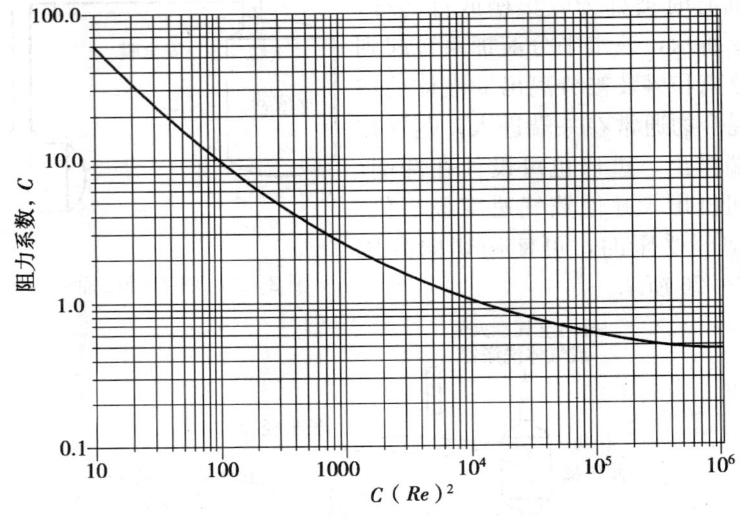

图 2—27 牵引系数相关数

例 2—9 确定将直径为 300 μm 的液滴分离出去的水平分液桶内的最大蒸气流速，已知：蒸气速度为 77.1 kg/h；$\rho_v=3.2\ kg/m^3$；$\rho_L=480\ kg/m^3$；$\mu_V=0.01$ cP；$d_p=300\ \mu m=3.0\times10^{-4}$ m。

解：为确定分离速度，应首先用图 2—27 确定牵引系数，由式（2—33）计算图表的横坐标：

$$C\ (Re)^2=0.13\times10^8\ \frac{\rho_V d_p^3\ (\rho_L-\rho_V)}{\mu_V^2}$$

$$=0.13\times10^8\times\frac{3.2\times(3.0\times10^{-4})^3\times(480-3.2)}{0.01^2}=5\ 355$$

用图 2—27，发现 $C=1.3$，分离速度由式（2—32）计算：

$$u_d=1.15\sqrt{\frac{gd_p(\rho_L-\rho_V)}{\rho_V C}}=1.15\sqrt{\frac{9.8\times3.0\times10^{-4}\times(480-3.2)}{3.2\times1.3}}$$
$$=0.667\ (m/s)$$

所需要的蒸气空间范围，与蒸气通道相垂直，随后使用蒸气的速度和体积流量计算，整个容器设计由蒸气区域、液体区域以及容器的总几何参数决定。

4. 火炬

火炬的目的是将可燃或毒性气体燃烧掉，生成不可燃或无毒的燃烧产物，其直径必须适合于维持稳定的火焰和防止吹熄（当蒸气速度大于声速的 20%的时候）。

火炬的高度根据所产生的热以及对设备和人造成的潜在危害来确定。常用的设计准则是，火炬底座处的热量强度不超过 4.7 kW/m^2。热辐射的影响见表 2—16。

表 2—16　　热辐射强度影响表

热强度/($kJ/s\cdot m^{-2}$)	影响
6.3	20 s 内有水泡出现
16.7	5 s 内有水泡出现
9.46～12.6	植物和木材被引燃
1.1	太阳辐射

5. 洗涤器

泄放出来的流体有时是两相流，必须首先进入分液系统，在那里液体与蒸气分离，液体随后被收集起来，蒸气可能被排出或不被排出，如果气体是无毒和不可燃的，它们将被排放掉，除非某些法规禁止这种类型的排放。如果蒸气是有毒的，则需要经过火炬或洗涤系统，其中，洗涤系统可以是列管式、盘管式或者喷管类型的系统。

6. 冷凝器

一个简单的冷凝器是处理排放蒸气的另外一种方法。如果蒸气的沸点较高，恢复后的冷凝物是有价值的，那么这种方法特别具有吸引力。应该经常使用这种方法进行评估，因为此方法简单易行，并且费用不多，同时它使可能需要额外的后处理的物质的体积最小。

第七节　化工事故类型

化工生产中有着大量的危险化学品、特殊的设备及复杂的工艺过程，因而涉及的事故类型很多，如火灾、爆炸、中毒、机械伤害、交通事故等。其中，火灾和爆炸事故尽管发生的频率和造成的人员伤亡都不是最大（都小于交通事故和机械伤害），但是造成的财产损失却相当大。例如，在烃类加工企业财产损失最大的前100起事故中，火灾和爆炸事故占了绝大部分，如图2—28所示。此外，化工火灾、爆炸事故总是造成巨大的环境破坏，而且会危及公众对企业的信任感和安全感。以下是三类典型的化工火灾爆炸事故，即池火灾、蒸气云爆炸、沸腾液体扩展蒸气爆炸。

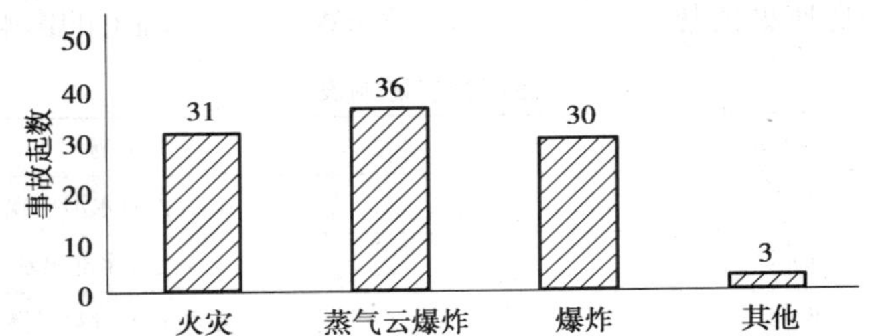

图2—28　烃类加工企业100起重大财产损失事故的事故类型分布

一、池火灾

1. 池火灾的发生及发展

池火灾是指在可燃物的液池表面上发生的火灾。可燃物在常温下所处的物质状态主要包括两类，一类是可燃物在常温下为液态，另一类是可燃物在常温下为固态。通常意义上的池火灾是常温下为液态的可燃物的火灾，本书中谈到的池火灾主要是指这类池火灾。典型的池火灾包括在储罐、储槽等容器内的可燃液体被引燃而形成的火灾，以及泄漏的可燃液体在体积、形状限制条件下（如防火堤、沟渠、特殊地形等）汇集并形成液池后被引燃而发生的火灾，泄漏的可燃液体在流动的过程中着火燃烧形成的火灾则为运动的液体火灾，气相中的可燃液滴、雾或气体冷凝沉降后有时也可形成液池，从而引发池火灾。

某些常温为固态的物质受热熔化（如石蜡），会由固态变为液态，也很容易形成液池。还有一些常温下的固体，如热塑性塑料，受热后会软化、熔融流动，这是由于高温下黏度下降而产生流动，这类相对分子质量较大的物质在火灾条件下还会高温分解为相对分子质量较少的物质。相对分子质量的降低是黏度下降产生流动的另一个重要原因，固体可燃物发生流动后就有可能形成液池，因此，对于这些常温下为固态的物质发生火灾时就需要考虑从固体火灾到池火灾的转变。

根据池火燃烧的燃料气来源不同，可将池火灾分为两类，一类为可燃物的蒸发燃烧，另一类为可燃物的分解燃烧。通常，液体的池火燃烧首先需要液体挥发或汽化为可燃蒸气，而后与空气中的氧发生燃烧反应，属于蒸发燃烧，而常温为固体的可燃物有的因为相对分子质量较大，分子链较长，分子间力大于化学键的键能，本身没有气态，因而不可能汽化产生燃料气，只能通过分解产生可燃气体，而后可燃气与空气进行燃烧反应，属于分解燃烧。

池火灾是一种气相有焰燃烧，首先液体的挥发气与空气混合形成可燃气体混合物，在可燃浓度范围内的可燃气体混合物遇到足够能量的外界火源、电火花等会被引燃，然后部分火焰能量反馈到液体促使其温度升高，加速挥发或汽化，可燃气则不断燃烧，达到一定程度时液体被点燃并发生持续燃烧，随后火焰蔓延至整个液池表面，并逐渐进入稳定燃烧阶段。对于石油等非均相、多组分形成的液池，往往在池火灾过程中还可能出现后果异常严重的现象，如沸溢、喷溅。发生沸溢和喷溅现象主要是因为燃烧时油品内部热传递的特性和油品中含有水分，而对于单组分液体（如丙酮、苯等）和沸程较窄的混合液体（如煤油、汽油等），在自由表面燃烧时，在很短时间内就形成稳定燃烧，且燃烧速度基本不变。单组分油品和沸程很窄的混合油品，在池火稳定燃烧时，热量只传播到较浅的油层中，即液面加热层很薄。因为液体稳定燃烧时，液体蒸发速度是一定的，火焰的形状和热释放速率也是一定的，因此，火焰传递给液面的热量是一定的，并且液面下的温度分布也是一定的。

然而，对于沸程较宽的混合液体，主要是一些重质油品，如原油、渣油、蜡油、沥青、润滑油等，由于没有固定的沸点，在燃烧过程中，表面温度不断地升高。火焰向液面传递的热量首先使低沸点组分蒸发并进入燃烧区燃烧，而沸点较高的重质部分，则携带在表面接受的热量向液体深层沉降，形成一个热的锋面向液体深层传播，逐渐深入并加热冷的液层，这一现象称为液体的热波特性，热的锋面称为热波。对于原油的燃烧，热波的初始温度等于液面的温度，等于该时刻原油中最轻组分的沸点。随着原油的连续燃烧，液面蒸发，组分的沸点越来越高，热波的温度会由 150℃逐渐上升到 315℃，比水的沸点高得多。热波在液层中向下移动的速度称为热波传播速度，它比液体的燃烧线速度（即液面下降速度）快，见表 2—17。

表 2—17　　热波传播速度与燃烧线速度的比较

油品种类		热波传播速度/(mm/min)	燃烧线速度/(mm/min)
轻质油品	含水<0.3%	7～15	1.7～7.5
	含水>0.3%	7.5～20	1.7～7.5
重质燃油及燃料油	含水<0.3%	～8	1.3～2.2
	含水>0.3%	3～20	1.3～2.3
初馏分（原油轻组分）		4.2～5.8	2.5～4.2

原油黏度比较大，且都含有一定的水分。原油中的水一般以乳化水和水垫两种形式存在。所谓乳化水是原油在开采运输过程中，原油中的水由于强力搅拌成细小的水珠悬浮于油中而形成。放置久后，油水分离，水因相对密度大而沉降在底部形成水垫。在热波向液体深层运动时，由于热波温度远高于水的沸点，因而热波会使油品中的乳化水汽化，大量的蒸汽就要穿过油层向液面上浮，在向上移动过程中形成油包气的气泡，即油的一部分形成了含有大量蒸汽气泡的泡沫。这样，必然使液体体积膨胀，向外溢出，同时部分未形成泡沫的油品也被下面的蒸汽膨胀力抛出罐外，使液面猛烈沸腾起来，这种现象叫沸溢，如图 2—29 所示。随着燃烧的进行，热波的温度逐渐升高，热波向下传递的距离也加大，当热波到达水垫时，水垫的水大量汽化，蒸汽体积迅速膨胀，以致把水垫上面的液体层抛向空中，向罐外喷射，这种现象叫喷溅，如图 2—30 所示。

分析沸溢或喷溅过程可知，沸溢或喷溅的形成必须具备三个条件：

①原油具有形成热波的特性，即沸程宽，相对密度相差较大。

②原油中含有乳化水或水垫，水遇热波变成水蒸气。

③原油黏度较大，使水蒸气不容易从下向上穿过油层。

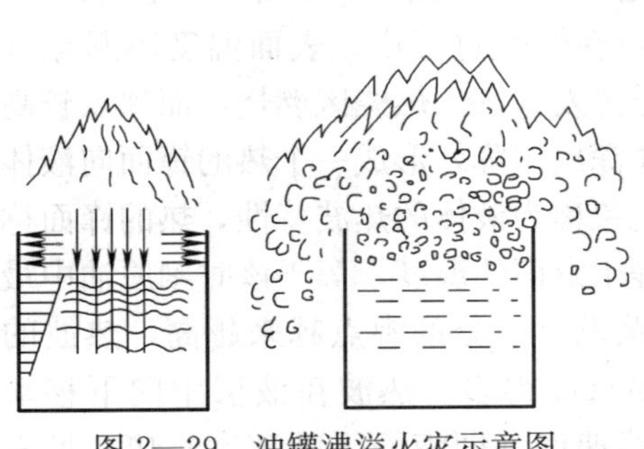

图 2—29　油罐沸溢火灾示意图

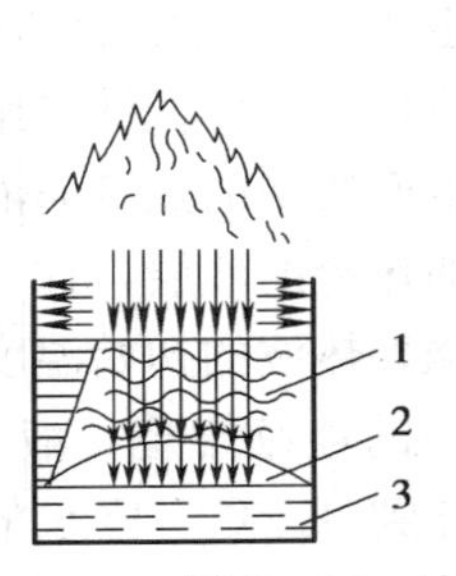

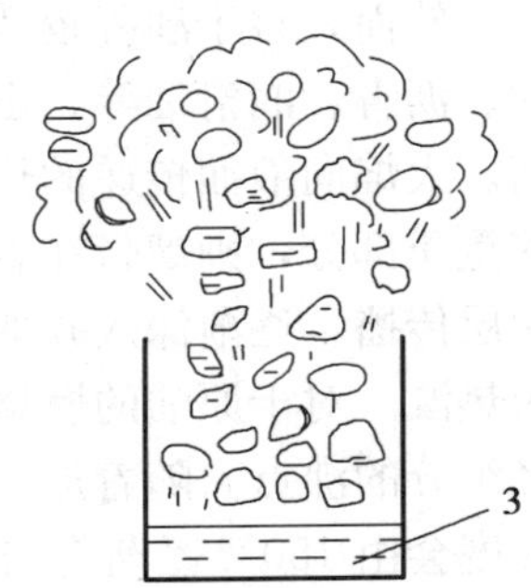

图 2—30　油罐喷溅火灾示意图

1—高温层　2—蒸汽　3—水垫层

在已知某种油品的热波传播速度后，就可以根据燃烧时间估算液体内部高温层的厚度，进而判断含水的重质油品发生沸溢和喷溅。一般情况下，发生沸溢要比发生喷溅的时间早得多。发生沸溢的时间与原油种类、水分含量有关。根据实验，含有1%水分的石油，经45～60 min燃烧就会发生沸溢，而喷溅的发生时间与油层厚度、热波传播速度以及油的燃烧线速度有关。

热波传播速度主要影响因素包括：

（1）油品的组成。油品中轻组分越多，液面蒸发汽化速度越快，燃烧越猛烈，油品接受火焰传递的热量越多，液面向下传递的热量也越多。此外，轻组分含量越大，则油品的黏度越小，高温重组分沉降速度越大。因此，油品中轻组分越多，热波传播速度越大。

（2）含水量。含水量较小时（如小于4%），随着含水量的增大，热波传播速度加快。这是因为含水量大的油品黏度小，油品中的高温层易沉降，但含水量大于10%时，油品燃烧不稳定，含水量超过6%时，点燃很困难，即使着火了，燃烧也不稳定，影响热波传播速度。

（3）油品储罐的直径。试验研究表明，在一定的直径范围内，油品的热波传播速度随着储罐直径的增大而加快。但当直径大于2.5 m时，热波传播速度基本上与储罐直径无关。

（4）储罐内的油品液位。储罐内的油品发生燃烧时，如果液位较高，空气就较容易进入火焰区，燃烧速度就快，火焰向液面传递的热量就多，所以热波传播速度就快；反之，如果液位低，热波传播速度就慢。例如，含水量为2%的原油，在储罐中油面距离罐口高度分别为145 mm和710 mm时，热波的传播速度分别为5.94 mm/min和5.00 mm/min。

除了上述因素外，还有一些外界条件也影响热波传播速度的大小，甚至影响热波形成。例如，油品中的杂质、游离碳等，对热波的形成起了很大的作用，而且油品中的杂质有利于形成重组分微团，从而加快了热波传播速度；风能使火焰偏向油罐的一侧，使下风向的罐壁温度升高，罐内液体的温度分布不均匀，从而加快了液体的热对流和热波传播速度；对较小直径的储罐用水冷却罐壁，能够带去高温层中的热量，阻止高温层下降，从而降低热波传播速度。

2. 池火灾的危害及防护

池火灾的危害主要在于其高温及辐射危害。

火焰温度主要取决于可燃液体种类，一般石油产品的火焰温度为900～1 200℃，不发光的乙醇火焰的温度比烃类火焰温度高得多，这是因为烃类火焰由于有烟颗粒，辐射系数较大，会通过辐射向外损失相当大部分的热。

从油面到火焰底部存在一个蒸气带，如图 2—31 所示（液池边缘处蒸气区域的厚度：苯，50 mm；汽油，40～50 mm；柴油，25～30 mm）。火焰辐射的热量有一部分被蒸气带吸收，因此，温度从液面到火焰底部迅速增加，到达火焰底部后有一个稳定阶段，高度再增加时，则由于向外损失热量和卷入空气，火焰温度逐渐下降，火焰沿纵轴的温度分布如图 2—32 所示。

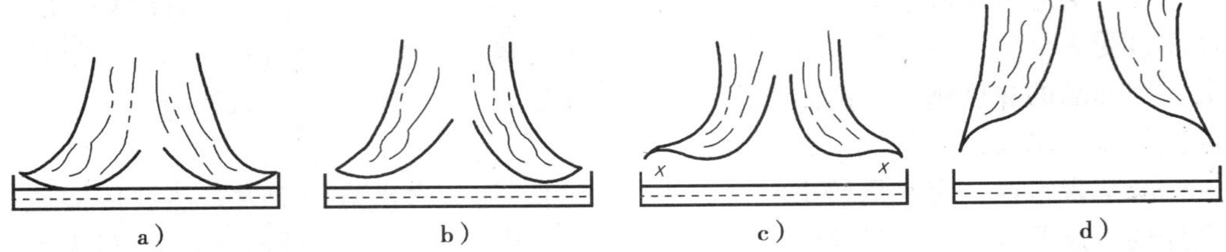

图 2—31　燃烧液体表面上方的火焰形状

a）乙醇　b）柴油　c）汽油　d）苯

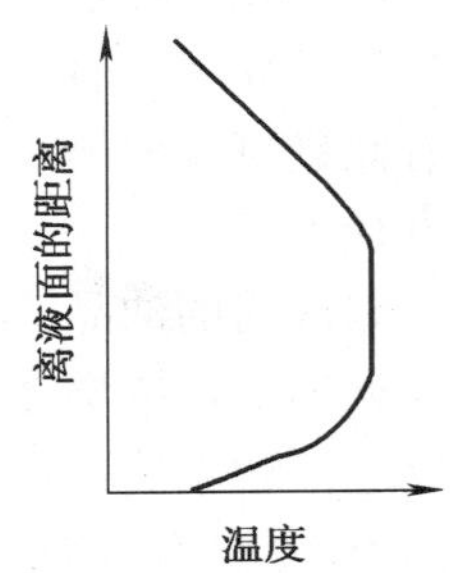

图 2—32　池火火焰垂直方向的温度分布

池火火焰对物体的热辐射与池火的高度、池火的热释放速率、火焰温度与厚度、火焰内辐射粒子的浓度、火焰与目标物之间的几何关系、风速等众多因素有关。

火焰高度通常是指由可见发光的碳微粒所组成的柱状体的顶部高度，它取决于液池直径和液体种类。液池直径小时，火焰呈层流状态，这时空气向火焰面扩散，可燃液体蒸气也向火焰面扩散，所以燃烧的主要方式是扩散燃烧，液体燃烧时所产生的火焰高度决定于液体从自由表面上蒸发的速度与蒸气燃烧的速度。扩散火焰的表面是蒸气运动速度与蒸气燃烧速度达到平衡的界限，如果降低液体的蒸发速度则火焰体积缩小并接近液体表面，如果降低空气中氧的浓度，则火焰体积增加并远离液体的表面。液池直径大时，火焰发展为湍流状态，火焰的形状由层流状态的圆锥形变为形状不规则的湍流火焰，大多数实际液体火灾为湍流火焰。在这种情况下，液面蒸发速度较快，火焰燃烧剧烈，由于火焰的浮力运动，在火焰底部与液面之间形成负压区，结果大量的空气被吸入，形成激烈翻卷的上下气流团，并使火焰产生脉动，烟柱产生蘑菇状的卷吸运动，使大量的空气被卷入。如图 2—33 所示显示了火焰高度与液池直径的关系，横坐标为液池直径，纵坐标为火焰高度与液池直径的比值。从图 2—33 可以看出，在层流火焰区域内（液池直径 $D<0.03$ m），h_f/D 随 D 的增大而降低，而在湍流火焰区域内（液池直径 $D>1.0$ m），h_f/D 基本上与 D 无关。一般地，这种关系可以表述为：

$$层流火焰区：h_f/D \propto D^{-0.1\sim-0.3} \tag{2—34}$$

$$湍流火焰区：h_f/D \approx 1.5\sim2.0 \tag{2—35}$$

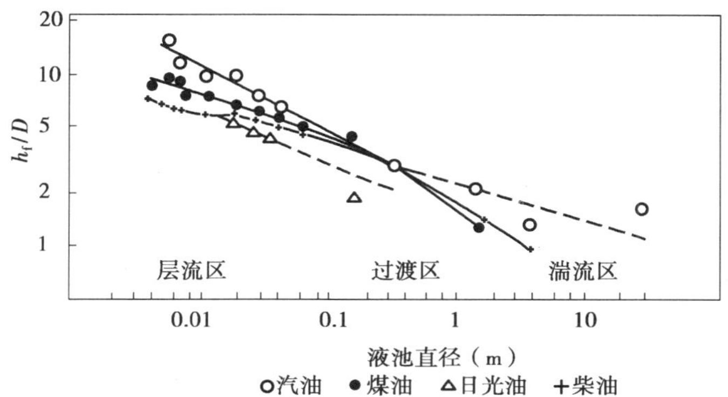

图 2—33　池火火焰高度与液池直径的关系的温度分布示意图

由试验得出的汽油火焰的高度与液池直径的关系（见表 2—18）与上述表达式基本吻合。

表 2—18　　汽油火焰高度与液池直径的关系

D（m）	H（m）	H/D
22.30	35.01	1.56
5.40	11.45	2.12
0.38～0.44	1.30	3.25

通常假设液池是圆形的，对于非圆形液池，如果液池的大小恒定，如在容器、围堰、堤坝或特殊地形内的液体，则液池的直径为与液池面积相等的圆的直径。

在确定了火焰高度、液池燃烧的热释放速率后，就可以估算某一目标物所受到的热辐射通量。风会影响到池火的燃烧稳定性及火焰高度、火焰的倾斜角度，从而影响目标物所受的辐射强度。

为了防止池火发生或减少池火造成的损失（特别是对油库、油罐火），需要消除火花源，防雷防静电，减少或禁止可燃物堆积，注意监测油品的温度、液位，监控泄漏情况，注意油库、油罐中的水位，合理布置厂区，按照防火规范设置油罐距离、油品装卸作业线间的距离，设置防火堤，配备足够的消防力量，工艺改造要遵循设计规范并作安全评价。

二、蒸气云爆炸

1. 蒸气云爆炸的基本概念

发生泄漏事故时，可燃气体、蒸气或液雾与空气混合会形成可燃蒸气云。可燃蒸气云点燃后若火焰燃烧速度加速到足够高并产生显著的超压，则形成蒸气云爆炸。若火焰不能加速到足够高，则只是产生闪火（指蒸气云的非爆炸性突然燃烧）。若喷泄而出的粉尘在空气中分散后被点燃并发生爆炸，也可以归为蒸气云爆炸。

2. 蒸气云爆炸的成因及特点

蒸气云形成来自容器内含有的能量和（或）可燃物含有的内能，主要形式是压缩能、化学能或热能。一般来说，只有压缩能和热能才能单独形成蒸气云。如从加压的容器、反应器、管线或排放系统中释放的可燃气，泄漏液体迅速闪蒸都可以形成蒸气云。能量的大小与蒸气云的增长速度、可燃蒸气云的形成速度直接相关。一般情况下，若容器压力越高，则可燃物泄漏速度越快，形成等体积蒸气云的时间越短，卷吸空气而形成可燃混合物的速度也越快。对于泄漏液体，只有过热液体才能迅速蒸发并快速形成大的蒸气云团。对于常温常压液体，液体的蒸气压大小决定着其变成气态的快慢，然而，当液体为细分散态时，与蒸气压的关系不大。

常见的泄漏物有四类：①气体；②温度高于其常压沸点的液体；③温度低于其常压沸点的液体；④沸点低于常温的液体。其中，②类肯定是加压的，其他三类在储存状态或工艺生产中有可能带压，但③类、④类液体在工艺生产过程中虽然可能有一定的压强，但在大量储存时无须加压。尽管如此，③类、④类液体常常是在很低压力的吹扫气或惰性气体保护下存放的。②类、③类液体泄出后都会迅速地挥发，这是由于闪蒸或是由于液体与周围介质接触而发生剧烈的沸腾。相对来说，这些物质中最没有危险的是④类液体，它的挥发受大气条件的影响较大。

在很多情况下蒸气云只是缓慢地燃烧，甚至只有燃料的扩散而无燃烧，若要发生蒸气云爆炸，必须满足以下条件：①泄漏的物质必须是可燃的。②在点燃之前必须形成足够体积的蒸气云。如果蒸气云太小或刚刚泄漏，则点燃后可能只会产生小的火球，或发生喷射火灾或者池火灾。也就是说，在燃料开始泄漏和点燃蒸气云之间应该有一段相应延迟时间，以形成大体积的蒸气云。③在点燃之前要有足够量的空气混合进入蒸气云，以使得混合物的浓度在可燃范围内。如果空气量不够，则点燃后可能只是发生扩散燃烧。空气扩散进入的最重要的条件是大气的湍流，这种湍流与风速有关，风速越大，空气混合进入的速度越快，形成可燃云团的时间越短。④蒸气云燃烧时火焰必须加速传播，否则只会形成闪火。因此要有强点火源或某些火焰加速。湍流会使得火焰面积增加，从而使得火焰加速。湍流主要来自于未燃气体，未燃气体在火焰面之前运动，并被后面的膨胀的燃烧产物推动，当气体遇到障碍物时就产生了湍流。所有的湍流都是由气体的运动引起的，随着湍流强度的增加，火焰面扩展，火焰面积增大，因而燃料燃烧的速度增快。燃烧速度增快，则对未燃气体的推力增大，导致其运动速度增大，进一步增加湍流强度。这种反馈机理造成火焰速度不断加快。泄漏时会在泄漏点附近产生湍流，但是即使在初始静止的气体中，只要有障碍物或受限区域，火焰也能加速到产生超压。装有管道、泵、阀门、容器或其他过程设备的区域，就足以使得火焰明显加速。

图 2—34 所示为发生蒸气云爆炸的一般过程。压力容器泄漏的可燃气体，在风的作用下与足够量的空气混合形成大体积的云团，点燃后因为有设备的局部约束而使得火焰加速，发生蒸气云爆炸。

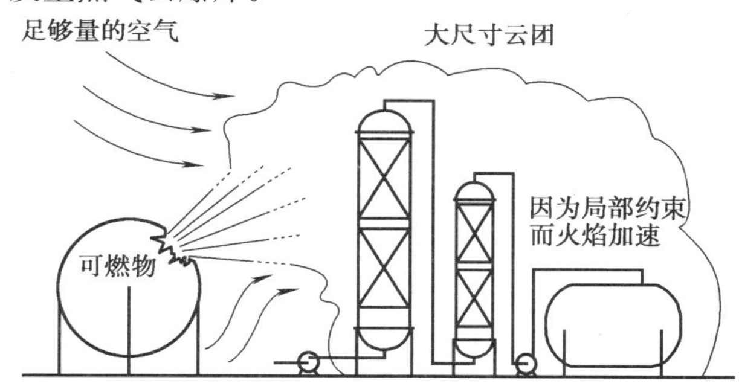

图 2—34　形成蒸气云爆炸的示意图

理论分析表明，蒸气云爆轰时，爆源初始尺寸约为爆炸长度的 1/10，蒸气云爆燃时，爆源初始尺寸与爆炸长度相当。和炸药激波相比，蒸气云爆炸的爆炸波能级较低，峰值压力不高，如常见的碳氢燃料空气混合物，即使爆轰也不超过 3 MPa。蒸气云爆炸的能量释放速率也比凝聚相爆炸的能量释放速率小得多。因此，蒸气云爆炸形成的爆炸波在波形图中显示有很尖的负相部分，并且形成明显的第二爆炸波，图 2—35 为凝聚相爆炸、蒸气云快速爆燃和蒸气云缓慢爆燃形成的理想爆炸波示意图。事故统计结果分析表明，蒸气云爆炸事故一般具有以下特点：

（1）蒸气云爆炸事故频率高，后果相当严重。

（2）绝大多数蒸气云爆炸事故是由燃烧发展而成的爆燃，而不是爆轰，障碍物或受限区域的增加会增大爆炸的超压，巨大的超压造成的损失严重程度接近于爆

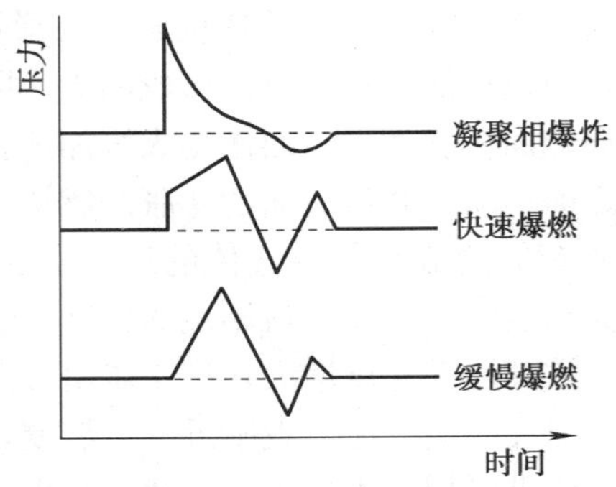

图 2—35　蒸气云爆炸的理想爆炸波波形

轰，爆炸能产生很大的火球和强度变化很大的爆炸波和少量的破片。

（3）蒸气云的形成是加压储存的可燃液体和液化气体大量泄漏的结果，储存温度一般大大高于它们的常压沸点。

（4）发生蒸气云爆炸时泄漏的可燃气体或蒸气的质量一般在 5 000 kg 以上。如果泄出物量很大，则每 15 次泄漏事故中就有 14 次会被引燃，并且爆炸的概率将超过一半。

（5）参与蒸气云爆炸的燃料最常见的为低分子碳氢化合物（如甲烷、丙烷、丁烷），偶尔也有其他物质，如氯乙烯、氧化乙烯、氢气和异丙醇。液化石油气等轻质烃类是大部分蒸气云爆炸事故的罪魁祸首。不饱和轻质烃的强烈喷泄尤其危险，很多事故的泄漏物为混合物，其燃烧特性取决于其中最活泼的组分。

（6）除了氢以外，能够引起蒸气云爆炸的大多数可燃气体或蒸气的密度及其与空气形成的易爆混合物密度都大于周围大气的密度，在那些密度小于空气的气体或蒸气中只有具备高的固有燃烧速度的氢能引起爆炸。

（7）从开始喷泄到点燃之间时间拖得越长，爆炸的总能量就越大，后果也就越严重。

（8）蒸气云爆炸与凝聚相爆炸不同，不能看做点源爆炸，而是一种面源爆炸。

3. 蒸气云爆炸的危害及防护

由于蒸气云可以扩展到很大范围，特别是遇到适宜的气象条件，在点燃之前能产生大面积的可燃蒸气与空气混合形成的云团，因此，一旦发生爆炸后果将极其严重。

一般说来，可燃蒸气云团被点燃后有两种典型的危害，即火球和蒸气云爆炸，蒸气云爆炸中参与爆炸的可燃物的数量也很少，大部分可燃物是以火球的形式燃烧掉。蒸气云团的核心几乎完全是燃料，只是外围由可燃浓度范围内的混合物构成，所以外围首先被点燃后，在可燃浓度范围内的蒸气云形成一个比较薄的壳包络着过富的混合物，当火焰蔓延到包络着过富云团的时候，在深部的燃料就发生燃烧。这种火焰的燃烧速度一般要比预混合气体的火焰慢，因为热的燃烧气体的浮力增加，燃烧的云团会上升、膨胀并呈球形，表现为火球的形式。

如果喷泄进入大气时的条件妨碍可燃物与空气之间的混合，则产生火球，然后可燃气团作为一团扩散的火焰发生燃烧。当发生火球时，燃烧的能量几乎仅以热能的形式释放出来。蒸气云爆炸的破坏作用来自爆炸波、一次破片作用、抛掷物以及火球热辐射，但最危险、破坏力最强、破坏区域最大的还是爆炸波，包括爆炸传播到远距离后引起的二次破片伤害效应。爆炸波效应一般已经成了大多数蒸气云爆炸的鉴别标志。

当发生蒸气云爆炸时，燃料和空气混合物快速燃烧释放能量，一部分燃烧释放出的能量表现为动能。与空气形成易爆混合物的那部分可燃泄出物的总燃烧能量当中，有60%以上以动能的形式表现出来。以爆炸波形式表现出来的动能的影响范围远超过了热力破坏的界限。因为从爆源中心向外扩展的爆炸波是通过空气介质向外传播的，因此可引起相当远距离的破坏效应。尽管气体爆炸波的峰值压力不算太高，但是因压强脉冲的持续时间较长，因而具有较高的冲量值，对周围环境会产生很大的破坏作用，这种破坏与持续时间较短而压强较大的常规炸药激波造成的破坏没什么区别。

爆轰是蒸气云最猛烈的爆炸形式，它能对很远处的环境造成十分严重的破坏，蒸气云爆轰既可以通过直接起爆实现，也可以通过爆燃转爆轰实现。爆轰传播，无论是蒸气云的直接起爆，还是蒸气云的爆燃转爆轰，都要满足十分严格的约束条件。

与蒸气云爆炸有关的死亡是因爆炸和火灾而引起的。爆炸的致命因素与楼房倒塌和碎片的飞射有关，死亡不是爆炸直接引起的。但当置身在燃烧的云团内部又远离建筑物时，因烧伤而致死是常见的。

要预防蒸气云爆炸事故的发生，唯一可靠的方法是防止发生可燃物的大量泄漏，也可以从根本上减少系统中易燃物的储存量以及缓和反应条件。气象条件影响着蒸气云爆炸的全过程，主要的影响因素是风速和气温，湿度、降雨量、大气压等的影响则处于次要地位。蒸气云中任何一点上的可燃物浓度（无论瞬间浓度还是平衡浓度）基本上都与风速成反比，因此，在做规划时应避免把新的石油或化工装置建在窝风的山沟里。某些滨海地区常年风速较大，对防止蒸气云爆炸显然较为有利。另外，防止蒸气云爆炸还应该考虑地形的影响，以防止气体爆炸效应的增强；厂区内不宜种植高大的乔木，以免影响可燃气体逸散；在适当位置安装可燃物检测仪表，以便在低浓度下发现可燃泄出物，尽快采取防范措施。

三、沸腾液体膨胀蒸气爆炸

1. 沸腾液体膨胀蒸气爆炸的基本概念

沸腾液体膨胀蒸气爆炸是温度高于常压沸点的加压液体突然释放并立即汽化而产生的爆炸。加压液体的突然释放通常是因为容器的突然破裂引起的，它实质是一种物理性爆炸，如锅炉爆裂而导致锅炉内的过热水突然汽化。因为液体的突然释放多为外部火源加热导致压力容器爆炸所致，而外部火源又会起到可燃蒸气的点火作用，因而沸腾液体膨胀蒸气爆炸往往伴随有大火球的产生。因此，沸腾液体膨胀蒸气爆炸往往是与火灾、爆炸等灾害序贯发生的。

2. 沸腾液体膨胀蒸气爆炸的形成过程

图 2—36 显示了沸腾液体膨胀蒸气爆炸形成的机理。某可燃物泄漏并发生火灾，火焰直接加热邻近的储罐。因为液体传热速度快，所以储罐的下部分器壁能保持较低的温度，从而保持其材料强度。但是，储罐的上部分器壁与蒸气接触，而金属与蒸气之间的传热速度慢，因而器壁温度迅速上升，金属材料的强度下降，最终导致结构性失效。结构性失效发生时，容器内的压力可能低于容器的设计压力或减压阀的设定压力，失效后液体几乎立即闪蒸为蒸气，产生压力波和蒸气云。

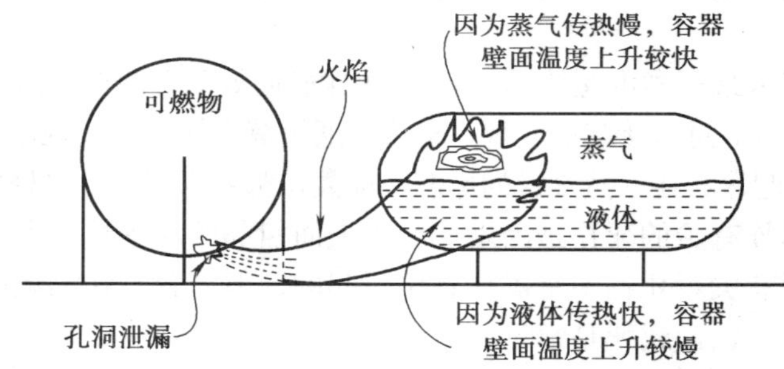

图 2—36　沸腾液体膨胀蒸气爆炸形成的示意图

常见的加压液化气储罐发生沸腾液体膨胀蒸气爆炸并产生火球的过程大致为：由于外部热源或邻近火焰加热，罐内液体汽化、膨胀，罐内压力升高后开启减压阀，若外面的火焰仍不停燃烧，液面则逐渐下降，罐体金属外壳由于没有足够的液体来吸收热量，将无法承受高温而变得脆弱，最后金属疲劳使得内部压力超过金属的破坏强度，容器因此爆裂。罐内残留的加压燃气液体和气体随着压力骤降而突然释放，释放的液体和气体首先发生绝热蒸发或绝热扩散，体积迅速膨胀并产生动能，接着由于浮力引起紊流而与空气混合，混合气体若被引燃，则上飘成火球，由于热膨胀而浮力增大，球形的火体猛然垂直上冲，空气卷入加剧，火球更加膨胀扩大，直到燃气烧尽为止。

沸腾液体膨胀蒸气爆炸火球的形成及增长有两个可明显区分的阶段。开始的时候由于减压，可燃物突然释放，并立即形成火球，这个过程非常短暂，而后面则是一个时间较长的过程，由于气体被加热而产生浮力，火球会缓慢上升。

沸腾液体膨胀蒸气爆炸有时发生得很快，容器接触火焰 5 min 后就会发生容器爆炸。但是有些沸腾液体膨胀蒸气爆炸事故发生得比较慢，从接触火焰到容器爆炸会经历好几个小时，甚至几天。

3. 沸腾液体膨胀蒸气爆炸的危害及防护

沸腾液体膨胀蒸气爆炸的破坏能量来源于两个方面。一方面，容器本身是高压容器（如液化气储罐），它的突然破裂能够释放出巨大的能量，产生爆炸波并且将容器碎片抛向远方；另一方面，液化气剧烈燃烧能够释放出巨大的能量，产生巨大的火球和强烈的热辐射。如果发生沸腾液体膨胀蒸气爆炸的液体不可燃，那么其危害可能是容器爆炸的爆炸波、容器碎片以及烫伤。如果发生沸腾液体膨胀蒸气爆炸的液体可燃并被点燃，则会形成一个大火球，事故的危害包括容器爆炸的爆炸波、容器碎片、热辐射及火球火焰的直接伤害。

因储罐是延性的，所以破裂过程一般较缓慢。在此缓慢破裂过程中，罐体碎片获得较大的冲量（较长的作用时间），即碎片获得较高的初速，外壳碎片飞到几百米甚至上千米的地方。但这种爆裂过程所产生的冲击波一般较小，因为在这种事故中，液体蒸发是一个较慢的过程，因此压力增大相应也较慢。储罐的爆炸强度取决于液面上方空间自由蒸气的体积和浓度，接近空罐往往是最危险的状态，因为此时自由蒸气空间体积接近最大值，爆炸强度也达到最大值。沸腾液体膨胀蒸气爆炸产生的碎片和爆炸波超压虽然有一定危害，但远没有爆炸产生的火球热辐射危害严重，在离爆炸事故发生地较远的地方，上升的火球产生的热辐射更是沸腾液体扩展蒸气爆炸事故的主要危害。爆炸产生的火球的直径有时可以达到 100 m 以上，上升的高度达到几百米，持续时间可以长达 30 s。火球的持续时间和大小由发生爆炸瞬间储罐所装燃料的总质量决定，如果储罐比较大，火球发出的热辐射能烧伤裸露的皮肤和点燃附近的可燃物。

可以通过简单的比例关系来确定火球半径、持续时间及从火球中心到一定距离的目标物的辐射强度，从而确定火球的辐射危害。

火球的最大半径 R 为：

$$R=2.665M^{0.327} \tag{2—36}$$

式中　M——可燃物释放的质量，kg。

火球持续时间 t 为：

$$t=1.089M^{0.327} \tag{2—37}$$

假设火球持续时间内能量的释放是均匀的，则火球燃烧时的辐射热 q 为：

$$q=\frac{\eta M\Delta H_c}{t} \tag{2—38}$$

式中　η——燃烧效率，随可燃物的饱和蒸气压 p 而变化，$\eta=0.27p^{0.32}$。

距离火球中心 x 处的辐射强度 I 为：

$$I=\frac{q\tau}{4\pi x^2} \tag{2—39}$$

式中　τ——大气透射率，通常可假定为 1。

式（2—37）计算得到的为平均辐射强度，实际辐射危害并非均匀的，辐射强度的峰值也很重要，如对人的影响多半取决于辐射能级的大小，而不是接触的时间。

预防沸腾液体膨胀蒸气爆炸事故可以从如下几个方面进行考虑：

（1）防止压力容器失效，选用合格的工艺设备，并进行定期检查。

（2）预防其他火灾爆炸事故，尤其要防止易燃易爆物质的泄漏。

（3）运输过程中严格遵守危险化学品管理条例。尤其是铁路运输中会出现大量的易燃物，一旦发生出轨、撞车事故极易引发火灾爆炸事故，并可能造成多个槽车的接连的沸腾液体扩展蒸气爆炸，可以采取限制同车运输可燃物的量等方法。

本 章 小 结

本章是全书中最基本的内容之一，是学习化工安全的重要基础部分。本章通过介绍燃烧和爆炸的基本概念，如燃烧、闪点、自燃点、燃烧极限、受限爆炸以及燃烧与爆炸的主要区别、燃烧条件及防灭火方法等，着重讲解了燃烧极限的计算方法和受限爆炸，尤其是粉尘爆炸的发生机理、特征和影响因素，并介绍了 TNT 当量法计算燃料爆炸超压。为防止超压爆炸，本章通过对泄压系统的基本概念、泄压设备的安装位置、类型、泄放尺寸设计及泄放物质的后续处理的简要介绍，以期使学生初步了解泄压系统的设计、安装和使用，提高学生的工程实践能力。本章还重点对化工生产过程的主要事故类型（池火灾、蒸气云爆炸和沸腾液体膨胀蒸气爆炸）从发生条件、事故特征、危害及其防护等方面进行了介绍，以期使学生掌握火灾及爆炸的基本知识及防护方法，提高学生的安全基础知识水平。

复习思考题

1. 定义和解释闪点、燃点、自燃温度。
2. 解释火灾中的链式反应过程。
3. 什么是燃烧上限、下限以及燃烧极限范围？
4. 发生燃烧的基本条件有哪些？
5. 常见的点火源有哪几种？
6. 举例解释固体可燃物的燃烧过程。
7. 有哪些主要的灭火方法？
8. 可燃气体的燃烧下限与爆炸下限是否有区别？
9. 爆炸破坏的主要形式有哪些？
10. 粉尘爆炸的影响因素有哪些？
11. 爆炸破坏的防护方法主要有哪几种？
12. 如何利用立方定律来估算在建筑物或容器内发生的爆炸？
13. 闸阀可以放置在容器泄压装置和容器之间吗？
14. 仔细观察图 2—37，确定泄压设备的位置。

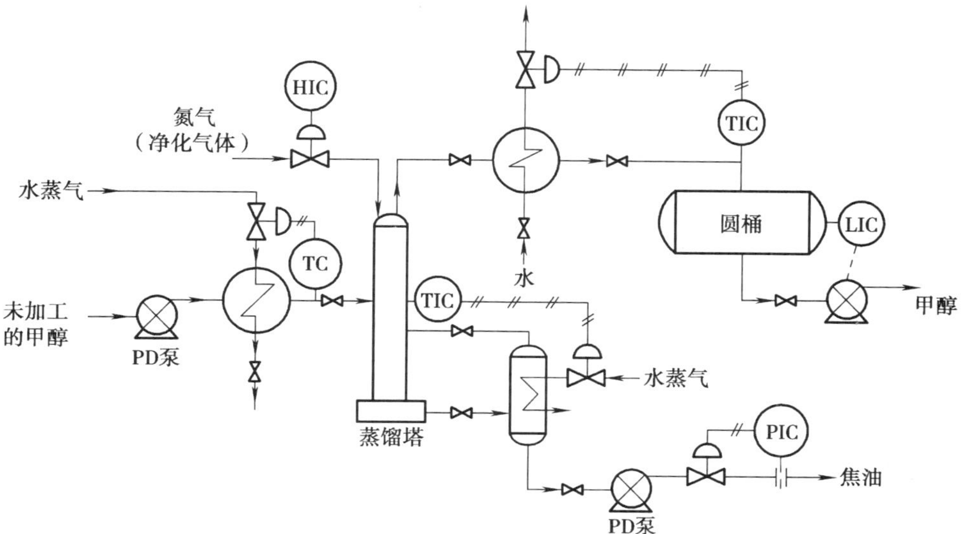

图 2—37　蒸馏系统

15. 仔细观察图 2—38，确定泄压设备的位置。

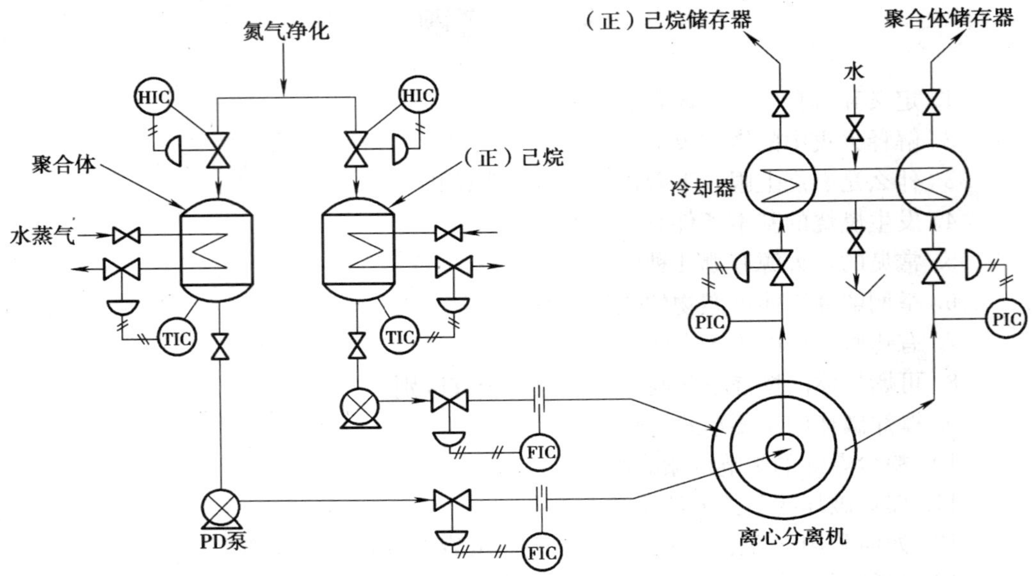

图 2—38 萃取系统

16. 仔细观察图 2—37 和题 14，确定在每一位置处应采用什么类型的泄压设备。

17. 仔细观察图 2—38 和题 15，确定在每一位置处应采用什么类型的泄压设备。

18. 使用题 14 和 16 的结果，确定每种泄压设备的泄放情形。

19. 使用题 15 和 17 的结果，确定每种泄压设备的泄放情形。

20. 氯气控制器失效，导致氯气通过 12 cm 的管线进入反应器，氯气源处的压力是 1 200 kPa，温度为 18℃，反应器泄放压力为 350 kPa（表压）。为保护反应器免遭事故，所需要的平衡腔式减压阀蒸气泄放直径是多少？假设泄放背压为 138 kPa（表压）。

21. 反应器中的冷却盘管的表面积为 930 m^2，在大多数严重情况下，盘管中的水温为 0℃，暴露于 205℃的过热蒸气中。假设热传递系数为 90 W/(m^2 · K)，估算盘管内水的体积膨胀率。

22. 可燃气从压力容器器壁上因腐蚀而穿透的小孔中泄漏出来并被引燃，随着火焰的高温作用，小孔周围的容器材料发生软化，孔洞逐渐扩大。试描述该过程中火焰的可能变化情况，该泄漏事件的可能的事故类型及其后果。

23. 1996 年 11 月 21 日，在波多黎哥圣胡安市，一场大爆炸摧毁了一栋六层商业大楼，造成 33 人丧命，80 多人受伤。调查人员发现爆炸并非下水道沼气所致，爆炸原因是其他管线施工后导致燃气管道受力破裂，泄漏的丙烷气体经土壤渗透，在地下室经数天的积聚并形成气池，最终导致爆炸。现在的燃气基本上都不采用丙烷气，而是采用天然气。试分析一下，如果泄漏的是天然气，而不是丙烷气，此次事故的情况可能会如何？

24. 沸腾液体膨胀蒸气爆炸的主要特点有哪些？

第三章　泄漏与扩散

本章学习目标

1. 了解化工企业中的常见泄漏源。
2. 熟悉液体、气体和蒸气泄漏的泄漏速率计算方法。
3. 掌握液体闪蒸率及两相泄漏速率的计算方法。
4. 掌握液体蒸发（沸腾）速率的计算方法。
5. 熟悉扩散模式及扩散影响因素。
6. 熟悉高斯模型及扩散系数的计算方法。
7. 了解重气云扩散的计算方法。
8. 了解释放动量和浮力对扩散行为的影响。

第一节　常见的泄漏源

泄漏机理可分为大面积泄漏和小孔泄漏。大面积泄漏是指在短时间内有大量的物料泄漏出来，储罐的超压爆炸就属于大面积泄漏。小孔泄漏是指物料通过小孔以非常慢的速率持续泄漏，上游的条件并不因此而立即受到影响，故通常假设上游压力不变。

如图 3—1 所示为化工厂中常见的小孔泄漏的情况。对于这些泄漏，物质从储罐和管道上的孔洞和裂纹以及法兰、阀门和泵体的裂缝或严重破坏、断裂的管道中泄漏出来。如图 3—2 所示为物料的物理状态是怎样影响泄漏过程的。对于存储于储罐内的气体或蒸气，裂缝导致气体或蒸气泄漏出来，对于液体，储罐内液面以下的裂缝导致液体泄漏出来。如果液体存储压力大于其大气环境下沸点所对应的压力，那么液面以下的裂缝，将导致泄漏的液体的一部分闪蒸为蒸气，由于液体的闪蒸，可能会形成小液滴或雾滴，并可能随风而扩散开来。液面以上的蒸气空间的裂缝能够导致蒸气流，或气液两相流的泄漏，这主要取决于物质的物理特性。

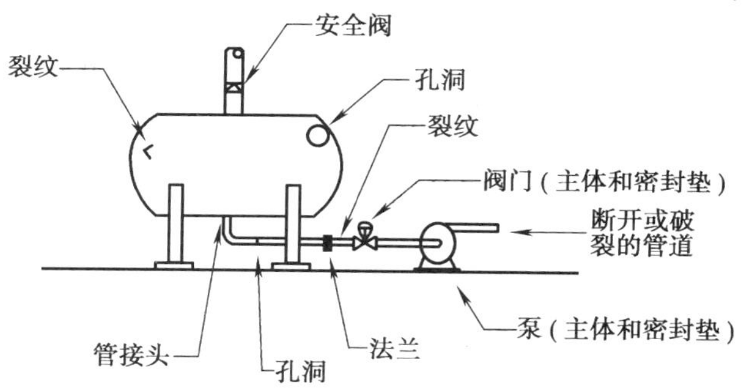

图 3—1　化工厂中常见的小孔泄漏

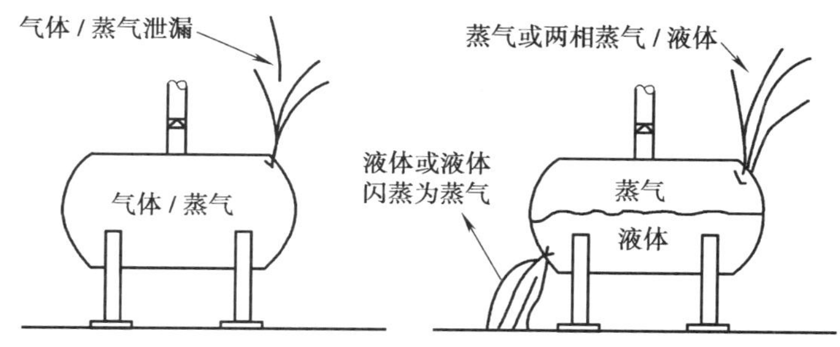

图 3—2　蒸气和液体以单相或两相状态从容器中泄漏出来

第二节　液 体 泄 漏

一、通过孔洞泄漏

对于某过程单元（表压为 p_g）上的一个小孔，当液体通过其流出时，认为液体高度没有发生变化。若小孔的面积为 A，液体的流速为 $\bar{u}$ 则液体通过小孔泄漏的质量流量（流速）Q_m 为：

$$Q_m=\rho\bar{u}A=AC_0\sqrt{2\rho p_g} \tag{3—1}$$

流出系数 C_0 为：①对于锋利的小孔和雷诺数大于 30 000，C_0 近似取 0.61；②对于圆滑的喷嘴，流出系数可近似取 1；③对于与容器连接的短管（即长度与直径之比小于 3)，流出系数近似取 0.81；④当流出系数不知道或不能确定时，取 1.0 以使计算结果最大化。

二、通过储罐上的孔洞泄漏

小孔（面积为 A）在液面以下 h_L 处形成，储罐中的表压为 p_g，外界表压为 0，且储罐中液体流速为 0，则瞬时质量流量 Q_m 为：

$$Q_m = \rho \bar{u} A = \rho A C_0 \sqrt{2\left(\frac{p_g}{\rho} + g h_L\right)} \tag{3—2}$$

随着储罐逐渐变空，液体高度减小，速度流量和质量流量也随之减少。

假设液体表面上的表压 p_g 是常数，如容器内充有惰性气体来防止爆炸，或与外界大气相通。对于恒定横截面积为 A_t 的储罐，储罐中小孔以上的液体总质量为：

$$m = \rho A_t h_L \tag{3—3}$$

储罐中的质量变化率为：

$$\frac{dm}{dt} = -Q_m \tag{3—4}$$

式中 Q_m 可由式（3—2）给出。把式（3—2）和式（3—3）代入到式（3—4）中，并假设储罐的横截面和液体的密度为常数，可以得到一个描述液体高度变化的差分方程：

$$\frac{dh_L}{dt} = -\frac{C_0 A}{A_t}\sqrt{2\left(\frac{p_g}{\rho} + g h_L\right)} \tag{3—5}$$

把式（3—5）重新整理，并对其从初始高度 h_L^0 到任何高度 h_L 进行积分，得到储罐中液面高度 h_L 随时间的变化函数：

$$h_L = h_L^0 - \frac{C_0 A}{A_t}\sqrt{\frac{2p_g}{\rho} + 2g h_L^0}\, t + \frac{g}{2}\left(\frac{C_0 A}{A_t} t\right)^2 \tag{3—6}$$

将式（3—6）代入到式（3—2）中，可得到任何时刻 t 液体的质量流量：

$$Q_m = \rho C_0 A \sqrt{2\left(\frac{p_g}{\rho} + g h_L^0\right)} - \frac{\rho g C_0^2 A^2}{A_t} t \tag{3—7}$$

式（3—7）右边的第一项是 $h_L = h_L^0$ 时的初始质量流量。

设 $h_L = 0$，通过求解式（3—6），可以得到容器液面降至小孔所在高度处所需要的时间：

$$t_e = \frac{1}{C_0 g}\left(\frac{A_t}{A}\right)\left[\sqrt{2\left(\frac{p_g}{\rho} + g h_L^0\right)} - \sqrt{\frac{2p_g}{\rho}}\right] \tag{3—8}$$

如果容器内的压力是大气压，即 $p_g=0$，则式（3—8）可简化为：

$$t_e=\frac{1}{C_0 g}\left(\frac{A_t}{A}\right)\sqrt{2gh_L^0} \tag{3—9}$$

三、通过管道泄漏

沿管道的压力梯度是液体流动的驱动力，液体与管壁之间的摩擦力把动能转化为热能，导致液体流速减小和压力下降。不可压缩液体在管道中的流动，遵守机械能守恒定律：

$$\frac{\Delta p}{\rho}+\frac{\Delta \bar{u}^2}{2\alpha}+g\Delta z+F=-\frac{W_s}{m} \tag{3—10}$$

式（3—10）中的摩擦项 F 代表由摩擦导致的机械能损失，包括流经管道长度的摩擦损失，数学表达式如下：

$$F=K_f\left(\frac{u^2}{2}\right) \tag{3—11}$$

式中　K_f——管道或管道配件导致的压差损失；

u——液体流速。

对于流经管道的液体，K_f 为：

$$K_f=\frac{4fL}{d} \tag{3—12}$$

式中　f——范宁（Fanning）摩擦系数；

L——流道长度，m；

d——流道直径，m。

范宁摩擦系数 f 是雷诺数 Re 和管道粗糙度 ε 的函数。表 3—1 给出了各种类型干净管道的 ε 值，图 3—3 是范宁摩擦系数与雷诺数、管道粗糙度（ε/d 为参数）之间的关系图。

表 3—1　　　净管道的粗糙系数 ε

管道材料	ε/mm	管道材料	ε/mm
水泥覆护钢	1～10	型钢	0.046
混凝土	0.3～3	熟铁	0.046
铸铁	0.26	玻璃	0
镀锌铁	0.15	塑料	0

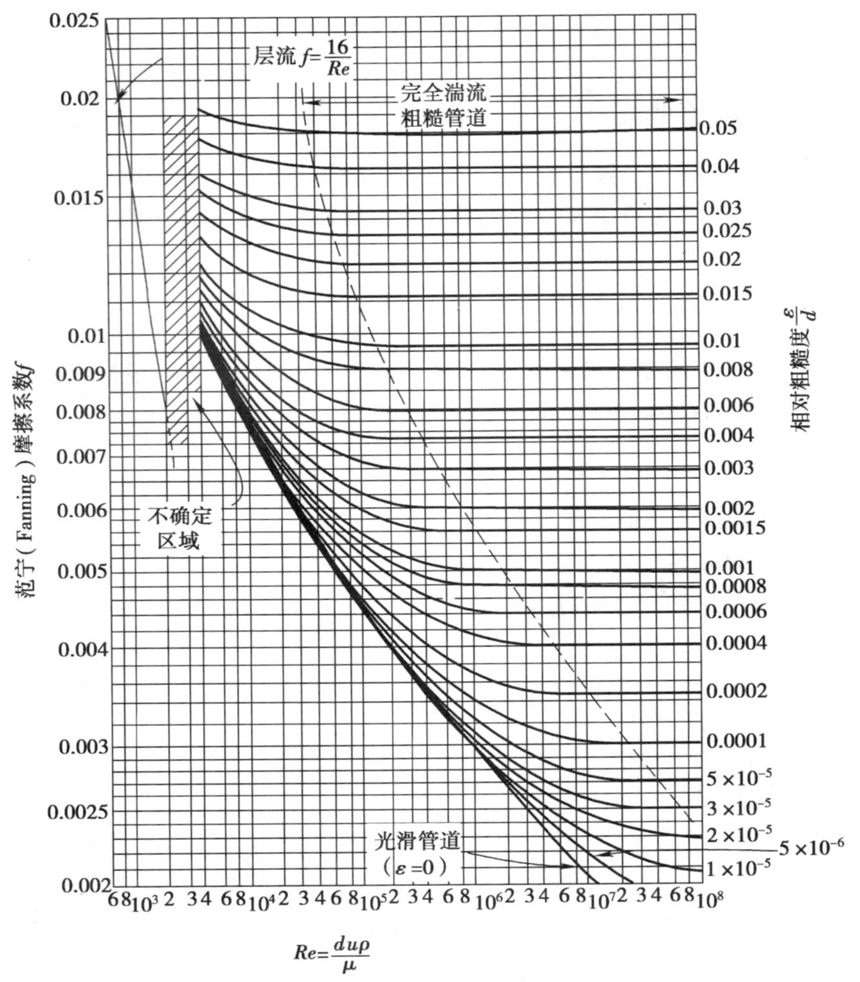

图 3—3 范宁摩擦系数与雷诺数之间的关系

对于层流，摩擦系数由下式给出：

$$f=\frac{16}{Re} \tag{3—13}$$

对于湍流，可由 Colebrook 方程计算：

$$\frac{1}{\sqrt{f}}=-4\ \ln\left(\frac{\varepsilon}{3.7d}+\frac{1.255}{Re\sqrt{f}}\right) \tag{3—14}$$

式（3—14）的另外一种形式，对于由摩擦系数 f 来确定雷诺数是很有用的：

$$\frac{1}{Re}=\frac{\sqrt{f}}{1.255}\left(10^{-0.25/\sqrt{f}}-\frac{\varepsilon}{3.7d}\right) \tag{3—15}$$

对于粗糙管道中完全发展的湍流，f 独立于雷诺数，在图 3—3 中可看到，在雷诺数很高处，f 接近于常数。对于这种情况，式（3—15）可简化为：

$$\frac{1}{\sqrt{f}}=4\ \ln\left(3.7\ \frac{d}{\varepsilon}\right) \tag{3—16}$$

对于光滑的管道，$\varepsilon=0$，方程（3—14）可简化为：

$$\frac{1}{\sqrt{f}}=4\ \ln\frac{Re\sqrt{f}}{1.255} \tag{3—17}$$

对于光滑管道，当雷诺数 Re 小于 100 000 时，布拉修斯（Blasius）方程很有用：

$$f=0.079Re^{-1/4} \tag{3—18}$$

chen 提出了一个简单的方程，该方程可在图 3—3 所显示的全部雷诺数范围内，给出摩擦系数 f，该方程是：

$$\frac{1}{\sqrt{f}}=-4\ \ln\left(\frac{\varepsilon/d}{3.706\ 5}-\frac{5.045\ 2\ \ln A}{Re}\right) \tag{3—19}$$

式中：

$$A=\left[\frac{(\varepsilon/d)^{1.109\ 8}}{2.825\ 7}+\frac{5.850\ 6}{Re^{0.898\ 1}}\right]$$

对于管道附件、阀门和其他流动阻碍物，传统的方法是在式（3—12）中使用当量管长，该方法的问题是确定的当量长度与摩擦系数是有联系的。一种改进的方法是使用 2—K 方法，它在式（3—12）中使用实际的流程长度，而不是当量长度，并且提供了针对管道附件、进口和出口的更详细的方法。2—K 方法根据两个常数来定义压差损失，即雷诺数和管道内径：

$$K_f=\frac{K_1}{Re}+K_\infty\left(1+\frac{25.4}{D}\right) \tag{3—20}$$

式中　K_f——超压位差损失；

K_1 和 K_∞——常数；

Re——雷诺数；

D——管道内径，mm。

表 3—2 包括了式（3—20）中使用的各种类型的附件和阀门的 K 值。

表 3—2　　附件和阀门中损失系数的 2—K 常数

附件	附件描述	K_1	K_∞
弯头 90°	标准（$r/D=1$），带螺纹的	800	0.40
	标准（$r/D=1$），用法兰连接/焊接	800	0.25
	长半径（$r/D=1.5$），所有类型	800	0.2
	斜接的（$r/D=1.5$）：①焊缝（90°）	1 000	1.15
	②焊缝（45°）	800	0.35
	③焊缝（30°）	800	0.30
	④焊缝（22.5°）	800	0.27
	⑤焊缝（18°）	800	0.25
45°	标准（$r/D=1$），所有类型	500	0.20
	长半径（$r/D=1.5$）	500	0.15
	斜接的：①焊缝（45°）	500	0.25
	②焊缝（22.5°）	500	0.15
180°	标准（$r/D=1$），带螺纹的	1 000	0.60
	标准（$r/D=1$），用法兰连接/焊接	1 000	0.35
	长半径（$r/D=1.5$），所有类型	1 000	0.30
	三通管		
作为弯头使用	标准的，带螺纹的	500	0.70
	长半径，带螺纹的	800	0.40
	标准的，用法兰连接/焊接	800	0.80
	短分支	1 000	1.00
贯通	带螺纹的	200	0.10
	用法兰连接/焊接	150	0.50
	短分支	100	0.00
	阀门		
闸阀、球阀或旋塞阀	全尺寸，$\beta=1.0$	300	0.10
	缩减尺寸，$\beta=0.9$	500	0.15
	缩减尺寸，$\beta=0.8$	1 000	0.25
球心阀	标准的	1 500	4.00
	斜角或 Y 形	1 000	2.00
隔膜阀	Dam（闸坝）类型	1 000	2.00
蝶形阀		800	0.25
止回阀	提升阀	2 000	10.0
	回转阀	1 500	1.50
	倾斜片状阀	1 000	0.50

对于管道进口和出口，为了说明动能的变化，需要对式（3—20）进行修改：

$$K_f=\frac{K_1}{Re}+K_\infty \tag{3—21}$$

对于管道进口，$K_1=160$，对于一般的进口 $K_\infty=0.50$，对于边界类型的进口，$K_\infty=1.0$；对于管道出口，$K_1=0$，$K_\infty=1.0$。进口和出口效应的 K 系数，通过管道的变化说明了动能的变化，因此在机械能中不必考虑额外的动能项。对于高雷诺数（$Re>10\ 000$），方程（3—21）中的第一项是可以忽略的，并且 $K_f=K_\infty$；对于低雷诺数（$Re<50$），方程的第一项是占支配地位的，且 $K_f=K_1/Re$。方程对于孔和管道尺寸的变化也是适用的。

2－K 方法也可以用来描述液体通过孔洞的流出。液体经孔洞流出的流出系数的表达式，可由 2－K 方法确定，其结果是：

$$C_0=\frac{1}{\sqrt{1+\sum K_f}} \tag{3—22}$$

式中 $\sum K_f$ 是所有压差损失项之和，包括进口、出口、管长和附件，这些由式（3—12）、式（3—20）和式（3—21）计算。对于没有管道连接或附件的储罐上的一个简单的孔，摩擦仅仅是由孔的进口和出口效应引起的。对于雷诺数大于10 000，进口的 $K_f=0.5$，出口的 $K_f=1.0$，因而，$\sum K_f=1.5$，由式（3—22），$C_0=0.63$，这与推荐值 0.61 非常接近。

液体从管道系统中流出，质量流率的求解过程如下：①假设管道长度、直径和类型，沿管道系统的压力和高度变化，来自泵、涡轮等对液体的输入或输出功，管道上附件的数量和类型，液体的特性（包括密度和黏度）；②指定初始点和终止点；③确定初始点和终止处的压力和高度，确定初始点处的初始液体流速；④推测终止点处的液体流速，如果认为是完全发展的湍流，则这一步不需要；⑤用式（3—13）到式（3—19）确定管道的摩擦系数；⑥确定管道的超压位差损失、附件的超压位差损失和进、出口效应的超压位差损失，将这些压差损失相加，使用式（3—11）计算净摩擦损失项；⑦计算式（3—10）中的所有各项的值，并将其带入到方程中，如果式（3—10）中所有项之和等于零，那么计算结束，如果不等于零，返回到第④步重新计算；⑧使用方程 $m=\rho\bar{u}A$ 确定质量流量。

如果认为是完全发展的湍流，求解是非常简单的，将已知项带入到式（3—10）中，将终止点处的速度设为变量，直接求解该速度。

例 3—1 含有少量有害废物的水经内径为 100 mm 的型钢直管道，通过重力排出某一大型储罐，管道 100 m 长，在储罐附近有一个闸式阀门闸阀，整个管道系统大都是水平的，如果储罐内的液面高于管道出口 5.8 m，管道在距离储罐33 m处发生事故性断裂，请计算自管道泄漏的速率。

解：排泄操作如图 3—4 所示，假设可以忽略动能的变化，没有压力变化，没有轴功，应用于点 1 和点 2 之间的机械能守恒［式（3—10）］可简化为：

$$g\Delta z+F=0$$

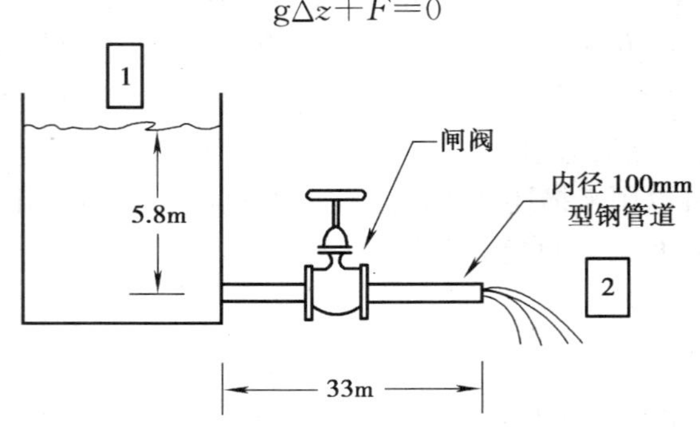

图 3—4　例题 3—3 的排水几何尺寸

对于水：　　$\mu=1.0\times10^{-3}$ kg/ms；$\rho=1\ 000$ kg/m^3。

使用式（3—21）确定进、出口效应的 K 系数。闸阀的 K 系数可在表 3—2 中查得，管长的 K 系数由式（3—12）给出。

对于管道进口：

$$K_f=\frac{160}{Re}+0.5$$

对于闸阀：

$$K_f=\frac{300}{Re}+0.10$$

对于管道出口：

$$K_f=1.0$$

对于管长：

$$K_f=\frac{4fL}{d}=\frac{33\times4f}{0.10}=1\ 320f$$

将 K 系数相加得：

$$\sum K_f=\frac{460}{Re}+1\ 320f+1.6$$

对于 $Re>10\ 000$，方程中的第一项很小。因此：

$$\sum K_f\approx1\ 320f+1.60$$

然后：

$$F=\sum K_f\left(\frac{\bar{u}^2}{2}=(660f+0.80)\ \bar{u}^2\right)$$

机械能守恒方程中的重力项为：

$$g\Delta z=9.8\times(0-5.8)=-56.8\ (\mathrm{J/kg})$$

因为没有压力变化和没有轴功，机械能守恒方程［式（3—10）］简化为：

$$\frac{\bar{u}_2^2}{2}+g\Delta z+F=0$$

求解出口速率并代入高度变化得：

$$\bar{u}_2^2=-2\ (g\Delta z+F)=-2\ (-56.8+F)$$

雷诺数为：$$Re=\frac{d\bar{u}\rho}{\mu}=\frac{0.1\times(\bar{u})\times 1\ 000}{1.0\times 10^{-3}}=1.0\times 10^5\bar{u}$$

对于型钢管道，由表 3—1 查得，$\varepsilon=0.046$ mm，

$$\frac{\varepsilon}{d}=\frac{0.046}{100}=0.000\ 46$$

因为摩擦系数 f 和摩擦损失项 F 是雷诺数和速率的函数，所以采用试差法求解。试差法求解见下表：

$\bar{u}$ 的估值/(m·s^{-1})	Re	f	F	计算得到的 $\bar{u}$ 值/(m·s^{-1})
3.00	300 000	0.004 51	34.09	6.75
3.50	350 000	0.004 46	46.00	4.66
3.66	366 000	0.004 44	50.18	3.66

因此，从管道中流出的液体速率是 3.66 m/s。表格也显示了摩擦系数 f 随雷诺数变化很小。因此，对于粗糙管道中的完全发展的湍流，可以使用式（3—16）来近似估算。式（3—16）计算的摩擦系数值等于 0.004 1。因此

$$F=(660f+0.80)\ \bar{u}_2^2=3.51\bar{u}_2^2$$

带入并求解，得到：

$$\bar{u}_2^2=-2\ (-56.8+3.51\bar{u}_2^2)=113.6-7.02\bar{u}_2^2$$

$$\bar{u}_2^2=3.76\ (\mathrm{m/s})$$

该结果与较精确的试差法的计算结果很接近。

管道的横截面积是：$A=\frac{\pi d^2}{4}=\frac{3.14\times(0.1)^2}{4}=0.007\ 85\ \mathrm{m}^2$

质量流量为：$Q_m=\rho\bar{u}A=1\ 000\times 3.66\times 0.007\ 85=28.7$ (kg/s)。

第三节　气体或蒸气泄漏

一、通过孔洞泄漏

对于流动着的液体来说，其动能的变化经常是可以忽略不计的，物理性质（特别是密度）是不变的。而对流动着的气体和蒸气来说，这些假设仅仅在压力变化不大（$p_1/p_2<2$）、流速较低（小于0.3倍声音在气体中的传播速度）的情况下有效。由于压力作用使气体或蒸气含有的能量在其从小孔泄漏或扩散出去时转化为动能，随着气体或蒸气经孔流出，其密度、压力和温度发生变化。

气体和蒸气的泄漏，可分为滞流和自由扩散泄漏。对滞流泄漏，气体通过孔流出，摩擦损失很大，很少一部分来自气体压力的内能会转化为动能，对自由扩散泄漏，大多数压力能转化为动能，过程通常假设为等熵。滞流泄漏的源模型，需要有关孔洞物理结构的详细信息，在这里不予考虑，自由扩散泄漏源模型仅仅需要孔洞直径。

对于自由扩散泄漏，假设可以忽略潜能的变化，没有轴功，则质量流量的表达式为：

$$Q_m = C_0 A p_0 \sqrt{\frac{2M}{R_g T_0}\frac{\gamma}{\gamma-1}\left[\left(\frac{p}{p_0}\right)^{2/\gamma}-\left(\frac{p}{p_0}\right)^{(\gamma+1)/\gamma}\right]} \tag{3—23}$$

对于许多安全性研究，都需要通过小孔流出蒸气的最大流量。引起最大流速的压力比为：

$$\frac{p_{choked}}{p_0}=\left(\frac{2}{\gamma+1}\right)^{\gamma/(\gamma-1)} \tag{3—24}$$

塞压 p_{choked} 是导致孔洞或管道流动流量最大的下游最大压力。当下游压力小于 p_{choked} 时，①在绝大多数情况下，在洞口处流体的流速是声速；②通过降低下游压力，不能进一步增加其流速及质量流量。这种类型的流动称为塞流、临界流或声速流。

对于理想气体来说，塞压仅仅是热容比 γ 的函数。因此：

气体	γ 的约值	p_{choked}
单原子	1.67	$0.487p_0$
双原子和空气	1.40	$0.528p_0$
三原子	1.32	$0.542p_0$

对于空气泄漏到大气环境（p_{choked}=101.3 kPa），如果上游压力比 101.3/0.528=191.9 kPa 大，则通过孔洞时流动将被遏止，流量达到最大化。在过程工业中，产生塞流的情况很常见。

把式（3—24）代入式（3—23），可确定最大流量：

$$(Q_m)_{choked}=C_0 A p_0 \sqrt{\frac{\gamma M}{R_g T_0}\left(\frac{2}{\gamma+1}\right)^{(\gamma+1)/(\gamma-1)}} \tag{3—25}$$

式中　M——泄漏气体或蒸气的相对分子质量；

T_0——漏源的温度，k；

R_g——理想气体常数。

对于锋利的孔，雷诺数大于 30 000 时，流出系数 C_0 取常数 0.61，然而，对于塞流，流出系数随下游压力的下降而增加。对这些流动和 C_0 不确定的情况，推荐使用保守值 1.0。

各种气体的热容比 γ 的值在表 3—3 中给出。

表 3—3　　各种气体的热容比 γ

气体	热容比 $\gamma=C_p/C_v$	气体	热容比 $\gamma=C_p/C_v$
乙炔	1.30	硫化氢	1.30
空气	1.40	甲烷	1.32
氨	1.32	氯甲烷	1.20
丁烷	1.11	天然气	1.27
二氧化碳	1.30	一氧化氮	1.40
一氧化碳	1.40	氮气	1.41
氯气	1.33	一氧化二氮	1.31
乙烷	1.22	氧气	1.40
乙烯	1.22	丙烷	1.15
氯化氢	1.41	丙烯	1.14
氢气	1.41	二氧化硫	1.26

例 3—2 装有氮气的储罐上有一个 2.54 mm 的小孔，储罐内的压力为 1 378 kPa，温度为 26.7℃，计算通过该孔的液体质量流量。

解：由表 3—3，氮气的热容比 $\gamma=1.41$，由式（3—24）：

$$\frac{p_{\text{choked}}}{p_0}=\left(\frac{2}{\gamma+1}\right)^{\gamma/(\gamma-1)}=\left(\frac{2}{2.41}\right)^{1.41/0.41}=0.527$$

因此：

$$p_{\text{choked}}=0.527\times(137\ 800\ 0+101\ 300)=778\ (\text{kPa})$$

外界压力低于 778 kPa 将导致塞流。该例题中外界压力是大气压，所以认为塞流发生，应用式（3—25），孔的面积是：

$$A=\frac{\pi d^2}{4}=\frac{3.14\times(2.54\times10^{-3})^2}{4}=5.06\times10^{-6}\ (\text{m}^2)$$

流出系数 C_0 假设为 1.0。同时：

$$p_0=137\ 800\ 0+101\ 300=147\ 930\ 0\ (\text{Pa})$$

$$T_0=26.7+273.15=299.85\ (\text{K})$$

$$\left(\frac{2}{\gamma+1}\right)^{(\gamma+1)/(\gamma-1)}=\left(\frac{2}{2.41}\right)^{2.41/0.41}=0.829^{5.87}=0.347$$

然后，用式（3—25）：

$$(Q_{\text{m}})_{\text{choked}}=C_0Ap_0\sqrt{\frac{\gamma M}{R_{\text{g}}T_0}\left(\frac{2}{\gamma+1}\right)^{(\gamma+1)/(\gamma-1)}}$$

$$=1.0\times5.06\times10^{-6}\times147\ 930\ 0\times\sqrt{\frac{1.4\times1\times28}{8.314\times299.85}\times0.347}$$

$$(Q_{\text{m}})_{\text{choked}}=17.5\ (\text{g/s})$$

二、通过管道泄漏

气体经管道流动的模型有绝热法和等温法。绝热情形适用于气体快速流经绝热管道，等温法适用于气体以恒定不变的温度流经非绝热管道，真实气体流动介于绝热和等温之间。

对于绝热和等温情形，定义马赫数很方便，其值等于气体流速与大多数情况下声音在气体中的传播速度之比：

$$Ma=\frac{\bar{u}}{a} \tag{3—26}$$

式中 a——声速，对于理想气体：

$$a=\sqrt{\gamma R_{g}T/M} \tag{3—27}$$

这说明，对于理想气体声速仅仅是温度的函数，在 20℃的空气中，声速为 344 m/s。

1. 绝热流动

绝热流动情况下，出口处流速低于声速，流动是由沿管道的压力梯度驱动的，当气体流经管道时，因压力下降而膨胀，膨胀导致速度增加，以及气体动能增加，动能是从气体的热能中得到的，导致温度降低。然而，在气体与管壁之间还存在着摩擦力，摩擦使气体温度升高，气体温度的增加或减少都是有可能的，这要依赖于动能和摩擦能的大小。

经过大量的推导，可得到：

$$\frac{T_2}{T_1}=\frac{Y_1}{Y_2}，\text{式中：}Y_i=1+\frac{\gamma-1}{2}Ma_i^2\ （i=1，2） \tag{3—28}$$

$$\frac{p_2}{p_1}=\frac{Ma_1}{Ma_2}\sqrt{\frac{Y_1}{Y_2}} \tag{3—29}$$

$$\frac{\rho_2}{\rho_1}=\frac{Ma_1}{Ma_2}\sqrt{\frac{Y_2}{Y_1}} \tag{3—30}$$

$$G=\rho\bar{u}=Ma_1p_1\sqrt{\frac{\gamma M}{R_gT_1}}=Ma_2p_2\sqrt{\frac{\gamma M}{R_gT_2}} \tag{3—31}$$

$$\frac{\gamma+1}{2}\ln\left(\frac{Ma_2^2Y_1}{Ma_1^2Y_2}\right)-\left(\frac{1}{Ma_1^2}-\frac{1}{Ma_2^2}\right)+\gamma\left(\frac{4fL}{d}\right)=0 \tag{3—32}$$

式中 G 是单位面积质量流量。式（3—32）将马赫数与管道中的摩擦损失联系在一起，确定了各种能量的分布，可压缩性一项说明了由于气体膨胀而引起的速度变化。

使用式（3—28）～式（3—30），通过用温度和压力代替马赫数，使式（3—31）和式（3—32）转变为更方便有用的形式：

$$\frac{\gamma+1}{\gamma}\ln\frac{p_1T_2}{p_2T_1}-\frac{\gamma-1}{2\gamma}\left(\frac{p_1^2T_2^2-p_2^2T_1^2}{T_2-T_1}\right)\left(\frac{1}{p_1^2T_2}-\frac{1}{p_2^2T_1}\right)+\frac{4fL}{d}=0 \tag{3—33}$$

$$G=\sqrt{\frac{2M}{R_g}\frac{\gamma}{\gamma-1}\frac{T_2-T_1}{(T_1/p_1)^2-(T_2/p_2)^2}} \tag{3—34}$$

对大多数问题，管长（L）、内径（d）、上游温度（T_1）和压力（p_1）以及下游压力（p_2）都是已知的，计算质量流量步骤如下：①由表 3—1 确定管道粗糙度 ε，计算 ε/d；②由式（3—16）确定范宁摩擦系数 f；③由式（3—33）确定 T_2；

④由式（3—34）计算质量流量。

对于长管或沿管程有较大压差，气体流速可能接近声速，达到声速时，气体流动就叫做塞流，气体在管道的末端达到声速；如果上游压力增加，或者下游压力降低，管道末端的气流速率维持声速不变；如果下游压力下降到低于塞压 p_{choked}，那么通过管道的流动将保持塞流，流速不变且不依赖于下游压力，即使该压力高于周围环境压力，管道末端的压力将维持在 p_{choked}，流出管道的气体会有一个突然的变化，即压力从 p_{choked} 变为周围环境压力。对于塞流，式（3—28）～式（3—32）可以通过设置 $Ma_2=1.0$ 得到简化。结果为：

$$\frac{T_{\mathrm{choked}}}{T_1}=\frac{2Y_1}{\gamma+1} \tag{3—35}$$

$$\frac{p_{\mathrm{choked}}}{p_1}=Ma_1\sqrt{\frac{2Y_1}{\gamma+1}} \tag{3—36}$$

$$\frac{\rho_{\mathrm{choked}}}{\rho_1}=Ma_1\sqrt{\frac{\gamma+1}{2Y_1}} \tag{3—37}$$

$$G_{\mathrm{choked}}=\rho\bar{u}=Ma_1 p_1\sqrt{\frac{\gamma M}{R_g T_1}}=p_{\mathrm{choked}}\sqrt{\frac{\gamma M}{R_g T_{\mathrm{choked}}}} \tag{3—38}$$

$$\frac{\gamma+1}{2}\ln\left[\frac{2Y_1}{(\gamma+1)\ Ma_1^2}\right]-\left(\frac{1}{Ma_1^2}-1\right)+\gamma\left(\frac{4fL}{d}\right)=0 \tag{3—39}$$

如果下游压力小于 p_{choked}，塞流就会发生。这可用式（3—36）来验证。

对于涉及塞流绝热流动的许多问题，已知：管长（L）、内径（d）、上游压力（p_1）和温度（T_1），计算质量流量步骤如下：①由式（3—16）确定范宁摩擦系数 f；②由式（3—39）确定 Ma_1；③由式（3—38）确定单位面积质量流量 G_{choked}；④由式（3—36）确定 p_{choked}，以确认处于塞流的情况。

对于绝热管道流，式（3—35）～式（3—39）可以用前面讨论的 2－K 方法，通过将 $4fL/d$ 替代为 $\sum K_f$，而得到简化。

通过定义气体膨胀系数 Y_g，可简化该过程。对于理想气体流动，声速和非声速情况下的单位面积质量流量都可以用 Darcy 公式计算：

$$G=\frac{m}{A}=Y_g\sqrt{\frac{2g\rho_1(p_1-p_2)}{\sum K_f}} \tag{3—40}$$

式中 G——单位面积质量流量［kg/(m² · s)］；

m——气体的质量流量，kg/s；

A——孔面积，m²；

Y_g——气体膨胀系数，无量纲；

ρ_1——上游气体密度，kg/m^3；

p_1——上游气体压力，Pa；

p_2——下游气体压力，Pa；

$\sum K_f$——压差损失项，包括管道进口和出口、管道长度和附件，无量纲。

压差损失项 $\sum K_f$，可使用2—K方法得到。对于大多数气体泄漏，气体流动都是完全发展的湍流，这意味着对于管道，摩擦系数是不依赖于雷诺数的，对于附件 $K_f=K_\infty$，其求解也很直接。

式（3—40）中的气体膨胀系数 Y_g，仅取决于气体的热容比 γ 和流道中的摩擦项 $\sum K_f$。通过使式（3—40）与式（3—38）相等，并求解 Y_g，就可以得到塞流中气体膨胀系数的方程，结果是：

$$Y_g = Ma_1\sqrt{\frac{\gamma\sum K_f}{2}\left(\frac{p_1}{p_1-p_2}\right)} \tag{3—41}$$

式中　Ma_1——上游马赫数。

确定气体膨胀系数的过程如下。首先，使用式（3—39）计算上游马赫数，必须用 $\sum K_f$ 代替 $4fL/d$，以便考虑管道和附件的影响。使用试差法求解，假设上游的马赫数，并确定所假设的值是否与方程的结果相一致。

下一步是计算声压比，这可以通过式（3—36）得到。如果实际值比由式（3—36）计算得到的大，那么流动就是声速流或塞流，并且由式（3—36）预测的压力下降可继续用于计算。如果实际比由式（3—36）计算得到的小，那么流动就不是声速流，并且使用实际的压力降比值。

最后，由式（3—41）计算膨胀系数 Y_g。

一旦确定了 γ 和摩擦损失项 $\sum K_f$，确定膨胀系数的计算就可以完成了。该计算可以用式（3—41）马上得到答案。如图3—5所示，压力比 $(p_1-p_2)/p_1$ 随热容比 γ 略有变化，膨胀系数 Y_g 少许取决于热容比，当热容比由 $\gamma=1.2$ 变化为 $\gamma=1.67$ 时，Y_g 的变化相对于其在 $\gamma=1.4$ 时的值仅变化了不到1%。如图3—6所示为 $\gamma=1.4$ 时的膨胀系数。

图3—5和图3—6中的函数值，可用方程 $\ln Y_g=A(\ln K_f)^3+B(\ln K_f)^2+C(\ln K_f)^3+D$ 拟合，式中 A，B，C 和 D 都是常数。结果见表3—4，结果对于在给定的 K_f 变化范围是精确的，误差在1%以内。

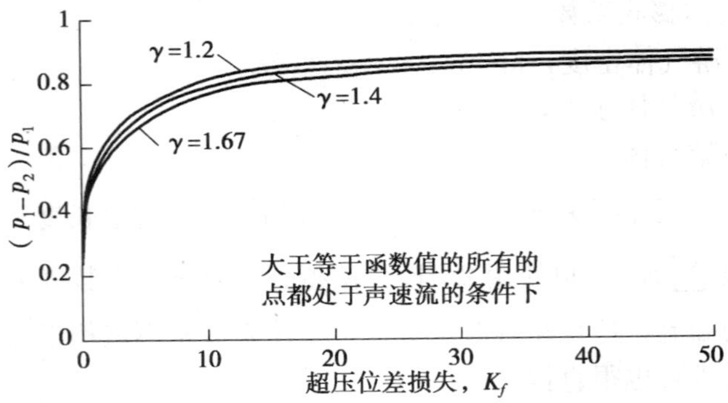

图 3—5 各种热容比下管道绝热流动的声速压力降

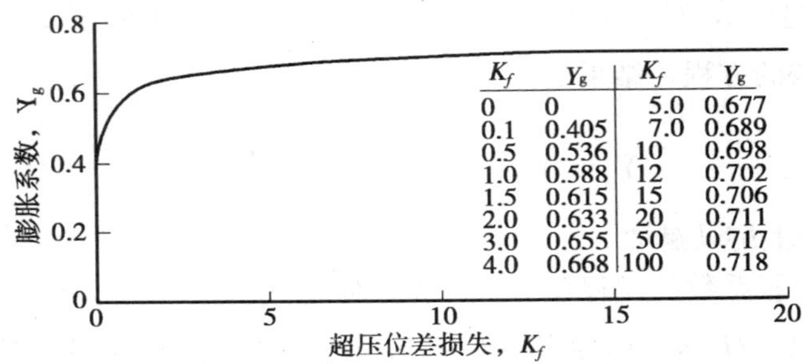

K_f	Y_g	K_f	Y_g
0	0	5.0	0.677
0.1	0.405	7.0	0.689
0.5	0.536	10	0.698
1.0	0.588	12	0.702
1.5	0.615	15	0.706
2.0	0.633	20	0.711
3.0	0.655	50	0.717
4.0	0.668	100	0.718

图 3—6 $\gamma=1.4$ 时绝热管道流动的膨胀系数 Y_g

表 3—4 膨胀系数 Y_g 和声速压力降比率与压差损失 K_f 之间的函数关系

函数值 y	A	B	C	D	K_f 的范围
膨胀系数 Y_g	0.000 6	−0.018 5	0.114 1	0.530 4	0.1～100
声速压力降比率 $\gamma=1.2$	0.000 9	−0.030 8	0.261	−0.724 8	0.1～100
声速压力降比率 $\gamma=1.4$	0.001 1	−0.030 2	0.238	−0.645 5	0.1～300
声速压力降比率 $\gamma=1.67$	0.001 3	−0.028 7	0.213	−0.563 3	0.1～300

计算通过管道或孔洞流出的绝热质量流量的过程如下：①已知：基于气体类型的 γ，管道长度、直径和类型，管道进口和出口，附件的数量和类型，整体压降，上游气体密度。②假设是完全发展的湍流，确定管道的摩擦系数和附件以及管道进、出口的压差损失项，计算完成后，可计算雷诺数来验证假设，将各个压差损失项相加得到 $\sum K_f$。③由指定的压力降计算 $(p_1-p_2)/p_1$，在图 3—5 中，核对该值来确定流动是否是塞流，图 3—5 中，曲线上面的区域均代表塞流，通过图 3—5

直接确定声速塞压 p_2。即从表中内插一个值，或用表 3—4 中提供的公式。④由图 3—6 确定膨胀系数。读取图表中的数据、从表中内插数据、或者用表 3—4 中提供的公式。⑤用式（3—40）计算质量流量。在该公式中，使用步骤 3 中确定声速塞压。

这种方法还可以应用于计算通过管道系统和孔洞的气体泄漏。

2. 等温流动

对于气体在有摩擦的管道中的等温流动，假设气体流速远远低于声音在该气体中的速度。沿管程的压力梯度驱动气体流动，随着气体通过压力梯度的扩散，其流速必须增加到保持相同质量流量的大小，管子末端的压力与周围环境的压力相等，整个管道内的温度不变。

经过大量的推导，可得到：

$$T_2 = T_1 \tag{3—42}$$

$$\frac{p_2}{p_1} = \frac{Ma_1}{Ma_2} \tag{3—43}$$

$$\frac{\rho_2}{\rho_1} = \frac{Ma_1}{Ma_2} \tag{3—44}$$

$$G = \rho\bar{u} = Ma_1 p_1 \sqrt{\frac{\gamma M}{R_g T}} \tag{3—45}$$

$$2\ln\frac{Ma_2}{Ma_1} - \frac{1}{\gamma}\left(\frac{1}{Ma_1^2} - \frac{1}{Ma_2^2}\right) + \frac{4fL}{d} = 0 \tag{3—46}$$

式中 G 是单位面积质量流量。式（3—46）更方便的形式是用压力代替马赫数。通过使用式（3—42）～式（3—44），可以得到简化形式：

$$2\ln\frac{p_1}{p_2} - \frac{M}{G^2 R_g T}(p_1^2 - p_2^2) + \frac{4fL}{d} = 0 \tag{3—47}$$

对于典型问题，已知管长（L）、内径（d）、上游和下游的压力（p_1 和 p_2），确定单位面积质量流量 G，步骤如下：①由式（3—16）确定范宁摩擦系数 f；②由方程（3—47）计算单位面积质量流量 G。

如同绝热情形一样，气体在管道中做等温流动时，其最大流速可能不是声速。根据马赫数，最大流速是：

$$Ma_{\text{choked}} = \frac{1}{\sqrt{\gamma}} \tag{3—48}$$

对于等温管道中的塞流，可应用以下方程：

$$T_{\text{choked}} = T_1 \tag{3—49}$$

$$\frac{p_{choked}}{p_1}=Ma_1\sqrt{\gamma} \qquad (3—50)$$

$$\frac{\rho_{choked}}{\rho_1}=Ma_1\sqrt{\gamma} \qquad (3—51)$$

$$\frac{\bar{u}_{choked}}{\bar{u}_1}=\frac{1}{Ma_1\sqrt{\gamma}} \qquad (3—52)$$

$$G_{choked}=\rho\bar{u}=\rho_1\bar{u}_1=Ma_1 p_1\sqrt{\frac{\gamma M}{R_g T}}=p_{choked}\sqrt{\frac{M}{R_g T}} \qquad (3—53)$$

式中　G_{choked}——单位面积质量流量，另外：

$$\ln\left(\frac{1}{\gamma Ma_1^2}\right)-\left(\frac{1}{\gamma Ma_1^2}-1\right)+\frac{4fL}{d}=0 \qquad (3—54)$$

对于大多数典型问题，管长（L）、内径（d）、上游压力（p_1）和温度（T）都是已知的。质量通量可通过以下步骤来确定：①用式（3—16）确定范宁摩擦系数；②由式（3—54）确定 Ma_1；③由式（3—53）确定单位面积质量流量 G。

对于通过管道的气体流动，流动是绝热的还是等温的很重要。对于这两种情形，压力下降导致气体膨胀，进而促使气体流速增加。对于绝热流动，气体的温度可能升高，也可能降低，这主要取决于摩擦项和动能项的相对大小。对于塞流，绝热塞压比等温塞压小。对于源处的温度和压力为常数的实际管道流动，实际的流量比绝热流量小，但比等温流量大。例 3—3 表明，对于管道流动问题，绝热流动和等温流动的差别很小。

例 3—3　液态环氧乙烷储罐的上部蒸气空间必须将氧气排除掉并充入表压为 558 kPa 的氮气以防止爆炸，容器中的氮气由表压为 1 378 kPa 的源供给，氮气被调节为 558 kPa 后通过长 10 m、内径为 26.6 mm 的型钢管道供应给储罐。

由于氮气调节器失效，储罐暴露于源的全部压力之下，为了防止储罐的破裂，必须配备泄压设备将氮气排泄出去。在这种情况下，确定阻止储罐内压力上升所需要的经泄压设备排出的氮气的最小质量流量。

例 3—4　假设：①孔的内径与管道直径相等；②绝热管道；③等温管道。请确定质量流量，判断哪个结果更接近于真实情况，应该使用哪个质量流量?

解：①通过孔的最大流量在塞流情况下发生。管道的横截面积是：

$$A=\frac{\pi d^2}{4}=\frac{3.14\times(26.6\times10^{-3})^2}{4}=5.55\times10^{-4}\ (\mathrm{m}^2)$$

氮气源的绝对压力是：$p_0=1\ 378+101.3=1\ 479.3$（kPa）

对于双原子气体，由式（3—24），塞压是：$p_{choked}=0.528\times1\ 479.3=$

781 (kPa)

由于系统与大气环境相通，该流动被认为是塞流，式（3—25）给出了最大质量流量。对于氮气，$\gamma=1.4$，所以：

$$\left(\frac{2}{\gamma+1}\right)^{(\gamma+1)/(\gamma-1)}=\left(\frac{2}{2.4}\right)^{2.4/0.4}=0.335$$

氮气的摩尔质量是 28 g/mol。假设单元的流出系数 $C_0=1.0$。因此：

$$Q_m=1.0\times5.55\times10^{-4}\times1\ 479.3\times10^3\times\sqrt{\frac{1.4\times1\times28\times10^{-3}}{8.314\times299.85}\times0.335}$$

$$=1.88\ (\text{kg/s})$$

②假设是绝热塞流，对于型钢管道，由表 3—1，$\varepsilon=0.046$ mm。因此：

$$\frac{\varepsilon}{d}=\frac{0.046}{26.6}=0.001\ 73$$

由式（3—16）：

$$\frac{1}{\sqrt{f}}=4\ \ln\left(3.7\frac{d}{\varepsilon}\right)=4\ \log\ (3.7/0.001\ 73)=13.32$$

$$f=0.005\ 64$$

对于氮气，$\gamma=1.4$。

上游马赫数由式（3—39）计算：

$$\frac{\gamma+1}{2}\ln\left[\frac{2Y_1}{(\gamma+1)\ Ma_1^2}\right]-\left(\frac{1}{Ma_1^2}-1\right)+\gamma\left[\frac{4fL}{d}\right]=0$$

Y_1 由式（3—28）给出，将其代入得到：

$$\frac{1.4+1}{2}\ln\left[\frac{2+\ (1.4-1)\ Ma^2}{(1.4+1)\ Ma^2}\right]-\left(\frac{1}{Ma^2}-1\right)+1.4\left[\frac{4\times0.005\ 64\times10}{26.6\times10^{-3}}\right]=0$$

$$1.2\ln\left(\frac{2+0.4Ma^2}{2.4Ma^2}\right)-\left(\frac{1}{Ma^2}-1\right)+11.87=0$$

通过试差法求解该方程中的 Ma，结果列于下表：

预测的 Ma	式子左边的值
0.20	−8.48
0.25	−0.007

根据最近一次预测的 Ma 值计算结果接近于零，因此由式（3—28）：

$$Y_1=1+\frac{\gamma-1}{2}Ma^2=1+\frac{1.4-1}{2}\ (0.25)^2=1.012$$

由式（3—35）和式（3—36）：

$$\frac{T_{\text{choked}}}{T_1}=\frac{2Y_1}{\gamma+1}=\frac{2\times1.012}{1.4+1}=0.843$$

$$T_{\text{choked}}=0.843\times299.85=252\ (\text{K})$$

$$\frac{p_{\text{choked}}}{p_1}=Ma\sqrt{\frac{2Y_1}{\gamma+1}}=0.25\times\sqrt{0.843}=0.230$$

$$p_{\text{choked}}=0.230\times1\ 479.3=340\ (\text{kPa})$$

为确保是塞流，管道出口处的压力必须小于 340 kPa，由式（3—38）计算单位面积质量流量：

$$G_{\text{choked}}=p_{\text{choked}}\sqrt{\frac{\gamma M}{R_g T_{\text{choked}}}}=340\times10^3\times\sqrt{\frac{1.4\times28\times10^{-3}}{8.314\times252}}=1\ 470\ (\text{kg/m}^2\text{s})$$

$$Q_m=GA=1\ 470\times5.55\times10^{-4}=0.82\ (\text{kg/s})$$

也可使用直接求解的简化过程，式（3—12）给出了管长的超压位差损失，摩擦系数 f 可以确定：

$$K_f=\frac{4fL}{d}=\frac{4\times0.005\ 64\times10}{26.6\times10^{-3}}=8.48$$

该求解过程中仅考虑管道摩擦，忽略出口的影响，首先需要考虑的是流动是否为塞流，图 3—5（或表 3—4 中的方程）给出了声速压力比，对于 $\gamma=1.4$ 和 $K_f=8.48$：

$$\frac{p_1-p_2}{p_1}=0.770\Longrightarrow p_2=340\ (\text{kPa})$$

由于下游压力小于 340 kPa，因此流动是塞流，由图 3—6（或表 3—4）得气体膨胀系数 $Y_g=0.69$，处于上游压力条件下的气体密度是：

$$\rho_1=\frac{p_1M}{R_gT}=\frac{1\ 479.3\times10^3\times28\times10^{-3}}{8.314\times299.85}=16.6\ (\text{kg/m}^3)$$

将该值代入式（3—40），使用塞压确定 p_2，得到：

$$m=Y_g A\sqrt{\frac{2\rho(p_1-p_2)}{\sum K_f}}=0.69\times5.55\times10^{-4}\times$$

$$\sqrt{\frac{2\times16.6\times(1\ 479.3-340)\times10^3}{8.48}}=0.81\ (\text{kg/s})$$

③对于等温流动，由方程（3—54）给出上游的马赫数，将提供的数据代入，得到：

$$\ln\left(\frac{1}{1.4Ma^2}\right)-\left(\frac{1}{1.4Ma^2}-1\right)+8.48=0$$

通过试差法求解：

预测的 Ma	式子左边的值
0.25	0.486
0.24	−0.402
0.245	0.057
0.244	−0.035（最终结果）

由式（3—50），塞压是：

$$p_{\mathrm{choked}}=p_1 Ma_1\sqrt{\gamma}=1\ 479.3\times0.244\times\sqrt{1.4}=427\ (\mathrm{kPa})$$

由式（3—53）计算单位面积质量流量：

$$G_{\mathrm{choked}}=p_{\mathrm{choked}}\sqrt{\frac{M}{R_g T}}=427\times10^3\times\sqrt{\frac{28\times10^{-3}}{8.314\times299.85}}=1\ 431\ (\mathrm{kg/m^2 s})$$

$$Q_m=G_{\mathrm{choked}}A=1\ 431\times5.55\times10^{-4}=0.79\ (\mathrm{kg/s})$$

计算结果总结于下表：

情况	p_{choked}/kPa	Q_m/kg・s^{-1}
孔	781	1.88
绝热管道	340	0.81
等温管道	427	0.79

注意：绝热和等温法得到的结果很接近，对于大多数实际情况并不能很容易地确定热传递特性，因此应选择绝热管道方法，它通常能得到较大的计算结果，适合于保守的安全设计。

第四节 液体闪蒸

存储温度高于其通常沸点温度的受压液体，由于闪蒸会存在很多问题，如果储罐、管道或其他盛装设备出现孔洞，部分液体会闪蒸为蒸气，有时会发生爆炸。

闪蒸发生的速度很快，其过程可假设为绝热，过热液体中的额外能量使液体蒸发，并使其温度降到新的沸点。如果 m 是初始液体的质量，C_p 是液体的热容，T_0

是降压前液体的温度，T_b 是降压后液体的沸点，则包含在过热液体中额外的能量为：

$$Q=mC_p\ (T_0-T_b) \tag{3—55}$$

该能量使液体蒸发，如果 ΔH_v 是液体的蒸发热，蒸发的液体质量 m_v 为：

$$m_v=\frac{Q}{\Delta H_v}=\frac{mC_p\ (T_0-T_b)}{\Delta H_v} \tag{3—56}$$

液体蒸发比例是：

$$f_v=\frac{m_v}{m}=\frac{C_p\ (T_0-T_b)}{\Delta H_v} \tag{3—57}$$

式（3—57）基于假设在 T_0 到 T_b 的温度范围内液体的物理特性不变，没有此假设时更一般的表达形式将在下面介绍。

温度 T 的变化导致的液体质量 m 的变化为：

$$\mathrm{d}m=\frac{mC_p}{\Delta H_v}\mathrm{d}T \tag{3—58}$$

在初始温度 T_0（液体质量为 m）与最终沸点温度 T_b（液体质量为 $m-m_v$）区间内，对式（3—58）进行积分，得到：

$$\int_m^{m-m_v}\frac{\mathrm{d}m}{m}=\int_{T_0}^{T_b}\frac{C_p}{\Delta H_v}\mathrm{d}T \tag{3—59}$$

$$\ln\left(\frac{m-m_v}{m}\right)=-\frac{\overline{C_p}\ (T_0-T_b)}{\Delta H_v} \tag{3—60}$$

式中　$\overline{C_p}$、$\Delta\overline{H}_v$——T_0 到 T_b 温度范围内的平均热容和平均蒸发潜热，求解液体蒸发比率 $f_v=m_v/m$，可得到：

$$f_v=1-\exp\left[-\overline{C_p}\ (T_0-T_b)/\Delta\overline{H}_v\right] \tag{3—61}$$

对于包含有多种易混合物质的液体，闪蒸计算非常复杂，这是由于更易挥发组分首先闪蒸。

由于存在两相流情况，通过孔洞和管道泄漏出的闪蒸液体需要特殊考虑，即有几个特殊的情况需要考虑。如果泄漏的流程长度很短（通过薄壁容器上的孔洞），则存在不平衡条件，以及液体没有时间在孔洞内闪蒸，液体在孔洞外闪蒸，应使用描述不可压缩流体通过孔洞流出的方程。

如果泄漏的流程长度大于 10 cm（通过管道或厚壁容器），那么就能达到平衡闪蒸条件，且流动是塞流，可假设塞压与闪蒸液体的饱和蒸气压相等，结果仅适用于储存在高于其饱和蒸气压环境下的液体，在此假设下，质量流量由下式给出：

$$Q_m = AC_0\sqrt{2\rho_f(p-p^{sat})} \tag{3—62}$$

式中　A——释放面积，m^2；

C_0——流出系数，无量纲；

ρ_f——液体密度，kg/m^3；

p——储罐内压力，Pa；

p^{sat}——闪蒸液体处于周围温度情况下的饱和蒸气压，Pa。

对储存在其饱和蒸气压下的液体，$p=p^{sat}$，式（3—62）将不再有效。考虑初始静止的液体加速通过孔洞，假设动能占支配地位，忽略潜能的影响，那么质量流量为：

$$Q_m = \frac{\Delta H_v A}{v_{fg}}\sqrt{\frac{1}{TC_p}} \tag{3—63}$$

在闪蒸蒸气喷射时会形成一些小液滴，这些小液滴很容易就被风带走，离开泄漏发生处，经常假设所形成的液滴的量同闪蒸的量是相等的。

第五节　液体蒸发

饱和蒸气压高的液体蒸发较快，因此，蒸发速率被认为是饱和蒸气压的函数。实际上，对于静止空气中的蒸发，蒸发速率与饱和蒸气压和蒸气在空气中的蒸气分压的差成比例，即：

$$Q_m \propto (p^{sat}-p) \tag{3—64}$$

式中　p^{sat}——液体温度下纯液体的饱和蒸气压，Pa

p——位于液体上方静止空气中的蒸气分压，Pa

蒸发速率更一般的表达式如下：

$$Q_m = \frac{MKA(p^{sat}-p)}{R_g T_L} \tag{3—65}$$

式中　Q_m——蒸发速率，kg/s；

M——易挥发物质的相对分子质量；

K——面积 A 的传质系数，m/S；

R_g——理想气体常数；

T_L——液体的绝对温度，K。

对大多数情况，$p^{sat}\gg p$，式（3—65）可简化为：

$$Q_m = \frac{MKAp^{sat}}{R_g T_L} \tag{3—66}$$

用式（3—67）确定所研究物质的传质系数 K 与某种参考物质的传质系数 K_0 的比值：

$$\frac{K}{K_0}=\left(\frac{D}{D_0}\right)^{2/3} \tag{3—67}$$

气相扩散系数可由物质的相对分子质量 M 估算：

$$\frac{D}{D_0}=\sqrt{\frac{M_0}{M}} \tag{3—68}$$

由式（3—68）和式（3—67）可得：

$$K=K_0\left(\frac{M_0}{M}\right)^{1/3} \tag{3—69}$$

经常用水作为参照物质，其传质系数为 0.83 cm/s。

对于液池中的液体沸腾，沸腾速率受周围环境与池中液体间的热量传递的限制，热量通过以下方式进行传递：①地面的热传导；②空气的传导与对流；③太阳辐射或（和）邻近区域的热源辐射，如火源。

沸腾初始阶段，通常由来自地面的热量传递控制，特别是对于正常沸点低于周围环境或地面温度的溢出液体更是如此。来自地面的热量传递，由如下简单的一维热量传递方程模拟：

$$q_s=\frac{k_s\ (T_g-T)}{(\pi\alpha_s t)^{1/2}} \tag{3—70}$$

式中 q_s——来自地面的热通量，W/m²；

k_s——土壤的热导率，W/(m·k)；

T_g——土壤温度，K；

T——液池温度，K；

α_s——土壤的热扩散率，m²/s；

t——溢出后的时间，s。

假设所有的热量都用于液体的沸腾，则沸腾速率的计算如下：

$$Q_m=\frac{q_s A}{\Delta H_v} \tag{3—71}$$

式中 Q_m——质量沸腾速率，kg/s；

q_g——地面向液池的热量传递，由式（3—70）确定；

A——液池面积，m²；

ΔH_v——液池中液体的汽化热，J/kg。

第六节　扩散方式及影响因素

1．扩散方式

物质泄漏后，会以烟羽（如图 3—7 所示）或烟团（如图 3—8 所示）两种方式在空气中传播、扩散。泄漏物质的最大浓度是在释放发生处（可能不在地面上），由于有毒物质与空气的湍流混合和扩散，其在下风向的浓度较低。

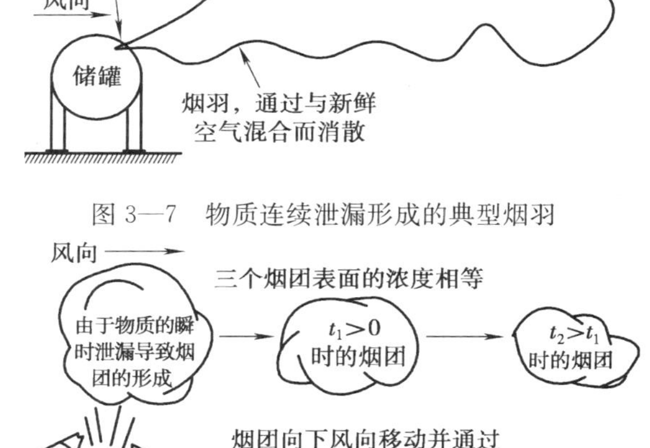

图 3—7　物质连续泄漏形成的典型烟羽

图 3—8　物质瞬时泄漏形成的烟团

2．影响因素

影响有毒物质在大气中扩散的因素有以下几个方面。

（1）风速。随着风速的增加，图 3—7 中的烟羽会又长又窄，物质向下风向输送的速度变快了，但是被大量空气稀释的速度也加快了。

（2）大气稳定度。大气稳定度与空气的垂直混合有关。白天，空气温度随着高度的增加迅速下降，促使了空气的垂直运动；夜晚，空气温度随高度的增加下降不多，导致较少的垂直运动。白天和夜晚的温度变化如图 3—9 所示，有时也会发生相反的现象。相反情况下，温度随着高度的增加而增加，导致最低限度的垂直运动，这种情况经常发生在晚间，因为热辐射导致地面迅速冷却。

大气稳定度划分三种稳定类型：不稳定、中性和稳定。对于不稳定的大气情

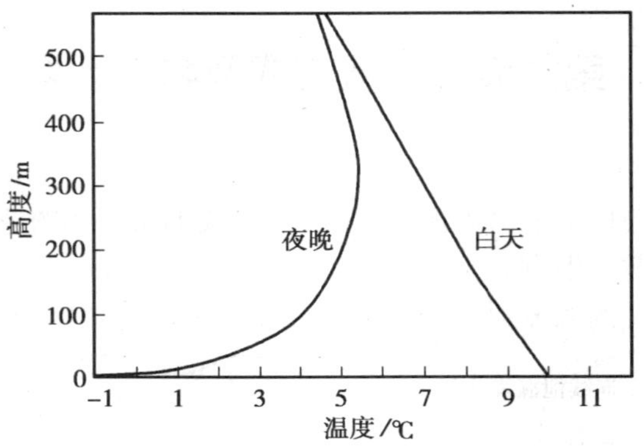

图 3—9　白天和夜晚空气温度随高度的变化

况，太阳对地面的加热要比热量散失得快，因此，地面附近的空气温度比高处的空气温度高，这在上午的早些时候可能会被观测到，这导致了大气不稳定，因为较低密度的空气位于较高密度空气的下面，这种浮力的影响增强了大气的机械湍流。对于中性稳定度，地面上方的空气暖和，风速增加，减少了输入的太阳能或日光照射的影响，空气的温度差不影响大气的机械湍流。对于稳定的大气情况，太阳加热地面的速度没有地面的冷却速度快，因此地面附近的温度比高处空气的温度低，这种情况是稳定的，因为较高密度的空气位于较低密度空气的下面，浮力的影响抑制了机械湍流。

（3）地面条件。地面条件影响地表的机械混合和随高度而变化的风速，树木和建筑物的存在加强了这种混合，而湖泊和敞开的区域，则减弱了这种混合，图3—10显示了不同地表情况下风速随高度的变化。

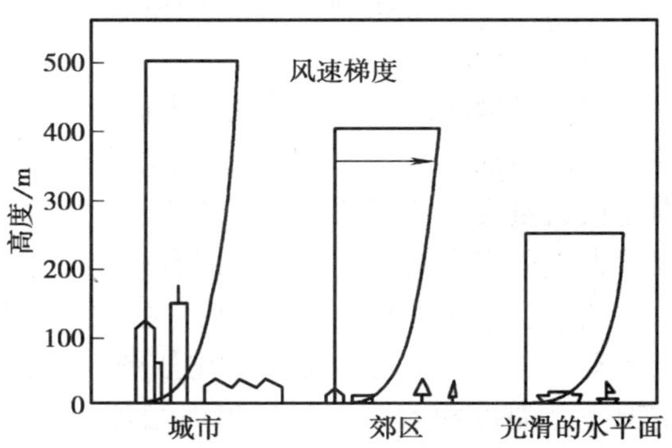

图 3—10　地面情况对垂直风速梯度的影响

（4）泄漏位置高度。泄漏位置高度对地面浓度的影响很大，随着释放高度的增加，地面浓度降低，这是因为烟羽需要垂直扩散更长的距离，如图 3—11 所示。

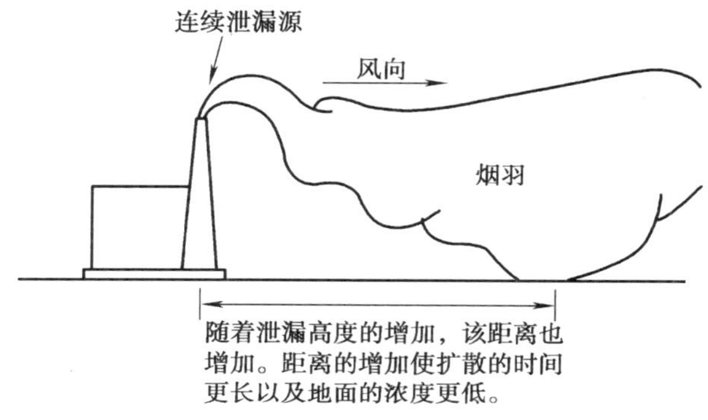

图 3—11　增加泄漏高度将降低地面浓度

（5）释放物质的初始动量和浮力。泄漏物质的浮力和动量改变了泄漏的有效高度，如图 3—12 所示，高速喷射所具有的动量将气体带到高于泄漏处，导致更高的有效泄漏高度。如果气体密度比空气小，那么泄漏的气体一开始具有浮力，并向上升高，如果气体密度比空气大，那么泄漏的气体开始就具有沉降力，并向地面下沉。泄漏气体的温度和相对分子质量决定了相对于空气（相对分子质量为 28.97）的气体密度，对于所有气体，随着气体向下风向传播和同新鲜空气混合，最终将被充分稀释，并认为具有中性浮力，此时，扩散由周围环境的湍流所支配。

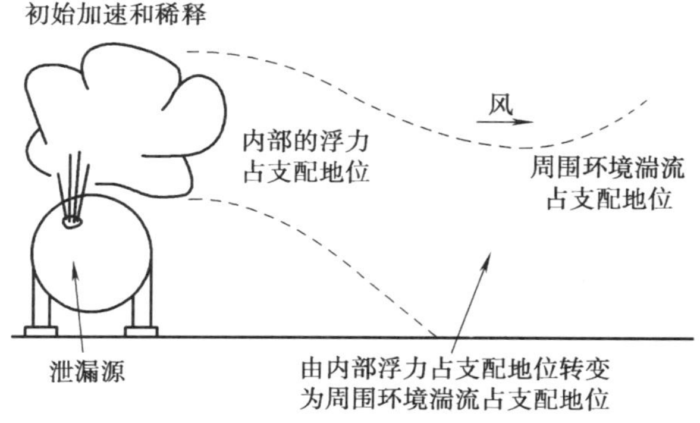

图 3—12　泄漏物质的初始加速度和浮力影响烟羽的特性

第七节 中性浮力扩散模型

中性浮力扩散模型，用于估算释放发生后释放气体与空气混合，并导致混合气云具有中性浮力后下风向各处的浓度，因此，这些模型适用于气体密度与空气差不多的气体的扩散。

一、高斯模型

经常用到两种类型的中性浮力蒸气云扩散模型：烟羽和烟团模型。烟羽模型描述来自连续源释放物质的稳态浓度，烟团模型描述一定量的单一物质释放后的暂时浓度，两种模型的区别如图 3—7 和图 3—8 所示。对于烟羽模型，典型例子是气体自烟窗的连续释放，稳态烟羽在烟窗下风向形成。对于烟团模型，典型例子是由于储罐的破裂，一定量的物质突然泄漏，形成一个巨大的蒸气云团，并渐渐远离破裂处。

烟团模型能用来描述烟羽，烟羽只不过是连续释放的烟团。然而，如果稳态烟羽信息是所需要的所有信息，那么建议使用烟羽模型，因为它比较容易使用，对于涉及动态烟羽的研究（如风向的变化对烟羽的影响），必须使用烟团模型。

1. 烟羽模型

烟羽模型适用于连续源的扩散，其假设如下：①定常态，即所有的变量都不随时间而变化；②适用于密度与空气相差不多的气体的扩散（不考虑重力或浮力的作用），且在扩散过程中不发生化学反应；③扩散气体的性质与空气相同；④扩散物质达到地面时，完全反射，没有任何吸收；⑤在下风向上的湍流扩散相对于移流相可忽略不计，这意味着该模型只适用于平均风速不小于 1 m/s 的情形；⑥坐标系的 x 轴与流动方向重合，横向速度分量 V、垂直速度分量 W 均为 0；⑦假定地面水平。高斯烟羽数学模型表达式为：

$$C\ (x,\ y,\ z)=\frac{Q_{\mathrm{m}}}{2\pi u\sigma_y\sigma_z}\mathrm{e}^{-\frac{y^2}{2\sigma_y^2}}\times\left(\mathrm{e}^{\frac{(z-H_{\mathrm{r}})^2}{2\sigma_z^2}}+\mathrm{e}^{\frac{(z+H_{\mathrm{r}})^2}{2\sigma_z^2}}\right)\tag{3—72}$$

式中 C——泄漏物质体积分数，%；

Q_{m}——源的泄漏速率，$\mathrm{m^3/s}$；

H_{r}——有效源高，m；

u——风速，m/s；

x，y，z——某点坐标，m；

σ_y，σ_z——横风向和竖直方向的扩散系数，m。

2. 烟团模型

烟羽模型只适用于连续源或泄放时间大于或等于扩散时间的扩散，如果要研究瞬时泄放（泄放时间小于扩散时间，如容器突然爆炸导致其内部介质瞬时泄放），就应用烟团模型，它应用于瞬时泄漏和部分连续泄漏源泄漏或微风（速度<1 m/s）条件下，其数学表达式为：

$$C(x, y, z, t)=\frac{Q_m^*}{(2\pi)^{3/2}\sigma_x\sigma_y\sigma_z}e^{-\frac{y^2}{2\sigma_y^2}}\left[e^{-\frac{(z-H_r)^2}{2\sigma_z^2}}+e^{-\frac{(z+H_r)^2}{2\sigma_z^2}}\right]e^{-\frac{(x-ut)^2}{2\sigma_x^2}} \quad (3—73)$$

式中 C——泄漏物质体积分数，%；

Q_m^*——泄漏量，m^3；

u——风速，m/s；

H_r——有效源高，m；

t——泄漏时间，s；

σ_x，σ_y，σ_z——x，y，z方向上的扩散系数，m；

x，y，z——某点坐标，m。

二、扩散系数

扩散系数是大气情况及释放源下风向距离的函数，大气情况可根据六种不同的稳定度等级进行分类，见表3—5。稳定度等级依赖于风速和日照程度。白天，风速的增加导致更加稳定的大气稳定度，而在夜晚则相反。

表3—5　Pasquill—Gifford扩散模型的大气稳定度等级

表面风速/(m/s)	白天日照			夜间条件①	
	强	适中	弱	很薄的覆盖或者>4/8低沉的云	≤3/8朦胧
<2	A	A～B	B	F	F
2～3	A～B	B	C	E	F
3～4	B	B～C	C	D②	E
4～6	C	C～D	D②	D②	D②
>6	C	D②	D②	D②	D②

A—极度不稳定；B—中度不稳定；C—轻微不稳定；D—中性稳定；E—轻微稳定；F—中度稳定

①夜间是指日落前1 h到破晓后1 h这一段时间；

②对于白天或夜晚的多云情况以及日落前或日出后数小时的任何天气情况，不管风速有多大，都应该使用中等稳定度等级D。

对于连续源的扩散系数 σ_y 和 σ_z，由图 3—13 和图 3—14 中给出，相应的关系式由表 3—6 给出，表中没有给出 σ_x 的值，因为假设 $\sigma_x=\sigma_y$，烟团释放的扩散系数 σ_y 和 σ_z 由图 3—15 给出，方程由表 3—7 给出。

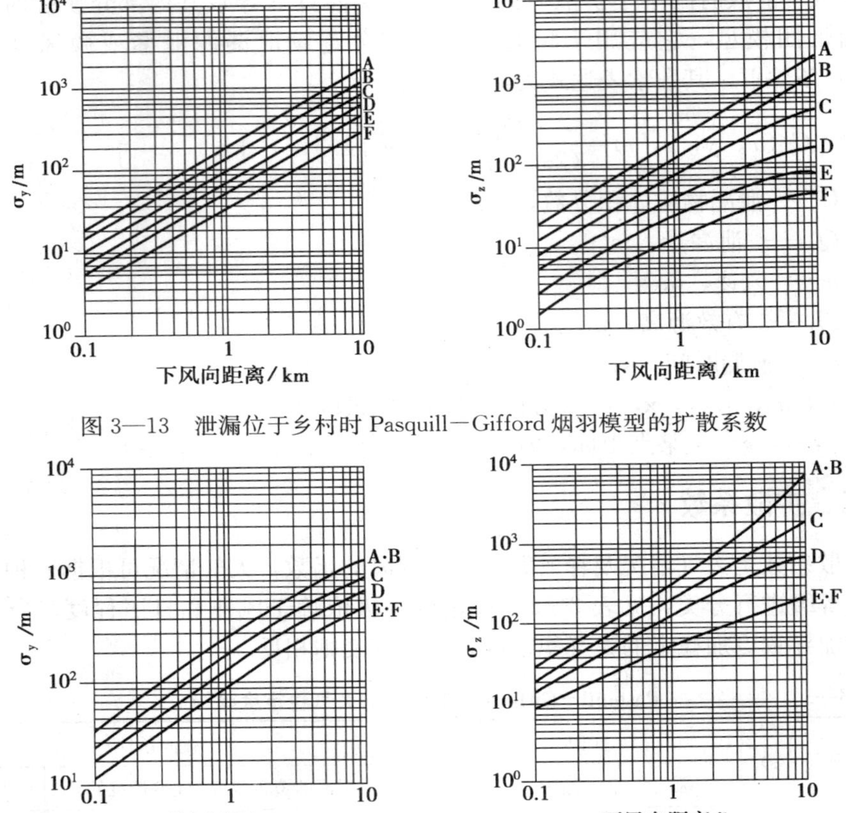

图 3—13　泄漏位于乡村时 Pasquill—Gifford 烟羽模型的扩散系数

图 3—14　泄漏位于城市时 Pasquill—Gifford 烟羽模型的扩散系数

表 3—6　　烟羽扩散模型扩散系数方程

Pasquill—Gifford 稳定度等级	σ_y/m	σ_z/m
乡村条件		
A	$0.22x(1+0.0001x)^{-1/2}$	$0.20x$
B	$0.16x(1+0.0001x)^{-1/2}$	$0.12x$
C	$0.11x(1+0.0001x)^{-1/2}$	$0.08x(1+0.0002x)^{-1/2}$

续表

Pasquill—Gifford 稳定度等级	σ_y/m	σ_z/m
D	$0.08x\ (1+0.0001x)^{-1/2}$	$0.06x\ (1+0.0015x)^{-1/2}$
E	$0.06x\ (1+0.0001x)^{-1/2}$	$0.03x\ (1+0.0003x)^{-1}$
F	$0.04x\ (1+0.0001x)^{-1/2}$	$0.016x\ (1+0.0003x)^{-1}$
城市条件		
A～B	$0.32x\ (1+0.0004x)^{-1/2}$	$0.24x\ (1+0.0001x)^{+1/2}$
C	$0.22x\ (1+0.0004x)^{-1/2}$	$0.20x$
D	$0.16x\ (1+0.0004x)^{-1/2}$	$0.14x\ (1+0.0003x)^{-1/2}$
E～F	$0.11x\ (1+0.0004x)^{-1/2}$	$0.08x\ (1+0.0015x)^{-1/2}$

三、最坏事件情形

对于烟羽，最大浓度通常是在释放点处，如果释放是在高于地平面的地方发生，那么地面上的最大浓度出现在释放处的下风向上的某一点。

对于烟团，最大浓度通常在烟团的中心。对于释放发生在高于地平面的地方，

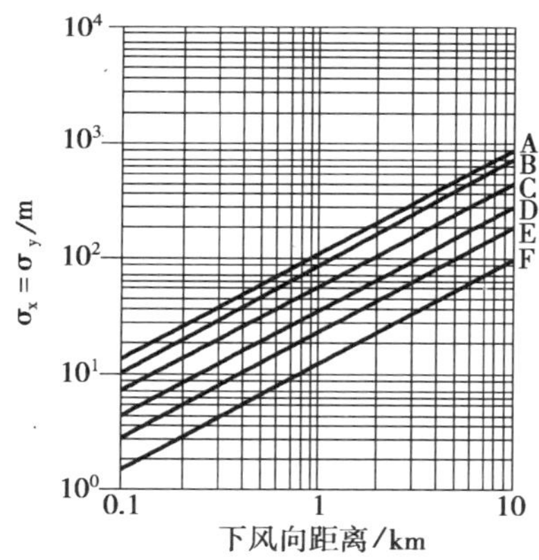

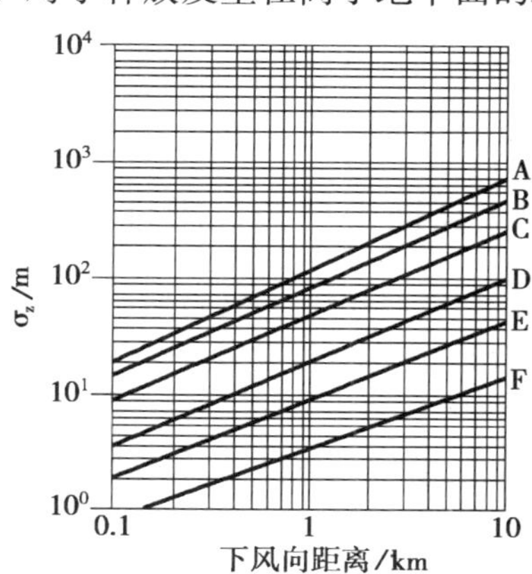

图 3—15 Pasquill—Gifford 烟团模型的扩散系数

表 3—7 烟团扩散模型扩散系数方程

Pasquill—Gifford 稳定度等级	σ_y/m 或 σ_x/m	σ_z/m
A	$0.18x^{0.92}$	$0.60x^{0.75}$
B	$0.14x^{0.92}$	$0.53x^{0.73}$

续表

Pasquill－Gifford 稳定度等级	σ_y/m 或 σ_x/m	σ_z/m
C	$0.10x^{0.92}$	$0.34x^{0.71}$
D	$0.06x^{0.92}$	$0.15x^{0.70}$
E	$0.04x^{0.92}$	$0.10x^{0.65}$
F	$0.02x^{0.89}$	$0.05x^{0.61}$

烟团中心将平行于地面移动，并且地面上的最大浓度直接位于烟团中心的下面。对于烟团等值线，随着烟团向下风向的移动，等值线将接近于圆形，其直径一开始随着烟团向下风向的移动而增加，然后达到最大，最后将逐渐减小。

如果不知道天气条件或不能确定，那么可进行某些假设来得到一个最坏情形的结果，即估算一个最大浓度。Pasquill－Gifford 扩散方程中的天气条件可通过扩散系数和风速予以考虑，通过观察估算浓度用的 Pasquill－Gifford 扩散方程，很明显扩散系数和风速在分母上。因此，通过选择导致最小值的扩散系数和风速的天气条件和风速，可使估算的浓度最大。通过观察图 3—13～图 3—14，能够发现 F 稳定度等级可以产生最小的扩散系数，很明显，风速不能为零，所以必须选择一个有限值，EPA 认为，当风速小到 1.5 m/s 时，F 稳定度等级能够存在，一些风险分析家使用 2 m/s 的风速。在计算中所使用的假设，必须清楚地予以说明。

四、高斯模型的局限性

Pasquill－Gifford 或高斯扩散仅应用于气体的中性浮力扩散，在扩散过程中，湍流混合是扩散的主要特征，它仅对距离释放源在 0.1～10 km 范围内的距离有效。

由高斯模型预测的浓度是时间平均值，因此，局部浓度的时间值有可能超过所预测的平均浓度值，这对于紧急反应很重要。这里介绍的模型是假设 10 min 的时间平均值，实际的瞬间浓度可能会在由高斯模型计算出来的浓度的 2 倍范围内变化。

第八节　重 气 模 型

气体密度大于其扩散所经过的周围空气密度的气体都称为重气，主要原因是气体的相对分子质量比空气大，或气体在释放或其他过程期间的因冷却作用所导致的低温的影响。

某一典型的烟团释放后，可能形成具有相近的垂直和水平尺寸的气云（源附近），重气云在重力的影响下向地面下沉，直径增加，而高度减少。由于重力的驱使，气云向周围的空气侵入，会发生大量的初始稀释，随后，由于空气通过垂直和水平界面的进一步卷吸，气云高度增加，充分稀释以后，通常的大气湍流超过重力影响而占支配地位，典型的高斯扩散特征便显示出来。

通过量纲分析和对现有的重气云扩散数据进行关联，建立了 Britter—McQuaid 模型。该模型对于瞬时或连续的地面重气释放非常适合。假设释放发生在周围环境温度下，以及没有小液滴生成，发现大气稳定度对结果很少有影响，且不是模型的一部分，大多数数据都来自于开阔乡村平坦地形上的扩散试验，因此，模型计算的结果不适用于地形对扩散影响很大的地区。

该模型需要给定初始气云体积、初始烟羽体积流量、释放持续时间、初始气体密度，同时还需要 10 m 高处的风速、下风向距离和周围气体密度。

要确定重气模型是否适用时，初始气云浮力定义为：

$$g_0=g\ (\rho_0-\rho_a)/\rho_a \tag{3—74}$$

式中 g_0——初始浮力系数，m/s^2；

g——重力加速度，m/s^2；

ρ_0——泄漏物质的初始密度，kg/m^3；

ρ_a——周围环境空气的密度，kg/m^3。

特征源尺寸，依赖于释放的类型，也可以另定义，对于释放泄漏：

$$D_c=\left(\frac{q_0}{u}\right)^{1/2} \tag{3—75}$$

式中 D_c——重气连续泄漏的特征源尺寸，m；

q_0——重气扩散的初始烟羽体积流量，m^3/s；

u——10 m 高处的风速，m/s。

对于瞬时释放，特征源尺寸定义为：

$$D_i=V_0^{1/3} \tag{3—76}$$

式中 D_i——重气瞬时释放的特征源尺寸，m；

V_0——泄漏的重气物质的初始体积，m^3。

对于十分厚重的气云，需用重气云表述的准则是，对于连续释放：

$$\left(\frac{g_0 q_0}{u^3 D_c}\right)^{1/3}\geqslant 0.15 \tag{3—77}$$

对于瞬时释放：

$$\frac{\sqrt{g_0 V_0}}{u D_i} \geqslant 0.20 \tag{3—78}$$

如果满足这些准则，那么图 3—16 和图 3—17 就可以用来估算下风向的浓度。表 3—8 和表 3—9 给出了图中关系的方程。

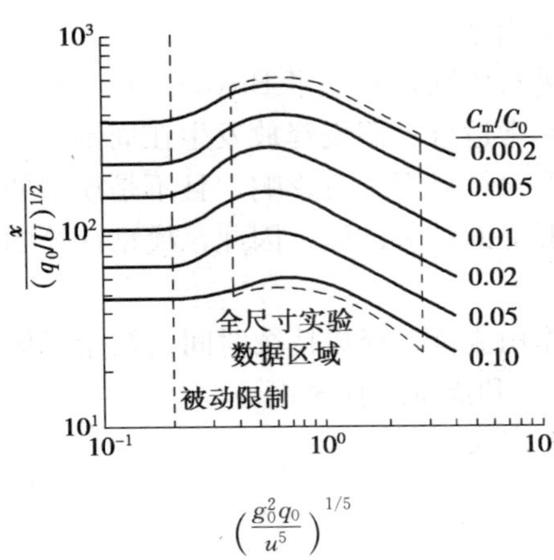

图 3—16 重气烟羽扩散的 Britter—McQuaid 关系模型

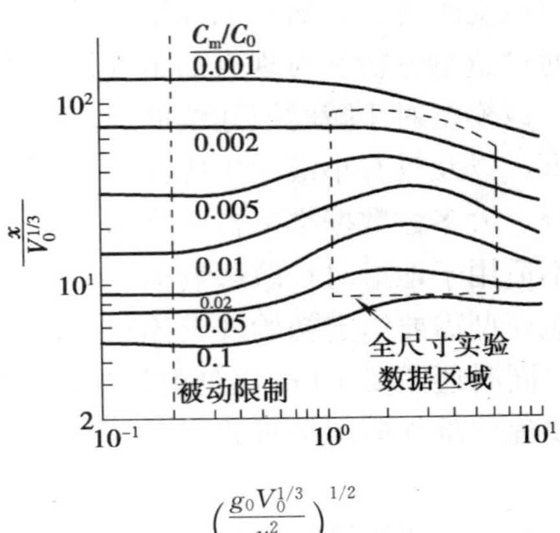

图 3—17 重气烟团扩散的 Britter—McQuaid 关系模型

表 3—8 描述图 3—16 中给出的烟羽 Britter—McQuaid 模型的关系曲线的近似方程

浓度比（C_m/C_0）	$\alpha=\log\left(\frac{g_0^2 q_0}{u^5}\right)^{1/5}$ 的有效范围	$\beta=\log\left[\frac{x}{(q_0/u)^{1/2}}\right]$
0.1	$\alpha \leqslant -0.55$ $-0.55<\alpha \leqslant -0.14$ $-0.14<\alpha \leqslant 1$	1.75 $0.24\alpha+1.88$ $0.50\alpha+1.78$
0.05	$\alpha \leqslant -0.68$ $-0.68<\alpha \leqslant -0.29$ $-0.29<\alpha \leqslant -0.18$ $-0.18<\alpha \leqslant 1$	1.92 $0.36\alpha+2.16$ 2.06 $-0.56\alpha+1.96$
0.02	$\alpha \leqslant -0.69$ $-0.69<\alpha \leqslant -0.31$ $-0.31<\alpha \leqslant -0.16$ $-0.16<\alpha \leqslant 1$	2.08 $0.45\alpha+2.39$ 2.25 $-0.54\alpha+2.16$

续表

浓度比 (C_m/C_0)	$\alpha=\log\left(\frac{g_0^2q_0}{u^5}\right)^{1/5}$的有效范围	$\beta=\log\left[\frac{x}{(q_0/u)^{1/2}}\right]$
0.01	$\alpha\leqslant-0.70$ $-0.70<\alpha\leqslant-0.29$ $-0.29<\alpha\leqslant-0.20$ $-0.20<\alpha\leqslant1$	2.25 $0.49\alpha+2.59$ 2.45 $-0.52\alpha+2.35$
0.005	$\alpha\leqslant-0.67$ $-0.67<\alpha\leqslant-0.28$ $-0.28<\alpha\leqslant-0.15$ $-0.15<\alpha\leqslant1$	2.40 $0.59\alpha+2.80$ 2.63 $-0.49\alpha+2.56$
0.002	$\alpha\leqslant-0.69$ $-0.69<\alpha\leqslant-0.25$ $-0.25<\alpha\leqslant-0.13$ $-0.13<\alpha\leqslant1$	2.6 $0.39\alpha+2.87$ 2.77 $-0.50\alpha+2.71$

表 3—9 描述图 3—17 中给出的针对烟团的 Britter—McQuaid 模型的关系曲线的近似方程

浓度比 (C_m/C_0)	$\alpha=\log\left(\frac{g_0V_0^{1/3}}{u^2}\right)^{1/2}$的有效范围	$\beta=\log\left(\frac{x}{V_0^{1/3}}\right)$
0.1	$\alpha\leqslant-0.44$ $-0.44<\alpha\leqslant0.43$ $-0.43<\alpha\leqslant1$	0.70 $0.26\alpha+0.81$ 0.93
0.05	$\alpha\leqslant-0.56$ $-0.56<\alpha\leqslant0.31$ $0.31<\alpha\leqslant1.0$	0.85 $0.26\alpha+1.0$ $-0.12\alpha+1.12$
0.02	$\alpha\leqslant-0.66$ $-0.66<\alpha\leqslant0.32$ $0.32<\alpha\leqslant1$	0.95 $0.36\alpha+1.19$ $-0.26\alpha+1.38$
0.01	$\alpha\leqslant-0.71$ $-0.71<\alpha\leqslant0.37$ $0.37<\alpha\leqslant1$	1.15 $0.34\alpha+1.39$ $-0.38\alpha+1.66$
0.005	$\alpha\leqslant-0.52$ $-0.52<\alpha\leqslant0.24$ $0.24<\alpha\leqslant1$	1.48 $0.26\alpha+1.62$ $0.30\alpha+1.75$

续表

浓度比（C_m/C_0）	$\alpha=\log\left(\frac{g_0V_0^{1/3}}{u^2}\right)^{1/2}$的有效范围	$\beta=\log\left(\frac{x}{V_0^{1/3}}\right)$
0.002	$\alpha\leqslant0.27$ $0.27<\alpha\leqslant1$	1.83 $-0.32\alpha+1.92$
0.001	$\alpha\leqslant-0.10$ $-0.10<\alpha\leqslant1$	2.075 $-0.27\alpha+2.05$

确定释放是连续的还是瞬时的准则，可使用如下公式计算：

$$\frac{uR_d}{x} \tag{3—79}$$

式中 R_d——泄漏持续时间，s；

x——下风向的空间距离，m。

如果该数值大于或等于 2.5，那么重气释放被认为是连续的。如果该数值小于或等于 0.6，那么释放被认为是瞬时的，如果介于两者之间，那么用连续模型和瞬时模型来计算浓度，并取最大的浓度结果。

对于非等温释放，Britter－McQuaid 模型推荐了两种稍微有所不同的计算方法。第一种计算方法，对初始浓度进行了修正，第二种计算方法，在将物质带入到周围环境温度的源处，假设热量相加，这限制了热量传递的影响。对于比空气轻的气体（例如，甲烷或液化天然气），第二种计算方法无意义。如果这两种方法计算的结果相差很小，那么非等温影响假设可以忽略。如果两种计算结果相差在 2 倍以内，那么使用最大浓度或最差的计算结果。如果两者相差很大（大于 2 倍以上），那么就选择最大的或最差的浓度，但是使用更加详细的方法，进行更深入的研究可能是值得的。

Britter－McQuaid 模型是一种无量纲分析技术，它基于由实验数据建立的相关关系，然而，因该模型仅仅建立在来自开阔平坦的乡村地形的实验数据之上，因而，仅适用于这些类型的释放，该模型也不能解释诸如释放高度、地面粗糙度和风速的影响。

例 3—5 计算液化天然气（LNG）泄漏时，在下风向多远处其浓度等于燃烧下限，即 5％的蒸气体积浓度。假设周围环境的条件是 298 K 和 101 kPa。已知数据如下：液体泄漏速率 0.23 m^3/s；泄漏持续时间（R_d）174 s；地面 10 m 高处的风速（u）为 10.9 m/s；LNG 的密度为 425.6 kg/m^3；LNG 在其沸点－162℃下的蒸气密度为 1.76 kg/m^3。

解：体积泄漏速率由下式给出：

$$q_0=0.23\times(425.6/1.76)=55.6\ (\mathrm{m^3/s})$$

周围空气密度由理想气体定律计算，结果为 1.22 kg/m³，因此，由式（3—74）得：

$$g_0=g\left(\frac{\rho_0-\rho_a}{\rho_a}\right)=9.8\times\left(\frac{1.76-1.22}{1.22}\right)=4.34\ (\mathrm{m/s^2})$$

步骤 1. 确定泄漏是连续的还是瞬时的。对该例题，由式（3—79），对于连续泄漏，结果必须大于 2.5，将需要的数据代入：

$$\frac{uR_d}{x}=\frac{10.9\times174}{x}\geqslant2.5$$

对于连续泄漏，有：　$x\leqslant758\ (\mathrm{m})$

即最终的距离必须小于 758 m。

步骤 2. 确定是否用重气云模型。使用式（3—75）和式（3—77），带入数据，得到：

$$D_c=\left(\frac{q_0}{u}\right)^{1/2}=\left(\frac{55.6}{10.9}\right)^{1/2}=2.26\ (\mathrm{m})$$

$$\left(\frac{g_0q_0}{u^3D_c}\right)^{1/3}=\left[\frac{4.29\times55.6}{10.9^3\times2.26}\right]^{1/3}=0.44\geqslant0.15$$

很明显，应该使用重气云模型。

步骤 3. 校准非等温扩散的浓度。Britter—MacQuaid 模型提供了考虑非等温蒸气泄漏的浓度校准方法，如果初始浓度是 C^*，那么有效浓度是：

$$C=\frac{C^*}{C^*+(1-C^*)(T_a/T_0)}$$

式中　T_a——周围环境温度；

T_0——源的温度。

两者都是绝对温度。对于需要的浓度 0.05，求解 C 的方程，给出了有效浓度 0.019。

步骤 4. 由图 3—16 计算无量纲数：

$$\left(\frac{g_0^2q_0}{u^5}\right)^{1/5}=\left[\frac{4.34^2\times55.6}{10.9^5}\right]^{1/5}=0.369$$

$$\left(\frac{q_0}{u}\right)^{1/2}=\left(\frac{55.6}{10.9}\right)^{1/2}=2.26\ (\mathrm{m})$$

步骤 5. 用图 3—16 确定下风向距离。气体的初始浓度 C_0 是纯净的 LNG，因

此 $C_0=1.0$，$C_m/C_0=0.019$，由图 3—16 得：

$$\frac{x}{\left(\frac{q_0}{u}\right)^{1/2}}=126$$

因此，$x=2.26\times126=285$（m）。相比较，由经验确定的距离是 200 m。

第九节　释放动量和浮力的影响

图 3—12 表明，烟团或烟羽的释放特性依赖于释放的初始动量和浮力，初始动量和浮力改变了释放的有效高度。发生在地面，但汽化液体向上做管口喷射的释放比没有喷射的释放具有更高的有效高度。同样，温度高于周围环境空气温度的蒸气的释放，由于浮力作用而上升，从而增加了释放的有效高度。

这两种影响通过如图 3—18 所示的典型烟囱排放得到了说明。从烟囱排放的物质具有动量，这是基于烟囱内向上的速度，同时也具有浮力，因为其温度高于周围环境温度，因此，当物质从烟囱中排放出来后，它将持续上升。随着排放物质的冷却和动量的消失，上升速度变慢，直至最后停止上升。

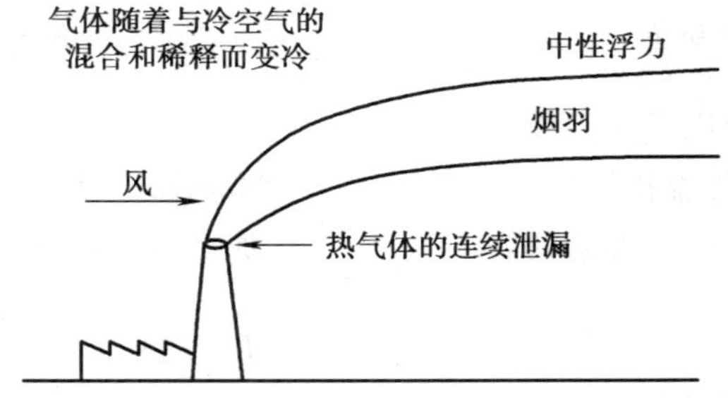

图 3—18　烟囱烟羽证明了热气体的初始浮力上升

对烟囱排放，Turner 建议使用 Holland 经验公式计算来自排放浮力和动量的额外高度：

$$\Delta H_r=\frac{\bar{u}_s d}{\bar{u}}\left[1.5+2.68\times10^{-3}pd\left(\frac{T_s-T_a}{T_s}\right)\right] \tag{3—80}$$

式中　ΔH_r——释放高度 H_r 的修正值；

$\bar{u}_s$——烟囱内气体的排出速度，m/s；

d——烟囱内径，m；

$\bar{u}$——风速，m/s；

p——大气压力，kPa；

T_s——烟囱内气体温度，K；

T_a——空气温度，K。

对于比空气重的蒸气，如果物质是在地面上方某一高度释放，那么物质最初将向地面下沉，直到其充分扩散后气云密度减小。

本 章 小 结

泄漏是化工企业常见的一种事故形式，并很可能引发火灾、爆炸及中毒等二次事故的发生。本章通过介绍化工企业中常见的泄漏源，重点讲解了不同情况下泄漏速率的计算方法，如液体泄漏、气体或蒸气泄漏、液体闪蒸、液体蒸发等。

一旦泄压系统失效，事故泄漏的大量易燃、易爆物质就会进入大气环境，尤其是有毒有害物质的泄漏，不但污染环境，还可能导致周围人员及居民中毒，因此对泄漏物质（尤其是气体或蒸气）在大气环境中的运移扩散过程进行预测，在化工企业的风险分析和安全评价中是非常重要的。本章最后通过对大气扩散模式及影响因素的介绍，重点讲述了如何使用中性浮力扩散模型和重气扩散模型预测泄漏气体或蒸气在大气环境中的浓度分布，并就泄漏初始动量及浮力对扩散过程的影响进行了简单的介绍，以期提高学生对泄漏事故后果进行工程分析和判断的能力。

复习思考题

1. 化工企业中常见的泄漏源有哪些？

2. 根据泄漏机理的不同，泄漏可分为哪几种形式？试举例说明。

3. 13:00，工厂的操作人员注意到输送苯的管道中的压力降低了，压力被立即回复为 690 kPa。14:30，管道上发现了一个直径为 6.35 mm 的小孔并立即进行了修补。请估算流出来的苯的总质量，苯的相对密度为 0.879 4。

4. 圆柱形苯储罐高 6.1 m，直径 2.44 m，储罐内充装有氮气以防止爆炸，罐内表压为 1 个标准大气压且恒定不变，目前储罐内的液面高度为 5.2 m。由于疏忽，铲车驾驶员将离地面 1.52 m 的罐壁上撞出一个直径为 25.4 mm 的小孔。请估算：①流出来多少苯？②苯全部流出需要多长时间？③苯通过小孔的最大质量流量是多少？该条件下苯的相对密度为 0.879 4。

5. 一个直径为 30.48 m、高为 6.096 m 的储罐在离罐顶 0.609 6 m 以下都装有原油。如果与储罐底部相连的一个直径为 152.4 mm 的管道断裂并脱离了储罐，导致原油泄漏。如果需要 30 min 的应急反应时间来阻止泄漏，估算原油的最大泄漏量。储罐与大气相通，原油的相对密度为 0.9。

6. 内径为 3 cm 的管道同容量为 1 t 的氮气储罐断开了，如果储罐内的初始压力为 800 kPa，请估算气体的最大质量流量（kg/s）。温度为 25℃，周围环境压力为 1 atm（101 kPa）。

7. 液氨存储在温度为 24℃、压力为 1.4×10^6 Pa 的储罐中，一根直径为 0.094 5 m的管道在离储罐很近的地方断裂了，使闪蒸的氨漏了出来，液氨在此温度下的饱和蒸气压是 0.968×10^6 Pa，密度是 603 kg/m^3。请计算通过该孔的质量流量。假设是平衡闪蒸。

8. 丙烯存储在温度为 25℃、压力为其饱和蒸气压的储罐中，储罐上有一个 1 cm直径的洞。请估算在该情况下，通过该洞流出的丙烯的质量流量。已知：$\Delta H_v=3.34\times10^5$ J/kg；$v_{fg}=0.042$ m^3/kg；$p^{sat}=1.15\times10^6$ Pa；$C_p=2.18\times10^3$ J/(kg·K)。

9. 一个直径为 1 524 mm 的装有甲苯的大型敞口储罐，假设温度为 298 K，压力为 1 atm（101 kPa），试估算该储罐中甲苯的蒸发速率。

10. 气体或蒸气的扩散方式有哪几种?

11. 影响气体或蒸气扩散的因素有哪些？它们是如何影响扩散过程的?

12. 一个正在燃烧的煤堆估计以 3 g/s 的速度释放出氧化氮，计算下风向 3 km 处由该释放源产生的氧化氮平均浓度是多少？已知风速为 7 m/s，释放发生在一个多云的夜晚，假设煤堆为地面点源。

13. 垃圾焚化炉有一个有效高度为 100 m 的烟囱，在一个阳光充足的白天，风速为 2 m/s，在下风向径直 200 m 处测得的二氧化硫浓度为 5.0×10^{-5} g/m^3，请估算从该烟囱排放出的二氧化硫的质量流量（g/s）。

14. 硅片的制造需使用乙硼烷，某工厂使用了一瓶 250 kg 的乙硼烷，假设现在瓶破裂了，乙硼烷瞬时释放了出来。请确定释放发生 15 min 后蒸气云的位置和气云中心的浓度，以及气云需要运移多远和多长时间才能将最大浓度减小到 5 mg/m^3。

第四章 化工单元操作安全技术

本章学习目标

1. 熟悉物料输送单元操作危险特性及安全措施。
2. 熟悉熔融和干燥单元操作危险特性及安全措施。
3. 熟悉蒸发和蒸馏单元操作危险特性及安全措施。
4. 熟悉冷却、冷凝和冷冻单元操作危险特性及安全措施。
5. 熟悉筛分和过滤单元操作危险特性及安全措施。
6. 熟悉粉碎和混合单元操作危险特性及安全措施。

第一节 物料输送

在化工生产过程中，经常需将各种原材料、中间体、产品以及副产品和废弃物由前一工序输往后一工序，或者将其由一个车间输往另一个车间以及输往储运地点，这些输送过程在现代化工企业中，是借助于各种输送机械设备实现的，由于所输送的物料形态不同（块状、粉态、液态、气态等），因而所采用的输送设备也不尽相同。

不论何种形式的输送，保证它的安全运行都十分重要，否则一处受阻将危及整个生产。

一、固体物料的输送

固体物料的输送，在实际生产中多采用皮带输送机、螺旋输送器、刮板输送机、链斗输送机、斗式提升机以及气力输送（风送）等多种形式，有的还可以利用位差采用密闭溜槽等简单方式进行输送。

1. 皮带、刮板、链斗、螺旋、斗式提升机等输送设备

这类输送设备连续往返运转，可连续加料，连续卸载。在运行中除设备本身会发生事故外，还会造成人身伤害。

(1) 传动部分。

1) 皮带传动。皮带应根据输送物料的性质、负荷情况、运转速度及传动动率大小进行合理选择，要有足够的强度，皮带胶接应平滑，并要根据负荷调整松紧度。要防止在运行过程中，因高温物料烧坏皮带，或因斜偏刮挡撕裂皮带的事故发生。

皮带同皮带轮接触的部位，对于操作者是极其危险的部位，可造成断肢伤害甚至危及生命安全。这个部位应安装防护罩，因检修拆卸下的防护罩，事后应立即恢复。

2) 齿轮传动。齿轮传动的安全运行，在于齿轮同齿轮以及齿轮同齿条、链条的很好啮合，并要求具有足够的强度。此外，要严密注意负荷的均匀，物料的粒度以及混入其中的杂物，防止因卡料而拉断链条、链板，甚至拉毁整个输送设备机架。

对于斗式提升机应有因链带拉断而坠落的防护装置，对于链斗输送机还应注意下料器的操作，防止下料过多、料面过高造成链带拉断，另一方面还要注意下料器摇把反转伤人。

对于螺旋输送器，要注意螺旋导叶与壳体间隙、物料粒度和混入杂物（如铁钉、铁块等），以防止挤坏螺旋导叶与壳体。

同样，齿轮与齿轮、齿条、链带相啮合的部位，也是极其危险的。该处连同它的端面均应采取防护措施，防止发生重大人身伤亡事故。

3) 轴、联轴节、联轴器、键及固定螺钉。这些部位表面光滑程度有限、有突起，特别是固定螺钉不准超长，否则在高速旋转中易刮到人。因此这些部位要安装防护罩，并不得随意拆卸。

(2) 输送设备的开、停车。物料输送设备的开、停，在生产中有自动开停和手动开停系统，有预防故障而装设的事故自动停车和就地手动事故按钮停车系统，为保证输送设备安全，应安装超负荷、超行程停车装置，紧急事故停车开关应设在操作者经常停留的部位，停车检修，开关应上锁或撤掉电源。

对于长距离输送系统，应安装开停车联系信号（声、光信号或通话装置），以及给料、输送、中转系统的自动联锁装置或程序控制系统。

(3) 输送设备的日常维护。在输送设备的日常维护中，润滑、加油和清扫工

作，是操作者致伤的主要机会。因此，减少这类工作次数就可以减少操作者发生危险的概率，所以，要安装自动注油和清扫装置，否则应一律停车处理。

2. 气力输送

气力输送又称风力输送，它主要凭借真空泵或风机产生的气流动力以实现物料输送。按其工作特点可分四种类型：①吸送式系统；②压送式系统；③封闭循环系统；④特殊式系统。其中常见的是吸送式和压送式系统。

（1）吸送式系统。吸送式气力输送也称为负压输送，该系统的风机或真空泵安装在系统的尾部，靠机泵形成的吸力将空气与物料一起吸入，经分离器将物料与空气分离，由分离器底部排出，空气则由除尘器净化后排入大气或循环使用。

吸送式系统又可分为低压（负压值＜34.3 kPa）吸送和真空吸送系统。而真空系统又可分为高真空（负压值＞－34.3 kPa）和低真空（负压值＜－34.3 kPa）系统。

真空输送系统具有输送量大、动力消耗小、防尘效果好、系统紧凑、工作可靠和磨损小等优点，宜于输送干燥、松散、流动性好的粉状物料。

（2）压送式系统。风机是装在系统的前端，风机启动后，管道压力高于大气压，从料斗下来的物料通过喉管与空气混合送至分离器，被分离出的物料经卸料器卸出，空气经除尘器净化后排入大气。一般低压输送，其压力在 0.2 MPa 以下，而高压输送，其压力为 2～7 MPa。该系统加料器结构复杂，且加料装置需一定的高度，适宜于长距离输送。

气力输送系统密封性好、物料损失少、构造简单、操作简便，易实现自动化且输送距离远（达数百米），但能量消耗大、管道磨损大，不适于输送湿度大、易黏结的物料。

从安全技术考虑，气力输送系统除设备本身因故障损坏外，最大的问题是系统的堵塞和由静电引起的粉尘爆炸。

1）堵塞。易发生堵塞的有下述几种情况：①具有黏性或湿度过高的物料较易在供料处、转弯处粘附管壁最终造成堵塞，悬浮速度高的物料比悬浮速度低的物料较易沉淀堵塞；②管道连结不同心，有错偏或焊渣突起等障碍处易堵塞；③大管径长距离输送管比小管径短距离输送管，更易发生堵塞；④输料管径突然扩大，物料在输送状态中突然停车易造成堵塞。

最易堵塞的部位是弯管和供料处附近的加速段，由水平向垂直过渡的弯管也易堵塞。为避免堵塞，设计时应确定合适的输送速度，以及选择管系的合理结构和布置形式，应尽量减少弯管，尤其要少用由水平向垂直过渡的弯管，严禁两个弯管直接连接，其间距最小应为管径的40倍，并采用弯转半径较大的弯管。对于卸船用的吸送装置，吸送管道最好处在夹角大于10°的情况下工作，对压送装置可在弯管前、后及加速段设置增压器。

通常物料管壁厚为3～8 mm，对于固定式装置和输送磨削性物料应采用管壁较厚的管子，管内表面要求光滑、不准有皱褶或凸起。

此外，气力输送系统应保持良好的严密性，否则，吸送式系统的漏风会导致管道堵塞，而压送式系统漏风，会将物料带出污染环境。

2）静电。粉料在气力输送系统中，同管壁摩擦而使系统产生静电，这是导致粉尘爆炸的重要原因之一，因此，必须采取下列措施加以消除：①粉料输送应选用导电性材料制造管道，并应有良好的接地，如采用绝缘材料管道，且能产生静电时，管外应采取接地措施；②应对粉料的粒度、形状，物料与输送管道材料的匹配，管道直径大小问题等进行试验，优选产生静电小的进行配置；③输送管道直径要尽量大些，管路弯曲和变径应缓慢，弯曲和变径处要少，管内壁应平滑、不要装设网格之类的部件；④输送速度不应超过规定风速值，输送量不应有急剧的变化；⑤粉料不要堆积管内，要定期使用空气进行管壁清扫。

二、液体物料的输送

在化工生产中，经常遇到液态物料沿管道输送，高处的物料借其位能就能实现由高处输往低处，而为将液态物料由低处输往高处，由一地输往另一地（水平输送），由低压处输往高压处，以及为保证一定流量克服阻力所需要的压头，都要依靠泵这种设备去完成。

由于化工生产中输送的液体物料种类繁多、性质各异（有高黏性溶液、悬浮液、腐蚀性溶液等），且温度、压强又有高低之分，因此，所需要泵的种类较多，通常可分为：往复泵、离心泵、旋转泵、流体作用泵等四类。

1. 往复泵

往复泵主要由泵体、活塞（或活柱）和两个单向活门构成，依靠活塞的往复运动将外能以静压力形式直接传给液态物料，借以输送。往复泵按其吸入液体动作可分为单动、双动及差动往复泵。

值得指出的是，蒸汽往复泵以蒸汽为驱动力，其优点是不用电和其他动力，因此可以避免产生火花，特别适用于输送易燃液体。当输送酸性和悬浮液时，选用隔膜往复泵较为安全，因为用耐磨、耐腐蚀的橡胶和特种金属制成的隔膜将物料与活塞隔开，使其不受损坏。

往复泵开动前，需对各运动部件进行检查，观其活塞、缸套是否磨损，吸液管上的垫片是否适合法兰大小，以防泄漏，各注油处应适当加润滑油。

开车时，将泵体内壳充满水，排除缸中空气，若出口装有阀门，必须将出口阀门打开。

需要特别注意的是往复泵等正位移泵严禁用出口阀门调节流量，否则将造成事故。

2. 离心泵

离心泵不同于往复泵，它是将机械能通过泵体内高速旋转的叶片给液体以动能，再由动能转化成静压能，然后排出泵外。由于离心力的作用，使叶轮通道内的液体被排出，此时叶轮进口处呈负压，液体则被吸入。这样，液体可源源不断地被吸入和送出，而且不需要安设吸入和压出活门。

按液体吸入方法，离心泵可分为单吸式、双吸式，按泵中叶轮数目又可分为单级和多级，按其产生压强大小，在 20 m 水柱以下，称为低压泵；20～50 m 水柱之间称为中压泵；50 m 水柱以上为高压泵（1 m 水柱＝9.8 kPa）。

离心泵在开动前，泵内和吸入管必须用液体充满或采取其他措施以防气缚现象发生。如在吸液管装单向阀门，使泵在停止工作时，泵内液体不致流空，也可以将泵置于吸入液面之下或采用自引式离心泵都可将泵内空气排尽。

操作前及时压紧填料函，但不要过紧、过松，以防磨损轴部或使物料喷出，停车时慢慢关闭泵出口阀门，使泵进入空转，使用后放净泵与管道内积液，以防冬季冻坏设备、管道。

在输送可燃液体时，其管道内流速不应大于安全流速，且管道应有可靠的接地措施以防静电，同时要避免吸入口产生负压，使空气进入系统导致爆炸或抽瘪设备。

固定安装离心泵时，需要坚固的混凝土基础，但基础不应与墙壁、设备或房柱基础相连接，以免产生共振。为防止杂物进入泵体，吸入口应加滤网，泵与电动机之间的联轴节应加防护罩以防绞伤。在化工生产中，如所要求输送的液体物料是不允许中断的，则需要考虑配置备用泵和备用电源。

3. 旋转泵

旋转泵同往复泵一样，同属于正位移泵，同往复泵的主要区别是泵中没有活门，只有在泵中旋转着的转子，它就是依靠旋转时排送液体，留出空间形成低压将液体连续吸入和排出。

常见的旋转泵有：齿轮泵、转子泵、螺旋泵、偏心旋转泵和叶片泵等。

旋转泵的流量仅与转子的转速有关，几乎不随压强而变化，较往复泵更均匀。旋转泵压头大、流量小，因为它无活门，故宜输送黏度大的液体，如油类物料等。除特殊结构外，由于缝隙小不宜输送含固体的悬浮液，耐腐蚀材料制造的转子泵，则可用于输送腐蚀性流体。

因为旋转泵属正位移泵，故流量不能用出口管路上的阀门进行调节，而用改变转子转速或装回流支路调节流量。旋转泵结构简单、紧凑，操作可靠，管理和使用方便，且转速较高可与电动机直接相连，因此常用于化工生产。

4. 流体作用泵

这类泵的特点为无活动部分，液体物料的输送主要靠空气的压力，或运动着的流体本身。前者如空气升液器，由于这类泵无活动部分且结构简单，因此可衬以耐酸或耐腐蚀材料，在化工生产中有着特殊的用途。

空气升液器等是以空气为动力的设备，因此应有足够的耐压强度，在输送有爆炸性或燃烧性物料时，要采用氮、二氧化碳等惰性气体代替空气，以防造成燃烧或爆炸。

喷射泵系用工作流体流动时发生静压能与动能的相互转换，以吸入和排出液体，此泵压头小，效率低，输送物料会被工作流体稀释。

总之，对于易燃液体不能采用压缩空气压送，因为空气与易燃液体蒸气混合，可形成爆炸性混合物，且有产生静电的可能。

对于闪点很低的易燃液体，应用氮或二氧化碳等惰性气体压送，闪点较高及沸点在 130℃以上的可燃液体，如有良好的接地装置，可用空气压送。输送易燃液体采用蒸气往复泵较为安全，如采用离心泵，则泵的叶轮应用有色金属或塑料制造，以防撞击发生火花，设备和管道应良好接地，以防静电引起火灾。

临时输送液体的泵和管道（胶管）连接处必须紧密、牢固，以免输送过程中胶管受压脱落、漏料而引起火灾。

三、气体物料的输送

气体与液体不同之处是气体具可压缩性，因此在其输送过程中，当气体压强发生变化，其体积和温度也随之变化。

在化工生产中，用于气体物料输送的设备种类较多，按气体运动方式可分为四类。

1. 往复压缩机

利用汽缸内活塞的往复运动，使气体压缩，往复压缩机又可分为以下几类：

（1）按压缩机汽缸的活门装置可分为平动与双动压缩机。

（2）按压缩机汽缸位置，可分为横卧、直立、V形、W形和星形等压缩机。

（3）按气体受压缩的级数，可分为单级式（压缩比 $p_2/p_1=2\sim8$），双级式（$p_2/p_1=8\sim50$）与多级式（$p_2/p_1=50\sim1\ 000$）压缩机。

（4）按汽缸排列方法，可分为串列和并列的多级压缩机。

（5）按压缩机传动方式，可分为动力（电动机或其他种动力带动）与蒸汽传动压缩机。

（6）按生产能力，分为小型（10 m^3/min以下）、中型（10～30 m^3/min）和大型（30 m^3/min以上）压缩机。

（7）按压缩机产生的压强分，可分为低压（小于1 MPa）、中压（1～8 MPa）和高压（8～100 MPa）压缩机。

（8）还可按被压缩的气体分为空气压缩机、氢气压缩机、氨气压缩机、氮气压缩机以及裂解气压缩机、甲烷压缩机等。

2. 旋转压缩机

利用机壳中一个或两个转子的不断旋转，与机壳间间歇地形成一种密闭的空间将气体吸入，在连续旋转时，空间缩小将气体压缩，最后排入压出导管。旋转压缩机按其压缩比可分为两类：一类可产生较高的压缩比值，如转动活板压缩机和液环泵；另一类只能产生非常低的压缩比，如旋转鼓风机其终压不超过80 kPa。

气体输送方法，根据压力不同可采用送风机、鼓风机和真空泵。

（1）送风机所产生的压力不超过14.7 kPa。

（2）鼓风机所产生压力为15.2～202.6 kPa。

（3）压缩机所产生压力为202.6 kPa以上。

（4）真空泵所产生压力低于大气压，真空泵又分为往复真空泵、液环真空泵和喷射泵等。

输送可燃气体，采用液环泵比较安全，抽送或压送可燃性气体时，进气吸入口应该经常保持一定余压，以免造成负压吸入空气形成爆炸性混合物（雾化的润滑油或其分解产物与压缩空气混合，同样会产生爆炸性混合物）。

为避免压缩机汽缸、储气罐以及输送管路因压力增高而引起爆炸，要求这些部分要有足够的强度，此外要安装经校验准确可靠的压力表和安全阀（或爆破片），安全阀泄压应将其危险气体导至安全的地方，还可安装压力超高报警器、自动调节装置或压力超高自动停车装置。

必须注意，压缩机在运行中不能中断润滑油和冷却水，并注意冷却水不能进入汽缸，以防发生水锤。对于氧压机严禁与油类接触，一般采用含10%以下甘油的蒸馏水作为润滑剂，其中水的含量应以汽缸壁充分润滑而不产生水锤为准（约每分钟80～100滴）。

气体抽送、压缩设备上的垫圈易损坏漏气，应经常检查及时修换。

对于特殊压缩机，应根据压送气体物料的化学性质的不同而有不同的安全要求。如乙炔压缩机同乙炔接触的部件就不允许用铜来制造，以防产生比较危险的乙炔铜等。

可燃气体的输送管道，应经常保持正压，并根据实际需要安装逆止阀、水封和阻火器等安全装置。易燃气体、液体管道不允许同电缆一起敷设，而可燃气体管道同氧气管一同敷设时，氧气管道应设在旁边，并保持250 mm的净距，管内可燃气体流速不应过高，管道应良好接地以防止静电引起事故。对于易燃、易爆气体或蒸气的抽送、压缩设备的电动机部分，应采用防爆型，否则，应穿墙隔离设置。

第二节　熔融和干燥

一、熔融

在化工生产中，常常需将某些固体物料（如氢氧化钠、氢氧化钾、萘、硫酸钠等）熔融之后进行化学反应。

从安全技术角度出发，熔融这一单元操作的主要危险来源于被熔融物料的化学性质、固体质量，熔融时的黏稠程度、熔融中副产物的生成、熔融设备、加热方式以及被熔物料的破碎等方面。

1. 熔融物料的危险性质

被熔固体物料本身的危险特性对操作安全是有很大影响的。譬如，熔融过程中的碱，可使蛋白质变为胶状碱蛋白的化合物，又可使脂肪变为胶状皂化物质。所以碱比酸具有更强的渗透能力，且深入组织较快，因此碱灼伤要比酸灼伤更为严重。尤其在固碱粉碎、熔融过程中，碱屑或碱液飞溅至眼部更具危险性，不仅使眼角膜、结膜立即坏死糜烂，同时向深部渗入损坏眼球内部，致使视力严重减退、失明或眼球萎缩。

2. 熔融物的杂质

熔融物的杂质对安全操作也是十分重要的，譬如，在碱熔过程中，碱和硫酸盐的纯度是该过程中影响安全的最重要因素之一。假如碱和硫酸盐中含有无机盐杂质，应尽量除去。否则，其无机盐杂质不熔融、而是呈块状残留于反应物内，块状杂质的存在，妨碍反应物质的混合，并能使其局部过热、烧焦，致使熔融物喷出烧伤操作人员，因此必须经常消除锅垢。

3．物质的黏稠程度

能否安全进行熔融，与反应设备中物质的黏稠程度有密切关系，反应物质流动性越好，熔融过程就越安全。

为使熔融物具有较好的流动性，可用水将碱适当稀释，当氢氧化钠或氢氧化钾有水存在时，其熔点就显著降低，从而可以使熔融过程在危险性较小的低温下进行。

在化学反应中，使用40%～45%的碱液代替固碱较为合理，这样可以免去固碱粉碎及其熔融过程。在必须用固碱时，最好使用片碱。

4．碱熔设备

碱熔设备一般分为常压操作与加压操作两种，常压操作一般采用铸铁锅，加压操作一般采用钢制设备。

熔融是在搅拌下进行的，使之加热均匀，以免局部过热。对液体熔融物（如苯磺酸钠）可用桨式搅拌，对于非常黏稠的糊状熔融物，则可采用锚式搅拌。

熔融过程是在150～350℃下进行的，一般采用烟道气加热，也可采用油浴或金属浴加热，使用煤气加热，应注意煤气的泄漏引起爆炸或中毒。

对于加压熔融的操作设备，应安装压力表、安全阀和排放装置。

二、干燥

在化工生产中，将固体与液体分离可采用过滤的方法，要进一步除去固体中的液体就得采用干燥的方法。

干燥按操作压强可分为常压和减压干燥；按操作方式可分为间歇式与连续式干燥；按干燥介质类别可分为空气、烟道气或其他干燥介质的干燥；按干燥介质与物料流动方式可分为并流、逆流和错流干燥。

此外，尚有升华（冷冻干燥）干燥、高频干燥和红外线干燥等新方法，就其干燥设备而言一般分为：①间歇式常压干燥器，如箱式干燥器；②间歇式减压干燥器，如减压干燥橱、附有搅拌器的减压干燥器；③连续式常压干燥器，如洞道式干燥器、多带式干燥器、回旋式干燥器、滚筒式干燥器、圆筒式干燥器、气流式干燥器和喷雾式干燥器等；④连续式减压干燥器，如减压滚筒式干燥器等。

在干燥方法中间歇式干燥比连续式干燥危险，因为在这类操作过程中，操作人员不但劳动强度大，而且还需在高温、粉尘或有害气体的环境下操作。

1. 间歇式干燥

间歇式干燥，物料大部分靠人力输送，热源采用热空气自然循环或鼓风机强制循环，温度较难控制，易造成局部过热导致的物料分解，引起火灾或爆炸。干燥过程中散发出来的易燃蒸气或粉尘同空气混合达到爆炸极限，遇明火、炽热表面和高温即燃烧爆炸。

因此，在干燥过程中，应严格控制干燥温度。根据具体情况，安装温度计、温度自动调节装置、自动报警装置以及防爆泄压装置，上述装置必须有专人负责，保证灵敏好用。

一切电气设备开关（非防爆的）均应装在室外或箱外，电热设备应搞好隔离措施，干燥室内不得存放易燃物，并要定期清除墙壁积灰。干燥物料中含有自燃点很低及其他有害杂质，必须在烘烤前彻底消除。利用电热烘箱烘物料能蒸发出可燃气体时，应将电热丝完全封闭，箱上加防爆安全门。

2. 连续干燥

连续干燥采用机械化操作，干燥过程连续进行，因此物料过热的危险性较小，且操作人员脱离了有害环境，所以连续干燥比间歇干燥安全。在洞道式、滚筒式干燥器干燥时，主要防止机械伤害，为此，应有联系信号及各种防护装置。

在气流干燥、喷雾干燥、沸腾床干燥以及滚筒式干燥中，多以烟道气、热空气为干燥热源，干燥过程中所产生的易燃气体和粉尘同空气混合易达到爆炸极限，在气流干燥中，物料由于迅速运动相互激烈碰撞、摩擦易产生静电，滚筒干燥中的刮刀有时同滚筒壁摩擦产生火花，这些都是很危险的。因此应严格控制干燥气流风速，并将设备接地，对于滚筒干燥应适当调整刮刀与筒壁间隙，并将刮刀牢牢固定，或采用有色金属材料制造刮刀，以防产生火花，用烟道气加热的滚筒式干燥器，应注意干燥的均匀，不可断料，滚筒不可中途停止运转，如有断料或停转应切断烟道气并通氮。

在干燥中注意采取措施，防止易燃物料与明火直接接触，干燥设备上应安装爆破片，并定期清理设备中的积灰。

3. 真空干燥

在干燥易燃、易爆的物料时，最好采用连续式或间歇式真空干燥比较安全，因为在真空条件下，易燃液体蒸发速度快、并且干燥温度可适当控制低一些，从而防止由于高温引起物料局部过热和分解，因此，大大降低了火灾、爆炸危险性。

当真空干燥后消除真空时，一定要使温度降低后方能放入空气，否则，空气过早放入，会引起干燥物着火或爆炸。

第三节　蒸发和蒸馏

蒸发与蒸馏都是很重要的化工单元操作，应用十分广泛，前者主要用于不挥发性固体物质溶于挥发性溶剂中溶液的蒸发或分离，后者主要用于不同沸点的两种或两种以上液体混合物的分离。

一、蒸发

蒸发是借加热作用使溶液中所含溶剂不断汽化、不断被除去，以提高溶液中溶质浓度或使溶质析出，使挥发性溶剂与不挥发性溶质分离的物理操作过程。如氯碱工业中的碱液提浓以及海水淡化等都是采用蒸发的办法。

蒸发按操作压力可分为常压蒸发、加压蒸发和减压蒸发（真空蒸发），按蒸发所需热量的利用次数可分为单效蒸发和多效蒸发。

蒸发所需设备称蒸发器，它一般由加热室和蒸发室两部分组成，但蒸发器种类较多，结构各异。按蒸发器操作所依据溶液循环原理可分为：

（1）自然循环蒸发器。溶液在设备内的循环是在加热情况下进行的，由于各部分溶液相对密度的不一致，以及蒸气流在运动过程中带动液体运动，使溶液得以循环。

（2）强制循环蒸发器。溶液在设备内的循环主要是依靠外界加入动力所导致的强制运动。

（3）单程蒸发器。液体在设备内仅加热一次，不作循环就可蒸发达到所需要求。

（4）其他操作原理的蒸发器。

从安全技术角度出发，凡蒸发的溶液，皆具有一定的特性。例如，溶质在浓缩过程中是否有结晶、沉淀和污垢生成，这些将导致传热效率的降低，并产生局部过热，因此，对加热部分需经常清洗。

对具有腐蚀性溶液的蒸发，尚须考虑设备的腐蚀问题，为了防腐，有的设备需要采用特种钢材制造。

对于热敏性溶液的蒸发，尚须考虑温度的控制问题，特别是由于溶液的蒸发产生结晶和沉淀，而这些物质又是不稳定的，局部过热可使其分解变质或燃烧、爆炸，则更应注意严格控制蒸发温度。

为防止热敏性物质的分解，可采用真空蒸发的方法，降低蒸发温度，或者使溶液在蒸发器内停留时间和与加热面接触时间尽量缩短。例如，采用单程循环、高速蒸发等。

二、蒸馏

蒸馏是借液体混合物各组分挥发度的不同，使其分离为纯组分的操作，它广泛用于化工生产中。蒸馏操作可分为间歇蒸馏和连续蒸馏，按操作压力可分为：①常压蒸馏（一般蒸馏）；②减压蒸馏（真空蒸馏）；③加压蒸馏（高压蒸馏）；④特殊蒸馏，如蒸气蒸馏、萃取蒸馏、恒沸蒸馏和分子蒸馏等。

用于蒸馏的设备称为蒸馏塔，按其塔板结构可分为填料塔、筛板塔、浮阀塔，泡罩塔、舌形塔、哨旋塔以及管式塔等多种形式塔器。

在安全技术上，对于蒸馏除应根据加热方法采取相应安全措施外，还应按物料性质、工艺要求正确选择蒸馏方法和蒸馏设备。在选择蒸馏方法时，应从操作压力及操作过程等方面加以考虑，因为操作压力的改变可直接导致液体沸点的改变，亦即改变液体的蒸馏温度。

在处理难以挥发的物料时（在常压下沸点 150℃以上）应采用真空蒸馏，这样可以降低蒸馏温度，防止物料在高温下变质、分解、聚合和局部过热现象的产生。

对于处理中等挥发性物料（沸点为 100℃左右），采用常压蒸馏较为适宜，如采用真空蒸馏，反而会增加冷却的困难。

对于常压下沸点低于 30℃的物料，则应采用高压蒸馏，但应注意设备密闭，低沸点的溶剂也可以采用常压蒸馏，但应设一套冷却系统，否则是不适宜的。

1. 常压蒸馏

在常压蒸馏中应注意，易燃液体的蒸馏不能采用明火作热源，而应采用水蒸气或过热水蒸气加热较为安全。

对于蒸馏腐蚀性液体，应防止塔壁、塔盘腐蚀，使易燃液体或蒸气逸出，遇明火或灼热的炉壁而产生燃烧。

对于蒸馏自燃点很低的液体，应注意蒸馏系统的密闭，防止因高温泄漏遇空气而自燃。

对于高温的蒸馏系统，应防止冷却水突然漏入塔内，否则水迅速汽化致使塔内压力突然增高而将物料冲出或发生爆炸。开车前应将塔内和蒸汽管道内的冷凝水放尽，然后使用。

在常压蒸馏系统中，还应注意防止管道被凝固点较高的物质凝结堵塞，使塔内压力增高而引起爆炸。

对于直接用火加热蒸馏高沸点物料时（如苯二甲酸酐），应防止产生自燃点很低的树脂油状物遇空气而自燃，同时，应防止蒸干，使残渣脂化结垢，引起局部过热而着火、爆炸。油焦和残渣应经常清除。

冷凝器中的冷却水或冷冻盐水不能中断，否则，未冷凝的易燃蒸气逸出使后部系统温度增高，或窜出遇明火而引燃。

2. 真空蒸馏（减压蒸馏）

真空蒸馏是一种比较安全的蒸馏方法。对于沸点较高、而在高温下蒸馏时又能引起分解、爆炸或聚合的物质，采用真空蒸馏较为合适，如硝基甲苯在高温下易分解爆炸，而苯乙烯在高温下则易聚合，类似这类物质的蒸馏，必须采用真空蒸馏的方法降低液体的沸点，借以降低蒸馏温度，确保其安全。

真空蒸馏设备的密闭性是很重要的。蒸馏设备中温度很高，一旦吸入空气，对于某些易爆物质（硝基化合物）有引起爆炸或着火的危险，因此真空蒸馏所用之真空泵应安装单向阀，防止突然停泵造成空气倒入设备。

当易燃易爆物质蒸馏完毕，待其蒸馏锅冷却，充入氮气后，再停止真空泵运转，以防空气进入热的蒸馏锅引起燃烧或爆炸。

真空蒸馏应注意其操作顺序，先打开真空活门，然后开冷却器活门，最后打开蒸气阀门，否则，物料会被吸入真空泵、并引起冲料，使设备受压甚至产生爆炸。真空蒸馏易燃物质的排气管应通至厂房外，管道上应安装阻火器。

3. 加压蒸馏

在加压蒸馏中，气体或蒸气更容易从装置的不严密处泄漏，极易造成燃烧、中毒的危险。因此，设备应严格地进行气密性和耐压试验检查，并应安装安全阀和温度、压力调节、控制装置，严格控制蒸馏温度与压力。在石油产品的蒸馏中，应将安全阀的排气管与火炬系统相接，安全阀起跳即可将物料排入火炬烧掉。

此外，在蒸馏易燃液体时，应注意系统的静电消除，特别是苯、丙酮、汽油等不易导电液体的蒸馏，更应将蒸馏设备、管道良好接地。室外蒸馏塔应安装可靠的避雷装置，蒸馏设备应经常检查、维修，认真搞好停车后、开车前的系统清洗、置换，避免发生事故。

对易燃易爆物质的蒸馏，厂房要符合防爆要求，有足够的泄压面积，室内电动机、照明等电气设备均应符合场所的防爆要求。

4. 特殊蒸馏

在各种工艺过程中，由于处理的液体具有不同的性质，或对产品的质量要求不同，不能用一般的蒸馏方法处理，必须采取特殊的方法，以达到分离组分的目的，如蒸气蒸馏、萃取蒸馏、恒沸蒸馏与分子蒸馏等。

蒸气蒸馏是一种较简单的蒸馏方法，通常用于在常压下沸点较高、或在其沸点时易于分解物质的蒸馏，也常用于高沸点物与不挥发杂质的分离，如硝基苯、松节油、苯胺类以及脂肪类物质，但其应用只限于所得产品完全（或几乎）不与水互溶的场合。

萃取蒸馏与恒沸蒸馏主要用来分离由沸点极相近或恒沸组成的各组分所组成的难以用普通蒸馏方法分离的混合物。当分离结构上不相同的两组分，并在加入第三组分后，它们挥发度的改变彼此不同时，采用这两种方法很有效。

分子蒸馏是用于从矿物油及其残渣中提取特种油和脂，用于分离煤焦油的精制产品，用于从原油及原脂中获取维他命和碳氢化合物。分子蒸馏也能有效地用以分离和净化许多化合物，特别是用在常温和其他情况下，不能以简单蒸馏与精馏进行的分离或其他蒸馏时会分解的高分子化合物。

三、蒸发和蒸馏的热源

关于蒸发、蒸馏的安全问题除上述几种之外，另一重要方面就涉及加热问题，加热方法一般有：直接火加热（烟道气加热）、蒸汽或热水加热、载体加热以及电加热等。

1. 直接火加热

一般说来，处理易燃、易爆物质时，直接火加热危险性最大，因为直接火加热温度不易控制，可能造成局部过热烧坏设备，由于加热不均匀易引起易燃液体蒸气的燃烧爆炸。所以，在处理易燃易爆物质时，一般不采用此法，当使用该法时应注意：

（1）将加热炉门同加热设备间用砖墙完全隔离，不使厂房内存在明火，炉膛构造应采用烟道气或辐射方式加热，避免火焰直接接触设备，因高温而烧穿加热锅或管子。

（2）加热锅内残渣应经常清除，以免局部过热引起锅底破裂。

（3）加热锅的烟囱、烟道等灼热部位应符合防火要求，且要定期检查、维修。

（4）容量大的加热锅发生漏料时，可将锅内物料及时转移。

（5）使用煤粉为燃料的炉子，应防止煤粉爆炸，在制粉系统上应安装爆破片，煤粉漏斗应保持一定储量，不许倒空，避免因空气进入形成爆炸性混合物。

（6）使用液体、气体燃料的炉子，点火前应吹扫炉膛可能积存的爆炸性混合气体，以免点火时发生爆炸。

2. 水蒸气、热水加热

对于易燃、易爆物质，采用水蒸气或热水加热是比较安全的。用水蒸气或热水加热时，应定期检查蒸汽夹套和管道的耐压强度，并应装设压力计和安全阀，以免容器或管道炸裂。

在处理与水会发生反应的物料时，不宜用水蒸气或热水加热，高压水蒸气（过热）加热的设备和管道应很好保温，避免烤着可燃、易燃物品以及发生烫伤事故。

3. 载体加热

载体加热中所用载热体种类很多，通常应用的有油类、联苯、二苯醚、无机盐等。使用有机载热体可使加热均匀，并能获得较高的温度。使用有机载热体加热的方法有：

（1）用直接火通过充油夹套进行加热。这种方法加热均匀，但在设备中处理有燃烧、爆炸危险物质时，使用该法有一定危险，这时，需将加热炉门与反应设备用砖墙隔绝，或将加热炉设于车间外面，将热油输送到需要加热的设备内循环使用，油循环系统应严格密闭，严禁热油泄漏。对于载热用油要选择闪点较高的矿物油，因为矿物油易除水干燥、超温黏度不大、易流动且无毒。同时，要定期检查和清除油锅、油管上的沉积物。

另外，使用封闭式电加热器浸入油浴内进行加热可以完全隔绝明火，这种方法是试验室和试剂厂中所采用的比较安全的一种加热方法。

（2）最有实用价值的是使用联苯和二苯醚的低熔点混合物，即二苯混合物（二苯醚 73.5%、联苯 26.5%）作为载热体进行加热。这种加热方法温度易控制，且比较稳定，对普通金属材料（钢、生铁、铜等）均不腐蚀。

当温度高于 400℃时，二苯混合物开始分解，该混合物虽属可燃物质，但并无爆炸危险。二苯混合物具有较强的渗透能力，它能透过软质衬垫物（如石棉、橡胶板），因此，管路连接最好采用焊接方法或采用金属垫片进行法兰连接。二苯混合物凝固点较高（12.3℃），在 350℃以上很快树脂化，因此，为清净设备和回收热载体，常需停车处理。

在使用二苯混合物作为热载体进行加热时，其中不得混入低沸点杂质（如水等）。如果被加热设备内胆（有水）或加热夹套（或蛇管）渗漏，二苯混合物存放不当以及在加热系统进行水压试验、检修清洗时混入水，则含水的二苯混合物到加热炉中遇高温（200℃以上）水迅速汽化，压力骤增导致爆炸。另外二苯混合物也不准混入易燃易爆杂质，否则在升温过程中即易产生危险。

(3) 使用无机载热体加热，其加热温度可达 350～500℃。无机载热体加热可分为盐浴（如亚硝酸钠和亚硝酸钾的混合物）和金属浴（如铅、锡、锑等低熔点的金属)。在熔融的硝酸盐浴中，如加热温度过高，或硝酸盐漏入加热炉燃烧室中，或有机物落入硝酸盐浴内，均能发生燃烧或爆炸。水及酸类流入高温盐浴或金属浴中，同样会产生爆炸危险。采用金属浴加热，操作时应防止其蒸气对人体的危害。

用载热体加热的设备应考虑其受热后的机械强度，并要经常检查、维修。

4. 电加热

电加热比较安全，且易控制和调节温度，一旦发生事故，可迅速切断电源。

普遍采用的电加热方法是用电炉加热。采用电炉加热易燃物质时，应采用封闭式电炉，电炉丝与被加热的器壁应有良好的绝缘，以防短路击穿器壁，使设备内易燃物质漏出产生气体或蒸气着火、爆炸。

电感加热是一种新型加热设备。它是在钢制容器或管道上缠绕绝缘导线，通入交流电，利用容器或管道的器壁由电感涡流产生的温度而加热物料。

电感加热不用灼热的电阻丝，是电加热的一种较安全的设备。如果电感线圈绝缘破坏、受潮，发生漏电、短路，产生电火花、电弧，或接触不良发热，均能引起易燃、易爆物质着火、爆炸。因此，应该提高电感加热设备的安全可靠程度，如采用较大截面积的导线，以防过负荷，采用防潮、防腐蚀、耐高温的绝缘，增加绝缘层厚度，添加绝缘保护层等，接线部分加大接触面积，增加跨接条，以防产生接触电阻等。

此外，加强通风应防止形成爆炸性混合物，在设备布置上，应防止物料跑冒滴漏与电感线圈接触。为此，把电感线圈密封起来，或不在电感加热的上方设置易燃液体计量槽、中间槽等设备，同时要加强维护检查以便及时发现问题，及时处理。

第四节 冷却、冷凝和冷冻

一、冷却和冷凝

冷却与冷凝被广泛应用于化工操作之中，二者主要区别在于被冷却的物料是否发生相的改变，若发生相变（如气相变为液相）则称为冷凝，否则，无相变只是温度降低则称为冷却。冷却与冷凝所用的设备，就结构而言大同小异，可分为直接冷却与间接冷却两类。

1. 直接冷却法

直接冷却法是指可直接向所需冷却的物料加入冷水或冰（这只能在不影响物料性质或不致引起化学变化时才能用），也可将物料置入敞口槽中或喷洒于空气中，使之自然汽化而达到冷却的目的。在直接冷却中常用的冷却剂为水，一般采用自来水，依季节不同其温度变化为4～25℃左右，而地下水温度较低，平均为8～15℃。直接冷却法的缺点是物料被稀释。

2. 间接冷却法

间接冷却通常是在具有间壁式的换热器（冷却器）中进行的。壁的一边为低温载体，如冷水、盐水、冷冻混合物以及固体二氧化碳等，而壁的另一边为所需冷却的物料。

一般冷却水所达到的冷却效果不能低于0℃。浓度约20%的盐水，其冷却效果可达0～－15℃，冷冻混合物（以压碎的冰或雪与盐类混合制成），依其成分不同，冷却效果可达0～－45℃。间接冷却法在化工生产中使用较为广泛。

3. 冷凝、冷却器分类

冷凝、冷却所使用的设备统称为冷凝、冷却器。冷凝器、冷却器就其实质而言均属换热器，依其传热面形状和结构可分为：

（1）管式冷凝、冷却器。常用的有蛇管式、套管式和列管式等。

（2）板式冷凝、冷却器。常用的有夹套式、螺旋式、平板式、翼片式等。

此外还有混合式冷凝、冷却设备，包括：①填充塔；②喷淋式冷却塔；③泡沫冷却塔；④文丘里冷却器；⑤瀑布式混合冷凝器。混合式冷凝器又可分为干式、湿式、并流式、逆流式、高位式、低位式等。按冷凝、冷却器材质还有金属与非金属材料之分。

4. 冷凝、冷却的安全技术

冷凝、冷却的操作在化工生产中易被人们所忽视，实际上它很重要，不仅涉及原材料定额消耗，以及产品收率，而且与生产安全紧密相关，因此必须予以注意。

（1）根据被冷却物料的温度、压力、理化性质以及所要求冷却的工艺条件，正确选用冷却设备和冷却剂。

（2）对于腐蚀性物料的冷却，最好选用耐腐蚀材料的冷却设备，如石墨冷却器、塑料冷却器，以及用高硅铁管、陶瓷管制成的套管冷却器和钛材冷却器等。

（3）严格注意冷却设备的密闭性，不允许物料串入冷却剂中，也不允许冷却剂串入被冷却的物料中（特别是酸性气体）。

（4）冷却设备所用的冷却水不能中断，否则，反应热不能及时导出，致使反应异常，系统压力增高，甚至产生爆炸。另一方面冷凝、冷却器如断水，会使后部系统温度增高，未凝的危险气体外逸排空，可能导致燃烧或爆炸。以冷却水控制温度，最好采用自动调节装置。

（5）开启设备前首先应清除冷凝器中的积液，再打开冷却水，然后通入高温物料。

（6）为保证不凝可燃气体排空安全可充氮保护。

（7）检修冷凝、冷却器，应彻底清洗、置换，切勿带料焊接。

二、冷冻

在某些化工生产过程中，如蒸气、气体的液化，某些组分的低温分离，以及某些物品的输送、储藏等，常需将物料降到比水或周围空气更低的温度，这种操作称为冷冻或制冷。

冷冻操作其实质是不断地由低温物体（被冷冻物）取出热量并传给高温物质（水或空气），以使被冷冻的物料温度降低。热量由低温物体到高温物体这一传递过程是借助于冷冻剂实现的，适当选择冷冻剂及其操作过程，几乎可以获得由摄氏零度至接近于绝对零度的任何程度的冷冻。一般说来，冷冻程度与冷冻操作的技术有关，凡冷冻范围在－100℃以内的称冷冻，而在－100～－210℃或更低的温度，则称为深度冷冻或简称深冷。

1. 冷冻方法

在现代工业中冷冻有以下几种方法：

（1）低沸点液体的蒸发。如液氨在 0.2 MPa 压力下蒸发，可以获得－15℃的低温。

（2）冷冻剂于膨胀机中膨胀，气体对外做功，致使内能减少而获取低温。该法主要用于那些难以液化气体（空气、氢等）的液化过程。

（3）利用气体或蒸气在节流时所产生的温度降而获取低温。

2. 冷冻剂

冷冻剂的种类较多，但目前尚无一种理想的冷冻剂能够满足所有的条件，冷冻剂与冷冻机的大小、结构和材质有着密切关系，对于压缩冷冻尤其如此。所以，应按下述条件选择合适的冷冻剂：①冷冻剂的汽化潜热应尽可能的大，以便在固定冷冻能力要求下，尽量减少冷冻剂的循环量；②冷冻剂在蒸发温度下的比容以及与该比容相应的压力均不宜太大，以减低动能的消耗，同时，在冷凝器中与冷凝温度相应的压力亦不应太大，否则将增加设备费用；③冷冻剂需具有化学稳定性，同时，对它循环所经过设备的任何部分，不应有显著的腐蚀破坏作用，此外，应选择无毒

（或刺激性）或低毒的冷冻剂，以免因泄漏而使操作者受害；④冷冻剂最好不具有易燃性或爆炸性；⑤冷冻剂应价廉且易于购得。

目前化学工业广泛使用的冷冻剂是氨。在石油化学工业中，常用石油裂解产品乙烯、丙烯作冷冻剂，丙烯的制冷程度与氨接近，但蒸发潜热小，危险性较氨大。乙烯的沸点为－103.9℃，在常压下蒸发即可得到－70～－100℃的低温。

（1）氨。氨在大气压下沸点为－33.5℃，冷凝压力不高，它的汽化潜热和单位质量冷冻能力均远超过其他冷冻剂，因此，所需氨的循环量少。它的操作压力同其他冷冻剂相比也不高，即使冷却水温较高时，在冷凝器中压力也不超过 1.6 MPa，而当蒸发器温度低至－34℃时，其压力也不低于 0.1 MPa。因此，空气不会漏入以致妨碍冷冻机正常操作。

氨几乎不溶于油，但易溶于水，氨对于铁、铜不起反应，但若氨中含水时，则对铜及铜的合金具有强烈的腐蚀作用，因此，在氨压缩机中不能使用铜及其合金的零件。

氨有强烈的刺激性臭味，在空气中超过 30 mg/m^3，长期作业即会对人体产生危害。氨属易燃、易爆物质，其爆炸下限为 15.5%，当空气中氨浓度达到其爆炸下限时，遇火源即会产生爆炸危险。氨于 130℃时明显分解，至 890℃时全部分解。

（2）氟利昂。氟利昂冷冻剂有氟利昂 11（CCl_3F）、氟利昂 12（CCl_2F_2）以及氟利昂 13（$CClF_3$）等多种，这类冷冻剂的沸点，是随其氟原子数的增加而升高，在常温下其沸点范围为－82.2～40℃。

氟利昂冷冻剂无味不燃，同空气混合无爆炸危险，同时对金属无腐蚀，因此是一种比较安全的冷冻剂，其缺点是汽化潜热比氨小，若要达到同样的冷冻效果，则用量大、循环量大、实际耗量大且价格昂贵，另外，因其对大气臭氧层的破坏作用而被国际社会禁用。

（3）乙烯、丙烯。在石油化学工业中，常用乙烯、丙烯为冷冻剂进行裂解气的深冷分离。乙烯沸点较低，能在高压（3 MPa）与较高的温度（－25℃）下冷凝，又能在低压（0.027 2 MPa）与较低的温度（－123℃）下蒸发。其标准沸点下的蒸发潜热为 523 kJ/kg，低于氨（1 373 kJ/kg），但高于氟利昂（如氟利昂 12 只有 167 kJ/kg）。因此单位质量的乙烯可以提供较高的制冷能力，譬如，乙烯在大气压下，其沸点为－103.9℃，当其从高压节流膨胀到 0.1 MPa 时，即可获得低于－100℃的低温。

丙烯在 101 kPa 压力下，可于－47.7℃的低温蒸发，因此，可用丙烯作乙烯的冷冻剂。冷水向丙烯供冷使丙烯冷凝，而丙烯向乙烯供冷使乙烯冷凝，则乙烯向其他冷量用户供冷，构成乙烯一丙烯复迭式制冷系统。同时乙烯、丙烯又是石油裂解气的产品，可以就地取材，因此在石油化工中广泛被用做冷冻剂。

乙烯、丙烯均属易燃、易爆物质，乙烯爆炸极限为 2.75%～34%，丙烯为 2%～11.1%。乙烯的毒性在于麻醉作用，而丙烯的毒性是乙烯的 2 倍，麻醉力较强，其浓度在 110 mg/L 时，人吸入 2.5 min 即可引起轻度麻醉。

3. 冷载体

冷冻机中产生的冷效应，通常不用冷冻剂直接作用于被冷物体，而是以一种盐类的水溶液作冷载体传给被冷物，此冷载体往返于冷冻机和被冷物之间，不断从被冷物取走热量，不断向冷冻剂放出热量。

常用的冷载体有氯化钠、氯化钙、氯化镁等溶液，对于一定浓度的冷冻盐水，有一定的冻结温度，所以在一定的冷冻条件下，所用冷冻盐水的浓度应较所需的浓度大，否则有冻结现象产生，使蒸发器蛇管外壁结冰，严重影响冷冻机操作。

盐水对金属有较大的腐蚀作用，在空气存在下，其腐蚀作用尤甚。因此，一般均采用密闭式的盐水系统，并在盐水中加入缓蚀剂。

4. 冷冻机

一般常用的压缩冷冻机由压缩机、冷凝器、蒸发器与膨胀阀等四个基本部分组成，冷冻设备所用的压缩机以氨压缩机最为多见，在使用氨冷冻压缩机时应注意：

(1) 采用不发生火花的电气设备（如短路感应电动机、密闭的电气开关及照明设备等)。

(2) 在压缩机出口方向，应于汽缸与排气阀间设一个能使氨通到吸入管的安全装置，以防压力超高。为避免管路爆裂，在旁通管路上不装任何阻气设施。

(3) 易于污染空气的油分离器应设于室外，压缩机要采用低温不冻结、且不与氨发生化学反应的润滑油。

(4) 制冷系统压缩机、冷凝器、蒸发器以及管路系统，应注意其耐压程度和气密性，防止设备、管路裂纹、泄漏，同时要加强安全阀、压力表等安全装置的检查、维护。

(5) 制冷系统因发生事故或停电而紧急停车时，应注意其被冷物料的排空处理。

(6) 装有冷料的设备及容器，应注意其低温材质的选择，防止低温脆裂。

第五节　筛分和过滤

一、筛分

在化工生产中，为满足生产工艺要求，常常将固体原材料、产品进行颗粒分级，而这种分级一般是通过筛选办法实现的。通常筛选按其固体颗粒度（块度）分级，选取符合工艺要求的粒度，这一操作过程称为筛分。

筛分分人工筛分和机械筛分。人工筛分劳动强度大，操作者直接接触粉尘，对呼吸器官及皮肤有很大危害，而机械筛分大大减轻了操作者的体力劳动、减少其与粉尘接触的机会，如能很好密闭，实现自动控制，操作者将摆脱尘害。

筛分所采用的设备是筛子，筛子分固定筛及运动筛两类，若按筛网形状又可分为转筒式和平板式两类。在转筒式运动筛中又有圆盘式、滚筒式和链式等，在平板式运动筛中，则有摇动式和簸动式。

物料粒度是通过筛网孔眼尺寸控制的。在筛分过程中，有的是筛余物符合工艺要求，有的是筛下部分符合工艺要求的，根据工艺要求还可进行多次筛分，去掉颗粒较大和较小部分而留取中间部分。

从安全技术角度出发，筛分要注意以下方面：

（1）筛分过程中，粉尘如有可燃性，须注意因碰撞和静电引起粉尘燃烧、爆炸；如粉尘具有毒性、吸水性或腐蚀性，须注意呼吸器官及皮肤的保护，以防引起中毒或皮肤伤害。

（2）筛分操作是大量扬尘过程，在不妨碍操作、检查的前提下，应将其筛分设备最大限度地进行密闭。

（3）要加强检查，注意筛网的磨损和筛孔堵塞、卡料，以防筛网损坏和混料。

（4）筛分设备的运转部分应加防护罩以防绞伤人体。

（5）振动筛会产生大量噪声，应采用隔离等消声措施。

二、过滤

在化工生产中欲将悬浮液中的液体与悬浮固体微粒有效的分离，通常采取过滤的方法。过滤操作是使悬浮液中的液体在重力、真空、加压及离心力的作用下，通过多细孔物体，而将固体悬浮微粒截留进行分离的操作。过滤已广泛地应用于化工、石油以及冶金等工业部门。

1. 过滤方法

一个完整的过滤操作过程应包括悬浮液的过滤、滤饼洗涤、滤饼干燥和卸料等四个组成部分。按操作方法分为间歇过滤和连续过滤，过滤依其推动力可分为：

（1）重力过滤。即依靠悬浮液本身的液柱压差进行过滤，其压差一般不超过0.05 MPa。

（2）加压过滤。即在悬浮液上面施加压力进行过滤，其压力一般可达5 MPa以上。

（3）真空过滤。即于过滤介质下面抽真空进行过滤，通常不超过8.3 kPa。

（4）离心过滤。即借悬浮液高速旋转所产生之离心力进行过滤。

悬浮液的化学性质对过滤有很大影响，如液体有强腐蚀性，则滤布与过滤设备的各部件要选择耐腐蚀的材料制造，如果滤液的挥发性很强，或其蒸气具有毒性，则整个过滤系统必须密闭。

重力过滤速度不快，一般仅用于处理固体含量少而易于过滤的悬浮液。真空过滤其推动力较重力过滤强，能适应很多过滤过程的要求，因而应用较广，但它受到大气压力与溶液沸点的限制，且需要设置一套抽真空装置。加压过滤可提高推动力，但对设备的强度和严密性有较高的要求，其所加压力要受到滤布强度、堵塞问题、滤饼可压缩性以及对滤液清洁度要求程度的限制。离心过滤，效率高、占地面积小，因而在化工生产中得到广泛应用。

2. 过滤材料介质的选择

一般工业上所用的过滤介质需具备下列基本条件：①必须具有多孔性、使滤液易通过，且孔隙的大小应能使悬浮液粒子得以截留；②必须具有化学稳定性，如耐腐蚀性、耐热性等；③具有足够的机械强度。

根据上述条件对过滤介质进行选择，工业上常用的过滤介质种类比较多，通常归纳为下面三类：

（1）粒状介质。如细沙、石砾、玻璃渣、木炭、骨灰、酸性白土等。此类介质适于过滤固相含量极少的悬浮液。

（2）织物介质。这类介质工业使用广泛，它由金属或非金属丝织成，金属材料可用不锈钢、镍、黄铜及蒙氏合金等，它适于盐、酸及粗油等的过滤。

非金属滤布可用天然或人造纤维织成，常用的材料有棉、麻、羊毛、石棉、蚕丝及各种人造纤维等。

棉布可耐3%～8%的硫酸、5%的弱碱，使用温度不允许超过176℃；硝化棉布能耐硫酸、硝酸、混酸及盐酸的腐蚀，可以过滤90℃、40%的硫酸，但不耐碱、硫化物及有机物等；羊毛耐冷酸，如 15%～20%的硫酸、盐酸；骆驼毛布可耐 30%的硫酸及 10%的盐酸；马毛布可耐 10%的盐酸；绢布可耐 5%的冷氟酸。

其他如玻璃丝可用于高温过滤，某些合成纤维可耐 70%的硝酸、王水，任何浓度的盐酸、氢氟酸及 30%的碱等，但其温度不能高于 60℃。

（3）多孔性固体介质，如多孔陶瓷板及管、多孔玻璃、多孔塑料等。这些介质多做成板状，孔隙很小，其耐腐蚀性较好，常用于过滤含有少量微粒的悬浮液的间歇式过滤设备。

3. 过滤设备

工业上应用的过滤器称为过滤机，按操作方法可将其分为间歇式和连续式。也可按照过滤推动力的不同分为重力过滤机、真空过滤机，加压过滤机和离心过滤机。

离心过滤机依其分离因素 α（$\alpha=\omega^2R/g$，ω 为转鼓角速度；R 为转鼓半径；g 为重力加速度）可分为：①常速离心机，$\alpha<3\ 000$，主要用于分离颗粒不太大的悬浮液，以及用于物料的脱水；②高速离心机，$\alpha>3\ 000$，主要用于分离乳状和细颗粒悬浮液。

若按操作原理沉降、过滤或分离分类则可分为：①过滤式离心机，机中有转鼓，鼓壁有孔，孔面复有滤布，此机适于分离含有结晶或固体颗粒的悬浮液；②分离式离心机，机中有转鼓，但鼓壁无孔，适于乳浊液分离式悬浮液的增浓；③沉降式离心机，机中有转鼓，鼓壁无孔，用于不易过滤的悬浮液。

若依其操作方式可分为：①间歇式离心机，又有上悬式与下动式之分，其进料与卸料在减速时停车进行；②连续式离心机，物料的进、出均系连续操作，不需停车。

按其安装方式又可分为立式离心机与卧式离心机等。总之，过滤设备种类繁多，应根据过滤目的、滤饼与悬浮液性质和生产规模等因素进行选用。

4. 过滤的安全技术

过滤设备虽然种类较多，但从操作方式看来，连续过滤比间歇式过滤安全。连续式过滤机循环周期短，能自动洗涤和自动卸料，其过滤速度较间歇式过滤机高，且操作人员脱离与有毒物料接触，因而较为安全。

间歇式过滤机由于卸料、装合过滤机、加料等各项辅助操作的经常重复，所以较连续式过滤周期长，且人工操作劳动强度大，直接接触毒物，因此不安全。如间歇式操作的吸滤机、板框式压滤机等就是如此。

当加压过滤机过滤中能散发有害的或有爆炸性的气体时，不能采用敞开式过滤机操作，而要采用密闭式过滤机，并以压缩空气或惰性气体保持压力。在取滤渣时，应先释放压力，否则会发生事故。

对于离心过滤机，应注意其选材和焊接质量，并应限制其转鼓直径与转速以防止转鼓承受高压而引起爆炸，因此，在有爆炸危险的生产中，最好不使用离心机而采用转鼓式、带式等真空过滤机。离心机超负荷运转、时间过长，转鼓磨损或腐蚀、启动速度过高均可能导致事故的发生。

对于上悬式离心机，当负荷不均匀时运转会发生剧烈振动，不仅磨损轴承，且能使转鼓撞击外壳而发生事故，转鼓高速运转，可能由外壳中飞出造成重大事故。

当离心机无盖或防护装置不良时，工具或其他杂物有可能落入其中，并以很大速度飞出伤人，即使杂物留在转鼓边缘，也可能引起转鼓振动造成其他危险。

不停车或未停稳清理器壁，铲勺会从手中脱飞，使人致伤，在开停离心机时，不要用手帮忙以防发生事故。

当处理具有腐蚀性物料时，不应使用铜质转鼓而应采用钢质衬铅或衬硬橡胶的转鼓，并应经常检查衬里有无裂缝，以防腐蚀性物料由裂缝腐蚀转鼓。

镀锌、陶瓷或铝制转鼓，只能用于速度较慢、负荷较低的情况，为安全着想，还应有特殊的外壳保护。此外，操作过程中加料不匀，也会导致剧烈振动，应引起注意。

综上所述，对于离心机要注意：

（1）转鼓、盖子、外壳及底座应用韧性金属制造。对于轻负荷转鼓（50 kg 以内），可用铜制造，并要符合质量要求。

（2）处理腐蚀性物料，转鼓需有耐腐蚀的衬里。

（3）盖子应与离心机启动联锁，当于运转中处理物料时，可减速在盖上开孔处处理。

（4）应有限速装置，在有爆炸危险厂房中，其阻速装置不得因摩擦、撞击而发热或产生火花，同时，注意不要选择临界速度操作。

（5）离心机开关应安装在近旁，并应有锁闭装置。

（6）在楼上安装离心机，应用工字钢或槽钢做成金属骨架，在其上要有减振装置，并注意其内、外壁间隙，转鼓与刮刀间隙，同时，应防止离心机与建筑物产生谐振。

（7）对离心机的内、外部及负荷应定期进行检查。

第六节　粉碎和混合

一、粉碎

在化工生产中，为满足其工艺要求，常常需将固体物料粉碎或研磨成粉末以增加其接触面积，进而缩短化学反应时间。将大块物料变成小块物料的操作称粉碎，而将小块变成粉末的操作称研磨，粉碎分为湿法与干法两类。

干法粉碎按被粉碎物料的直径尺寸分为：①粗碎，直径范围为 40～1 500 mm；②中碎，直径范围为 50～100 mm；③细碎，直径范围为 5～50 mm；④磨碎或研磨，直径范围为<5 mm。

1. 粉碎方法

粉碎方法可按实际操作时的作用力而加以区别，主要可分为：①挤压；②撞击；③研磨；④劈裂等方法。

此外，尚有附带的力，如弯曲与撕裂。实际上，在多数情况下，粉碎操作的作用力不可能是上述的任何一种，而是几种作用力的联合，如挤压与研磨、或挤压与撞击等。

根据被粉碎物料的物理性质和其大小，以及所需的粉碎度进行粉碎方法的选择。一般对于特别坚硬的物料，挤压和撞击有效，对韧性物料用研磨或剪刀较好，而对脆性物料则以劈裂为宜。

2. 粉碎设备

由于粉碎要求和被粉碎物料性质的不同，粉碎机械的种类很多。在干法粉碎中，按被粉碎物料的大小和粉碎后所获得成品的尺寸，将其设备分成四类：

（1）粗碎或预碎设备。用于处理直径为 40～1 500 mm 范围的原料，所得成品的直径约为 5～50 mm。

（2）中碎和细碎设备。用以处理直径为 5～50 mm 范围的原料，所得成品的直径为 0.1～5 mm。

（3）磨碎或研磨设备。用以处理直径为 2～5 mm 范围的原料，所得成品的直径约为 0.1 mm 上下，并可小于 0.074 mm。

（4）胶体磨。用以处理直径在 0.2 mm 上下的原料，所得产品可以小到 0.01 μm，即 10^{-5} mm。

在每类设备中都有其典型设备，如在粗碎设备中，有颚式、锥式破碎机；在中碎和细碎设备中，有滚碎机、锤式粉碎机和盘磨；在磨碎或研磨设备中，有球磨、棒磨和环滚研磨机等。

3. 破碎安全技术

破碎过程中，关键部分是破碎机，对于破碎机须符合下列安全条件：①加料、出料最好是连续化、自动化；②具有防止破碎机损坏的安全装置；③产生粉末应尽可能少；④发生事故能迅速停车。

对各类粉碎机，必须有紧急制动装置，必要时可迅速停车。运转中的破碎机严禁检查、清理、调节和检修，如破碎机加料口与地面一般平或低于地面不到 1 mm 均应设安全格子。

为保证安全操作，破碎装置周围的过道宽度必须大于 1 m，如破碎机安装在操作台上，则台与地面之间高度应在 1.5～2 m。操作台必须坚固，台周边应设高1 m 的安全护栏。

为防止金属物件落入破碎装置，必须装设磁性分离器。

（1）颚式、圆锥式破碎机应装设防护板，以防固体物料飞出伤人。对此，要注意加入破碎机的物料粒度不应大于其破碎性能。当固体物料硬度相当大，且摩擦角（物料块表面与颚式破碎机之间夹角）小于两颚表面夹角的一半时，即可能将未破碎的物料甩出。

当非常坚硬的物料落入两颚之间，会导致颚破碎，故应设保险板。在颚破裂之前，保险板先行破裂加以保护，对于破碎机的某些传动部分，应用安全螺栓联结，在其超负荷情况下，弯曲或断裂以保护设备和人。

（2）球磨机。对于球磨机须具有一个带抽风管的严密外壳，如研磨具有爆炸性的物质，则内部需衬以橡皮或其他柔软材料，同时尚需采用青铜球。

总之，各类粉碎、研磨设备要密闭，操作室要有良好通风，以减少空气中粉尘含量，必要时，室内可装设喷淋设备。

加料斗需用耐磨材料制成，应严密，在粉碎、研磨时料斗不得卸空，盖子要盖严。

粉末输运管道应消除粉末沉积的可能，为此，输送管道与水平夹角不得小于 45°。

对于能产生可燃粉尘的研磨设备，要有可靠的接地装置和爆破片。要注意设备润滑，防止摩擦发热，对于研磨易燃、易爆物质的设备要通入惰性气体进行保护。

为确保安全，对于初次研磨的物料，应事先在研钵中进行试验，以了解是否黏结，然后再正式进行机械研磨。可燃物料研磨后，应先行冷却、然后装桶，以防发热引起燃烧。

当发现粉碎系统的粉末阴燃或燃烧时，须立即停止送料，并采取措施断绝空气来源，必要时充入氮气、二氧化碳以及水蒸气等惰性气体，但不宜使用加压水流或泡沫进行扑救，以免可燃粉尘飞扬，引起事故扩大。

二、混合

凡使两种以上物料相互分散，而达到温度、浓度以及组成一致的操作，均称为混合。混合分液态与液态物料的混合、固态与液态物料的混合和固态与固态物料的混合，而固体混合分为粉末、散粒的混合。此外，尚有糊状物料的混合，混合操作是用机械搅拌、气流搅拌以及其他混合方法完成的。

1. 混合设备

（1）液体混合设备。液体混合设备分机械搅拌与气流搅拌。

1）机械搅拌。机械搅拌按其桨叶类型可分四类：

①桨式搅拌器。按桨叶形状可分为平板式、框式和锚式。

②螺旋桨式搅拌器。螺旋桨式搅拌器的操作速度一般为 400～1 750 r/min，但对黏度在 500 Cp 以上的液体，其转速应在 400 r/min 以下。当搅拌黏性液体、含悬浮物及可以形成泡沫的液体时，其转速可维持在 150～400 r/min 之间。

③涡轮式搅拌器。涡轮式搅拌器具有较高的转速、能适应于大容量及含固体小于 60%、黏度较大的液体，或用以制备乳浊液及相对密度差大的悬浮液。

④特种搅拌器。适合于特殊搅拌任务的搅拌器，如盘式搅拌器等。

2）气流搅拌。即用压缩空气或蒸汽以及氮气通入液体介质中进行鼓泡，以达到混合目的的一种装置，其搅拌气体压强须超过容器中液体的静压头，此外，尚需一定的气流速度。

气流搅拌设备简单，特别适用于化学腐蚀性强的液体，但搅拌尾气会带走一定量的挥发物造成损失，若搅拌气体为空气，则可使某些液体产生氧化或胶化作用，倘若被搅拌的液体需要加热，可用蒸汽直接搅拌，则氧化或胶化作用就可完全避免。

（2）固体、糊状物混合设备。固体介质的混合包括固体粉末捏合和固体粉末与糊状物的捏合。此类设备常用于化学工业中的有三类：①捏合机；②螺旋混合器；③干粉混合器。

2. 混合安全技术

混合操作也是一个比较危险的过程，要根据物料性质（如腐蚀性、易燃易爆性、粒度、黏度等）正确选用设备。

对于利用机械搅拌进行混合的操作过程，其桨叶的强度是非常重要的。首先桨叶制造要符合强度要求，安装要牢固，不允许产生摆动。在修理或改造桨叶时，应重新计算其坚牢度，特别是在加长桨叶的情况下，尤其应该注意，因为桨叶消耗能量与其长度的 5 次方成正比。不注意这两点，可致电动机超负荷以及桨叶折断等事故发生。

搅拌器不可随意提高转速，尤其对于搅拌非常黏稠的物质，在这种情况下也可造成电动机超负荷、桨叶断裂以及物料飞溅等。

因此，对于搅拌黏稠物料，最好采用推进式及透平式搅拌机，为防止超负荷造成事故，应安装超负荷停车装置，对于混合操作的加、出料应实现机械化、自动化。

对混合能产生易燃、易爆或有毒物质，混合设备应很好密闭，并充入惰性气体加以保护。

当搅拌过程中物料产生热量时，如因故停止搅拌，会导致物料局部过热，因此，在安装机械搅拌的同时，还要辅以气流搅拌，或增设冷却装置。有危险的气流搅拌尾气应加以回收处理，对于混合可燃粉料，设备应很好接地以导除静电，并应在设备上安装爆破片。

混合设备不允许落入金属物件。进入大型机械搅拌设备检修，其设备应切断电源或开关加锁，绝对不允许任意启动。

本 章 小 结

物料输送在化工生产过程中是不可缺少的操作单元，在输送过程中由于所输送的物料形态不同和所采用输送设备的不同，其潜在的危险因素是不同的。本章第一节通过对固、液、气三种不同形态物料的输送，结合不同的输送方式，对物料输送过程中的危险性及安全防护措施进行了介绍。

熔融和干燥、蒸发和蒸馏、冷却、冷凝和冷冻都是化工生产中重要的操作单元，且在操作过程中一般都存在相变，因此，加热所需热源的潜在危险，高温和低温所带来的烫伤和冻伤是这些单元的共同潜在危险因素。本章第二、第三、第四节结合单元操作中物料的危险特性，分别对这三种类型的单元操作过程所具有的危险有害因素进行了讲述，并给出了相应的安全防护措施。

筛分和过滤、粉碎和混合都属于重要的机械加工操作工序，本章第五、第六节分别从工艺和设备角度重点对筛分和过滤、粉碎和混合单元操作过程中存在的潜在危险有害因素进行了分析，并提出了相应的事故预防措施。

本章通过对以上单元操作过程危险性分析和安全防护措施的介绍，以期加强学生对化工生产中物理操作单元过程危险性的认识，提高安全防护意识。

复习思考题

1. 固体物料输送都有哪几种形式？每种输送形式所存在的安全问题是什么？

2. 液体物料输送时所采用的泵各有什么优缺点？在使用过程中可能会存在哪些潜在的安全问题？

3. 气体物料输送与固体、液体物料输送时最大的不同是什么？由此会带来哪些安全问题？

4. 熔融和干燥过程分别存在哪些潜在危险性？具体操作过程中应注意哪些问题？

5. 从安全的角度考虑应如何选择物料的蒸馏方法？

6. 减压蒸馏和加压蒸馏时应注意哪些安全问题？减压蒸馏时应遵循怎样的操作顺序？

7. 冷凝和冷冻的本质区别是什么？在操作中应注意的安全事项分别是什么？

8. 筛分和过滤作业时应注意的安全问题分别是什么？

9. 工业上所用的过滤介质需具备的基本条件有哪些？

10. 破碎和混合作业时分别存在哪些安全问题？

第五章　典型反应过程安全技术

本章学习目标

1. 了解氧化过程的特点；熟悉氧化工艺过程的危险性；掌握相应的防火防爆措施。

2. 了解氨氧化生产硝酸的工艺过程；熟悉生产工艺主要危险性及其安全控制技术。

3. 了解过氧化氢生产工艺过程危险性及其安全预防措施。

4. 掌握有机过氧化物爆炸事故安全控制措施。

5. 熟悉还原反应过程工艺危险性及安全预防措施。

6. 熟悉硝化反应过程工艺危险性及安全预防措施；掌握硝化甘油、硝基苯及TNT生产过程安全控制技术。

7. 熟悉食盐水电解过程工艺危险性及安全预防措施。

8. 熟悉乙烯、氯乙烯和丁二烯聚合反应工艺过程危险性及安全控制措施。

9. 了解催化重整装置及工艺过程危险及安全控制措施；熟悉该装置易发生事故的处理方法。

10. 了解热裂化反应过程危险性及安全控制技术；了解催化裂化工艺过程；掌握系统、装置、工艺过程危险性及安全控制措施；掌握催化裂化装置易发生事故的处理方法；了解加氢裂化工艺过程；掌握系统、装置、工艺过程危险性及安全控制措施。

11. 了解乙炔气相加氯化氢合成氯乙烯工艺过程危险性及安全控制措施。

第一节　氧化反应过程安全技术

一、概述

狭义上讲，物质与氧化合的过程称为氧化；广义上讲，凡是物质分子内原子间有失去电子的反应都是氧化反应。大多数共价键化合物中，分子内的原子间没有明显的电子转移，故常把这类化合物中与氧化合的反应称为氧化反应。

氧化过程所采用的氧化剂主要有：非金属氧化剂，例如 O_2，Cl_2；过氧化物，例如 H_2O_2，Na_2O_2；正高价离子及其化合物，例如 $KMnO_4$，$KClO_3$，HNO_3 等。对于产量大的基本有机化学工业生产而言，具有重要价值的氧化剂是气态氧，包括空气和纯氧。以气态氧作为氧化剂来源丰富，无腐蚀性，但氧化能力较低，所以以气态氧作氧化剂时，一般必须采用催化剂，有时还必须同时采用高温。氧化过程具有以下特点：

（1）强放热反应。氧化反应是强放热反应，尤其是完全氧化反应，释放的热量要比部分氧化反应大 8～10 倍。

（2）热力学上都很有利。不论是完全氧化反应还是非完全氧化反应，无论是均相氧化反应还是非均相氧化反应，其$\triangle G^0$ 都是很大的负值，尤其是完全氧化反应，在热力学上占绝对优势，一般不需要外供热，只要在氧化反应的温度区间就能进行。

（3）多种途径氧化。这是烃类等有机化合物氧化的一个显著特点。烃类氧化的最终产物都是二氧化碳和水，但实际所需的目的产物都是氧化中间产物。在多种情况下，氧往往能以多种形式向烃分子进攻，使其以不同途径氧化，转化为不同的氧化产物。

二、工艺危险性分析

1. 原材料及产品的危险性分析

参与氧化反应的原料，例如氨、乙烯、萘、丙烯等都是有火灾危险性的物质，与空气、氧气、高锰酸钾等物质接触存在着火、爆炸的危险性，在生产操作过程中，如果操作不当会发生火灾爆炸事故。有些原料还具有腐蚀性或毒性，例如硝酸、乙腈、氨等。

氧化过程中伴随的副反应常会产生一定量的易燃易爆或不稳定性化合物，例如，丙烯氨氧化法生产丙烯腈的过程中会产生丙酮、乙腈、丙烯醛等可燃物质；乙醛氧化制乙酸的过程中有过氧乙酸生成，过氧乙酸是极不稳定的化合物，受高温、摩擦或撞击易分解燃烧或发生爆炸；在苯酚丙酮生产过程中有异丙苯过氧化氢生成，异丙苯过氧化氢是极不稳定的化合物，受高温、摩擦或撞击时分解，放出大量的热，易发生燃烧或爆炸事故。

有些氧化产品具有很大的火灾危险性，例如乙烯氧化生成的环氧乙烷是可燃气体，爆炸极限范围为3%～80%；甲醇氧化生成的含甲醛36.7%的水溶液是易燃液体，爆炸极限范围为7.7%～39%；黄血盐钾与硫酸亚铁氧化生成的铁蓝是易燃固体粉末，其粉尘爆炸下限为10.4 g/m^3；萘氧化过程中生成的萘焦油，在常温常压下会自燃。

2. 工艺条件危险性分析

氧化反应大都在高温、放热条件下进行，特别是气相催化氧化反应一般都是在250～600℃的高温下进行，完全氧化反应释放的热量比部分氧化反应大得多。为保证反应正常进行，必须及时移走反应热，否则将会使反应温度迅速升高，压力增大，反应加速，造成反应恶性循环，有燃烧爆炸的危险。

有些氧化反应，原料配比在爆炸极限范围之内或接近爆炸极限范围内进行。例如丙烯氨氧化生产丙烯腈的反应，丙烯和空气的配比就在爆炸极限范围之内，丙烯的爆炸极限为2%～11.1%，而此反应中丙烯与原料的配比为9.1%。氨、甲醇在空气中的氧化，其原料的配比接近于爆炸下限，氨的爆炸极限范围为15.5%～27%，而正常生产时，要求氨含量在9.5%～12%，此时氨的转化率最高，且无爆炸危险，若配比失调，含量增加，温度控制不当，极易发生爆炸危险。

氧化反应过程中，当运转时间过长而不清理设备及管道中的残余物、附着物，这些物质受热或与空气接触往往会发生自燃，如苯酐生产中产生的萘焦油、苯二甲酸钠、硫化亚铁等，在常温下有自燃的危险。

三、防火防爆措施

1. 危险物料的火灾爆炸预防措施

氧化过程所使用的原料、产品应按有关危险物品的管理规定采取相应的防火安全措施，例如隔离存放，远离火源、热源、电源，避免高温、日晒，防止摩擦、撞击等。为此，必须掌握物质的物化性质以及评定物质的火灾爆炸特性指标。

2. 工艺过程的火灾爆炸预防措施

(1) 按照工艺条件严格控制工艺参数。不同的工艺过程，原料配比、操作温度、压力、流量等工艺参数各不相同。以空气中的氧作为氧化剂进行氧化反应时，应将反应主物料的浓度控制在爆炸极限浓度范围以外，尤其是反应原料配比接近爆炸极限的氧化反应过程，操作过程中必须严格按照工艺条件控制原料配比，正确掌握操作温度、压力、流量等工艺参数。例如，氨氧化制取一氧化氮进而生产硝酸的反应，氨的浓度不得超过12%；乙烯络合催化直接合成乙醛的工艺过程，当循环气中氧的含量大于12%，乙烯含量小于58%时就会形成爆炸混合物，所以，循环气中氧含量一般应该控制在8%左右，乙烯含量控制在65%。为此，可安装自动联锁报警装置，也可在氧化反应器上通氮气保护。对混合比处在爆炸极限范围内的操作，要加强温度的控制，使其温度不超过物料的自燃点，控制好惰性气体的投入量，使其起到稀释作用。

此外，空气进入反应器之前，必须先净化除去其中的灰尘、水分、油污及可能使催化剂中毒、失活的杂质，从而减少火灾爆炸危险性。

（2）严格按照操作规程作业。对于反应过程中存在副反应的反应过程，严格按照工艺条件控制，可以减少副产物的生成量。例如有过氧化物生成的反应，温度、压力、流量等参数发生变化，会明显增加过氧化物的生成量，增大系统的火灾或爆炸危险性。

使用氧化剂氧化无机物时，例如使用氯酸钾氧化制备铁蓝颜料时，应控制其烘干温度不得超过自燃点，尤其注意在烘干之前用清水将氧化剂彻底除净，免得未起反应的氯酸钾残渣引起被烘干的物料着火。

固体氧化剂应粉碎后使用，最好配成溶液使用，反应过程中要连续搅拌以保证反应温度均匀，防止热量聚集。为确保搅拌器正常运转和冷却系统中的冷却水不中断，可安装双电源。

（3）及时移走反应热，保证反应在特定的温度范围内进行。

（4）设置防爆泄压装置。为了防止氧化反应发生爆炸或燃烧时危及人身及设备的安全，在反应器的前后管道上安装阻火器，防止火焰蔓延，防止回火，使燃烧不致影响其他系统。在反应器上或反应器的前后管道上安装可靠而有效的防爆泄压装置，防止反应器超压爆炸，减少爆炸波的破坏作用，或者采用自动控制及报警联锁装置。

（5）设置氮气、水蒸气保护及灭火系统。此外，氧化反应所使用的易燃液体和可燃气体，若是电介质，在设备和管道上应安装导除静电的接地装置。真空操作系统在卸真空时，必须通惰性气体以防空气进入。许多有机化合物的氧化，特别是在高温下进行的氧化反应，在设备和管壁上容易结焦，不仅影响传热，还可能造成局部过热或出现堵塞现象，导致设备损坏。丙烯氨氧化温度超过500℃就有结焦、堵塞管道的现象，丙烯腈、氢氰酸在较低的温度下易聚合生成固体物质堵塞设备和管道。为了防止结焦，必须及时清除焦层，清除结焦物时，不得使用铁质工具，以免撞击打火，引起燃烧或爆炸。

四、氨氧化生产硝酸过程安全技术

1. 硝酸的生产方法

硝酸是重要的化工原料，主要消耗部门为化肥工业和国防工业。稀硝酸大部分用于硝铵、硝酸磷肥和各种硝酸盐生产，浓硝酸用于炸药及有机合成工业，用于生产 TNT、黑索金（环三次甲基三硝胺）等烈性炸药和硝化纤维素。

硝酸可将苯硝化，并经过还原制成的苯胺，是重要的染料中间体。此外，制药、塑料、有色金属冶炼等方面都需要用到硝酸。

而氨氧化制硝酸的生产过程有很多危险因素，生产中涉及多种易燃易爆、有毒有害物质，安全生产显得至关重要。

以 NH_3 为原料制造 HNO_3 的生产过程是在有催化剂的情况下将 NH_3 氧化成 NO，生成的 NO 继续氧化为 NO_2，再与水作用生成 HNO_3。

化学工业中 HNO_3 的生产主要有三种方法：即综合法生产稀硝酸（图 5—1），双加压 GP 法生产稀硝酸（图 5—2）以及加压法生产稀硝酸（图 5—3）。

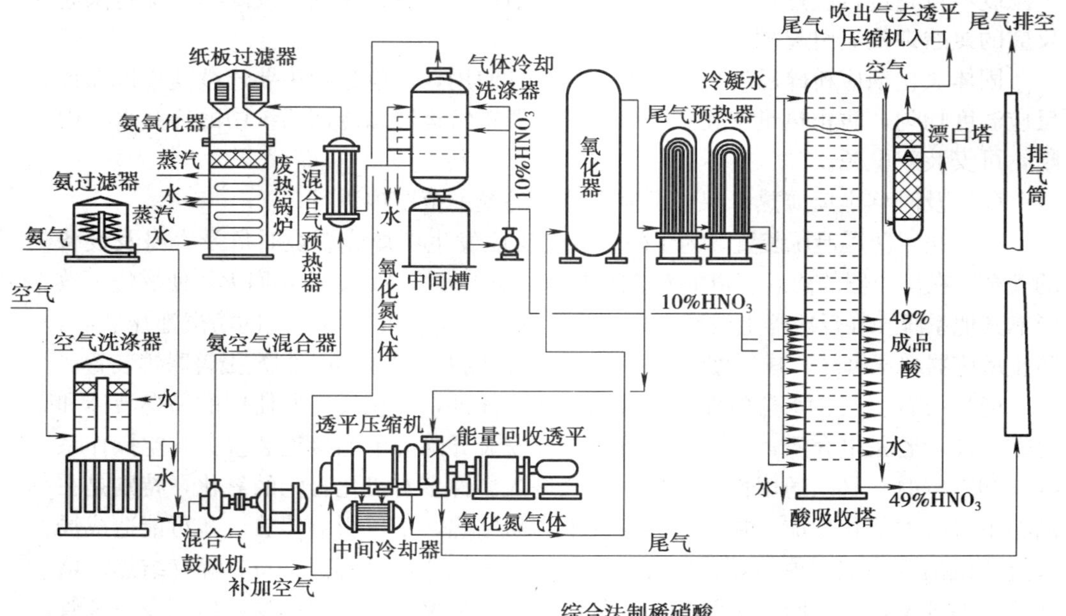

图 5—1　综合法制硝酸

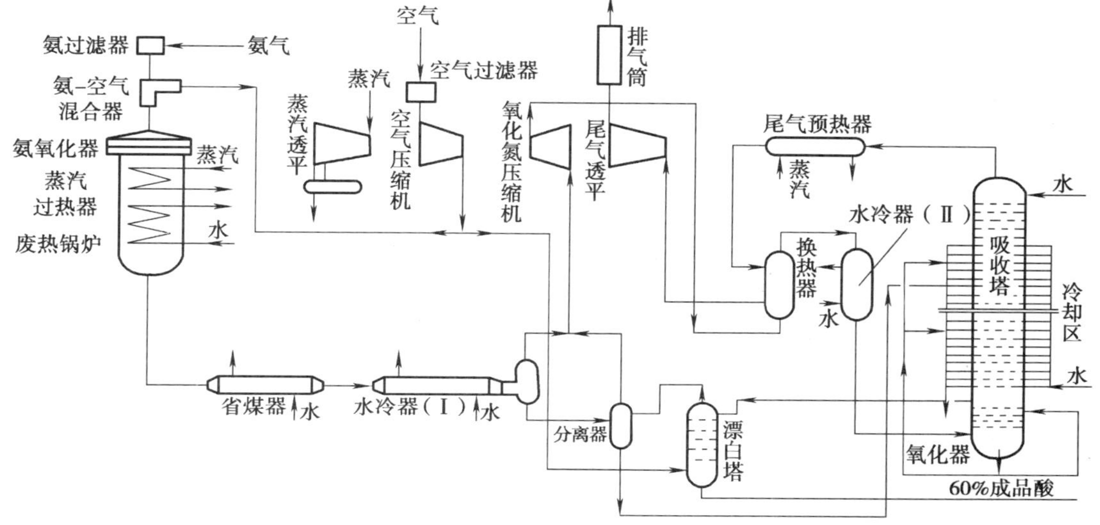

图 5—2　双加压 GP 法制稀硝酸流程

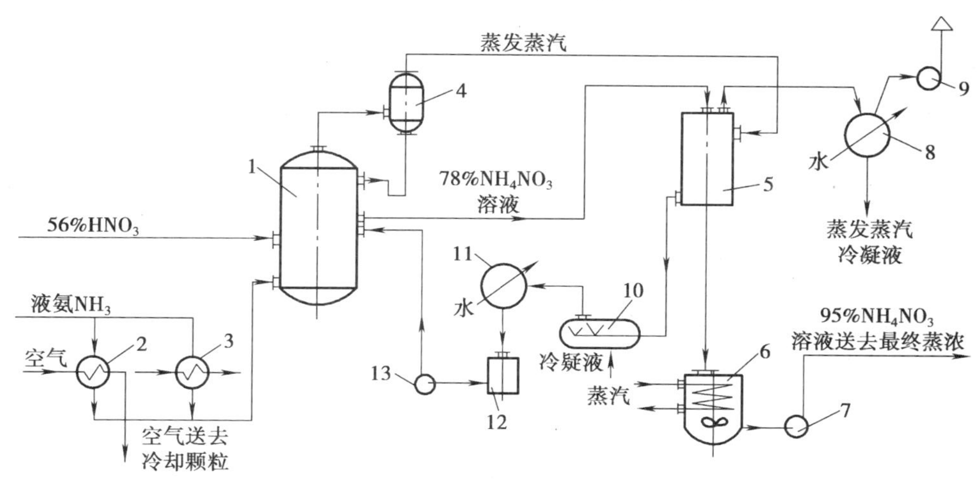

图 5—3　加压法制稀硝酸

1—中和器　2，3—氨蒸发器　4—分离器　5—蒸发器　6—受槽　7—泵　8—冷凝器　9—真空泵　10—受槽　11—二次蒸汽冷凝器　12—受槽　13—泵

（1）综合法生产稀硝酸。该流程采用 0.35 MPa 压力进行 NO_x 的吸收操作，可生产成品酸浓度为 47%～53%的稀硝酸，与常压法相比，吸收容积可大为缩小，

采用筛板塔，吸收效率高，可达98%。

（2）双加压GP法生产稀硝酸。双加压GP法生产稀硝酸的主要特点包括以下四个方面：

1）氨利用率高。炉顶设计有特殊气体分布器，能使氨空气混合气均匀分布于铂网表面，氨氧化率可达96.7%、NO_x 吸收率可达99.8%，氨的总利用率为96.5%。

2）铂消耗低。因铂网温度分布均匀，从而减少了铂网局部过热所产生的铂挥发损失。

3）NO氧化度高。由于 NO_x 吸收采用1.3～1.5 MPa的操作压力，加快NO气体的速度，在不设专用氧化塔的情况下，通过设备、管道内空间的净化，使进入吸收塔气体中的NO氧化度达到90%～97.8%。

4）尾气中 NO_x 含量低。由于加压、低温吸收，对NO氧化及 NO_x 吸收都很有利，尾气出口中 NO_x 含量能降低到100 mL/kL以下，不需要设尾气处理装置。

（3）加压法生产稀硝酸。该流程中氨的氧化与酸的吸收都在加压下操作，空气经压缩机加压到0.35～0.4 MPa，大部分在文氏管与氨气混合，另一部分供第一吸收塔下部漂白区脱除成品酸中氮氧化物之用。流程特点有：空气过滤器中装填有泡沫塑料，二次净化再用素瓷过滤器净化度高；采用大型氧化炉－废热锅炉联合装置，副产1.4 MPa的饱和蒸汽和2.5 MPa的过热蒸汽；采用快速冷却器，利用吸收氧化区引出氮氧化物气体，通过此冷却器，由于用液氨蒸发吸收热量而使气体迅速冷却到50℃，然后返回吸收塔，NO_x 吸收率可以至99%以上，此外还考虑了能量回收问题。

2. 氨氧化制硝酸的工艺及装备

（1）氨催化氧化工艺。

1）氨的催化氧化。NH_3 与 O_2 互相作用时，可以有下列不同的反应：

$$4NH_3+5O_2=\!=\!=4NO+6H_2O$$

$$4NH_3+4O_2=\!=\!=2N_2O+6H_2O$$

$$4NH_3+3O_2=\!=\!=2N_2+6H_2O$$

此外，还可能有其他副反应：

$$2NH_3=\!=\!=N_2+3H_2$$

$$2NO=\!=\!=N_2+O_2$$

$$4NH_3+6NO=\!=\!=5N_2+6H_2O$$

2）NH_3 氧化催化剂。选用铂系催化剂，并主要研究铂网的活化、中毒和再生。

①为了提高铂网活性，在使用前需进行“活化处理”，其方法是用氢气火焰进行烘烤，使之变得松疏、粗糙，从而增大了接触表面积。

②气体中许多杂质会降低铂的活性。空气中的灰尘（各种金属氧化物）和 NH_3 中夹带的铁粉和油污等杂质，遮盖在铂网表面，会造成暂时中毒。H_2S 也会使铂网暂时中毒，但水蒸气对铂网无毒害，反会降低铂网的温度。为了防止铂网不致很快地降低活性，气体必须经过很好的净化，虽然如此，铂网还是随着时间的增长而逐渐中毒，需再生处理。

③再生是把铂网从氧化炉中取出，先浸在10%～15%的盐酸溶液中，加热到60～70℃，并在这个温度下保持1～2 h，然后将网取出用蒸馏水洗涤到水呈中性为止，再将网干燥并在氢气火焰中加以灼烧。再生后的铂网，活性可恢复正常。

为了防止铂催化剂中毒，需将空气和氨加以净化，以除去其中的灰尘、铁锈油污及某些有毒气体，这是保证氨氧化率的重要条件。净化空气的设备形式很多，国内 HNO_3 生产设计中多采用三段净化方法来处理：第一段在填料塔内用水洗涤，水洗后空气经过气液分离器；第二段用粗毛呢做成袋式过滤器过滤；第三段则与氨混合后一起用纸板或多孔素瓷管制成的过滤器进一步除去机械杂质。生产实践表明，近年来大多不用水洗，而只用二段干法过滤，氨先单独经过氨过滤器以除去杂质，再与空气一起净化。实践证明，若气体净化效率低，约在1个月后，氨氧化率值会有所下降。此外，为防止氧化炉被铁锈所沾污，故从气体进口一直到氧化炉入口的全部管线应用铝或镍钢等材料制成。

（2）混合气的配制。送到铂网的氨和空气应混合均匀，这是保证氨氧化率和防爆的必要条件。配制混合气的方法，有干式和湿式两种。

1）干式。将氨和空气按比例分别送入由同一电机或汽轮机带动的氨气和空气风机，再经混合器制成氨一空气混合气。这样，既便于调节混合气的组成，又可在电动机或汽轮机停转时，同时停止输送氨和空气，防止混合气中氨含量过大而发生爆炸，也可将氨和空气先经过适当混合直接送入风机。这种配制方法，需要有氨浓度自动控制装置。

2）湿式。先将氨气制成浓氨水，再在发生塔内用空气将氨水解吸制成氨一空气混合气，而稀氨水则用泵送到吸收塔循环使用。这种配制方法的优点是操作稳定，但氨水循环流程复杂，开工时需先制成一定浓度氨水，不如干式简便。

氧化反应器是氨催化氧化过程的主要设备，对它的基本要求包括：氨一空气混合气能在催化剂的整个截面上均匀地通过，以获得较高的氧化率；为了减少热损失，应在保持最大接触面积下尽可能缩小体积；结构要简单，易于装卸催化剂。

为满足上述要求，广泛采用的是由上下两个圆锥体和中间为圆柱体组成的容器，锥体的角度应该满足氨一空气混合气分散均匀和催化剂受热均匀的要求，一般成 67°～70°比较适宜。

近年来均采用由上而下的氧化炉，其主要优点是下锥体可用耐火砖衬里，减少了热损失，当与废热锅炉设计成联合机组时，可以更有效地回收热量；气体流动方向与铂网的重力方向一致，这样就可以减少铂网的振动，降低铂损失。

大型氧化炉一废热锅炉联合机组，直径 3 m，采用 5 张铂一铑一钯网和 1 张纯铂网，网丝直径 0.6 mm，上部为氧化炉炉头，中部为过热器（蒸汽加热器），下部为立式列管换热器，在 0.35 MPa 下操作，氧化率可达 98%。

(3) 氨氧化过程。氨一空气混合气由氧化炉顶部进入，经气体分布板，铝环和不锈钢环在铂一铑催化网进行氨氧化反应。

氮氧化物气体经过换热，温度降至 745℃左右，进入下部换热器的列管与列管间的水进行换热，产生饱和蒸气，本身温度降至 240℃，由底部出去，换热器管间的水与锅炉汽包形成自然对流循环，汽包分离所得的水仍回到锅炉。

下部换热器与蒸汽加热器相连，由换热器产生的湿饱和蒸气可直接通至大法兰下部，因而克服了变形严重的缺陷，这是该设备特有的特点。

(4) NO 氧化过程。保证 NO 氧化的良好条件是加压、低温和适宜的气体浓度，氮氧化物在氨氧化部分经过余热回收后，一般可冷至 200℃左右。出废热锅炉后，还需继续冷却，而且温度愈低愈好，在温度下降的过程中，NO 就会不断氧化，但必须考虑到，氧化中的水蒸气达到露点后就开始冷凝，从而就会有一部分 NO 和 NO_2 溶解在水中而形成了稀 HNO_3，这样就降低了气体中所含氧化物的浓度，不利于以后的吸收操作。而且，考虑到如果是制造稀 HNO_3，这些稀 HNO_3 还可引至吸收部分相近的塔中，如果用于直接制造浓 HNO_3，由于水平衡关系，这些硝酸是不允许返回生产系统的，为按照硝酸制造的总反应式：

$$NH_3 + 2O_2 = HNO_3 + H_2O$$

如果水不除去，HNO_3 的浓度不会超过 77.8%，这时就会排走稀硝酸而降低硝酸产量。为了解决这个问题，氮氧化物必须很快冷却下来，使其中水分尽快冷凝，但要求一氧化氮尽量少氧化成二氧化氮，如果浓度不高，溶解在水中的氧化物量也就较少了，这个过程是在所谓快速冷却设备中进行的，对冷却器的选择应是传热系数大的高效设备，以实现短时间完成气体冷却和水蒸气冷凝。

经快速冷却后的气体，其中水分已大部分除去，此时就可以使一氧化氮充分进行氧化，常是在气相或液相中进行，习惯上可分干法氧化和湿法氧化两种。

（5）硝酸尾气处理。酸雨和氮氧化物气体是造成大气污染的主要污染源，其中一氧化氮对人体是有毒的，二氧化氮与人体血液中血红素结合比氧快得多，另外氮氧化物能与大气中的碳氢化合物在阳光照射下产生光化学反应，形成一种含有过氧乙酰硝酸盐的烟雾，它是一种致癌物。

目前除去 NO_x 的方法归纳起来可分为溶液吸收法、固体吸附法和催化还原法。

溶液吸收法大体有以下六种方法，固体吸收法和催化还原法在此不做详细介绍。

①碱性溶液法。如氢氧化钠、碳酸钠、氢氧化镁、氨水、石灰乳等。

②还原性碱液法。如碳酸钠加亚硫酸钠、碳酸钠加亚硫酸铵。

③氧化性碱液法。如氢氧化钠加次氯酸钠、高锰酸钾。

④酸性溶液法。如用一定浓度的硫酸和硝酸。

⑤氧化性酸性溶液法。如用含有五氧化二钒或重铬酸钠的硝酸溶液。

⑥盐类溶液法。如用硝酸一尿素溶液、硫酸亚铁等。

3. 物质、物系危险分析

（1）氨危险性分析

氨在常温、常压下为具有强烈刺激性臭味的无色气体。在常温下，将气态氨加压至 0.75～1.20 MPa，或者在常压下，将气态氨冷却到－33.4℃以下时能转变为液态氨，简称液氨。

氨的汽化潜热很高，液体氨在各种温度下的汽化潜热见表 5—1，液氨汽化时吸收大量热量，这就使得在气氨管线内带有液氨时会出现管壁挂水珠或形成一层白霜。人的皮肤接触液氨，会引起冷“烧伤”。

表 5—1　液体氨的汽化潜热

温度/℃	汽化潜热		温度/℃	汽化潜热	
	kcal/kg	kcal/mol		kcal/kg	kcal/mol
－45	334.9	5.70	20	283.8	4.82
－40	331.7	5.64	40	263.1	4.47
－20	317.6	5.40	55	245.1	4.17
0	301.8	5.12			

注：1 kcal＝4.186 8 kJ

氨的饱和蒸气压与温度关系见表 5—2。由表 5—2 得知，当氨气温度在－5℃时，管线内压力一旦超过 0.36 MPa，一部分氨气就会冷凝成液氨，因此，工业上输送氨气时，常采用中压管道，且管外壁加有保温层，以减少外界温度差的影响。

表 5—2　　氨的饱和蒸气压与温度的关系

温度/℃	压力/绝对大气压	温度/℃	压力/绝对大气压	温度/℃	压力/绝对大气压
+40	15.850	+10	6.271	−20	1.940
+35	13.760	+5	5.259	−25	1.546
+30	11.895	0	4.379	−30	1.219
+25	10.229	−5	3.619	−35	0.950
+20	8.741	−10	2.966	−40	0.713
+15	7.477	−15	2.410		

注：1 绝对大气压＝101.325 kPa

氨气极易溶于水，溶解了氨的水溶液，呈碱性，这是因为发生了化学反应：

$$NH_3 + H_2O = NH_4^+ + OH^-$$

因此如果氨气管线出现泄漏，就可以用酚酞试纸检查，如果用的是被水浸湿的酚酞白色试纸，当试纸变为红色时，便说明此部位有氨泄漏。

氨易与酸作用生成铵盐，如氨与硝酸、硫酸作用分别生成硝酸铵和硫酸铵。氨具有还原性，在通过某些加热的氧化物，如氧化铜时能夺取其中的氧，发生下面的氧化还原反应：

$$2NH_3 + 3CuO = 3Cu + N_2\uparrow + 3H_2O$$

氨一般不能在空气中燃烧，但可以在纯氧内燃烧，呈绿色火焰：

$$4NH_3 + 3O_2 = 2N_2 + 6H_2O$$

氨与铜及铜的合金作用生成铜络离子［$Cu(NH_3)_4^{2+}$］，使金属铜受到较强的化学腐蚀，因此凡接触 NH_3 的生产系统，其管道、阀门及仪表等均不要用铜及铜合金材料制造。

氨与空气混合时，当氨的浓度（体积分数）达到 17.1%～26.4%时，遇高温或明火即发生爆炸。因此，氨通过的管道、容器及设备等，动火前必须严格进行置换和分析。

硝铵生产所用的氨，一般由液氨蒸发而来，液氨中通常夹带少量的杂质，这些杂质有碳酸铵、润滑油、催化剂微粒、铜氨液及铁屑等。在液氨蒸发过程中，如果这些杂质被带入气体中，严重时会堵塞阀门，其中特别是油的存在，会增加硝铵热分解，所以氨气不允许含有油类及其他固体液体杂质。其次液氨中含有少量的水和溶解在其中的氢、氮、甲烷及惰性气体等，当其蒸发时也进入氨气中，这些惰性气体的存在，会增加中和过程的固定氮损失和降低中和蒸发蒸气的热焓，在利用中和蒸汽作为硝铵一段蒸发器加热时，中和蒸气中惰性气体增加会降低蒸发器的传热效率，因此要求氨的纯度在99.5%以上。

氨气的温度要求控制在－10～＋10℃之间，且氨气内不夹带液氨。氨气的输送压力一般为304 kPa左右，如果温度太低，管道内一部分氨气就会凝结成液氨。液氨进入中和器后，体积迅速膨胀，反应时产生的热量也急剧增加，这就会造成中和器内剧烈超压，有损于设备，同时还导致氮的损失增加，操作也很难稳定。因此，氨气中更不允许夹带大量液氨。

（2）硝酸危险性分析

硝酸是一种强酸，纯硝酸（100%）是具有强烈刺激性带有酸味的无色液体，－41.2℃时凝结成白雪状结晶。工业制得的硝酸因溶有氮的氧化物，故呈现黄色，将硝酸置于空气中，会有烟雾生成。

硝酸的沸点随浓度的变化相差很大，各种不同浓度的硝酸沸点见表5—3。

表5—3　　在常压下硝酸水溶液的沸点

硝酸含量（质量分数）/%	沸点/℃	硝酸含量（质量分数）/%	沸点/℃	硝酸含量（质量分数）/%	沸点/℃
0	100.0	50	116.84	80	115.45
20	103.56	60	120.06	90	102.03
30	108.08	68.4	121.9	100	86
40	112.58	70	121.60		

改变压力时，硝酸的沸点亦随之有明显变化，但对于最高沸点混合物中硝酸含量的影响很小，见表5—4，故用普通蒸发的方法制取浓度高于68.4%的硝酸是不可能的。

表5—4　　在各种压力下最高沸点混合物中硝酸的浓度

压力/mmHg	混合物的最高沸点/℃	HNO_3的浓度/%	压力/mmHg	混合物的最高沸点/℃	HNO_3的浓度/%
40	52.6	65	458	109.0	66.4
116	72.1	66.4	760	121.9	68.4
317	99.0	66.4	870	126.6	68.4

注：1 mmHg＝133.322 Pa

硝酸的冰点温度也随浓度而变化，硝酸的最低冰点是－66.3℃。硝酸与水混合时放出的热量称为稀释热，放出热量的多少根据硝酸的稀释程度来决定。

硝酸的化学性质极为活泼，是强氧化剂。在光照射下，即使是常温，无水硝酸亦能部分分解。

$$4HNO_3 = 4NO_2\uparrow + 2H_2O + O_2\uparrow$$

硝酸对有机物（动、植物）有很大破坏作用，这是因为有机物能促进硝酸的氧化作用，当植物的纤维与硝酸作用时，有时会发生燃烧。硝酸对人的眼睛、皮肤等具有强烈的伤害作用，因此，从事硝酸生产的人员要注意安全。

硝酸与盐酸按 1∶3 组成的混合酸溶液，俗称“王水”，能溶解金和铂。

硝酸能与许多金属作用，放出氮氧化物，当无氯气存在时硝酸不能与金、铂、铑、铱、钽、钛等作用。但某些金属（如铝）却能耐浓硝酸的腐蚀，原因是浓硝酸与铝作用后，生成一层氧化保护膜，这种膜可以将浓硝酸同金属相隔开，防止金属继续遭腐蚀，但随着酸浓度的降低，氧化作用减弱，不能生成具有保护性的氧化膜，故金属铝不能作为制造储存稀硝酸的材质。随着温度的增加，硝酸的腐蚀性也相应增加，即使对于不锈钢也是如此。

硝酸生产中要求所用的硝酸浓度是 43％～47％，硝酸浓度过稀中和热少，且因含水太多，会使蒸发过程的负荷增加，蒸汽消耗量也要增加，并会使蒸发过程的氮损失增加。

硝酸中氮氧化物（折算成 N_2O_4）含量应低于 0.15％，氮氧化物含量过高，生成的亚硝酸盐会促进硝酸铵的分解，造成中和过程中固定氮损失增加。

硝酸中不允许含有氯离子（Cl^-）和铁离子（Fe^{3+}），因为有氯离子的存在会使不锈钢的腐蚀增强，同时氯离子对硝酸铵的稳定性也有不利的影响；如果同时含油，Cl^-是硝酸铵溶液发生均相分解爆炸的催化剂；铁离子的存在会使硝酸成品的外观呈现棕红色。

为了使原料硝酸不致影响硝酸铵成品的纯度（或含氮量），要求硝酸灼烧后固体沉淀物含量不应超过 0.07％。

4. 过程工艺及装备危险分析

（1）系统危险分析。氨氧化法制造硝酸有常压法、加压法、综合法三种。纯度为 99.8％的氨气与过滤预热后的空气按比例混合，其中氨含量（体积分数）应为 9.5％～12％，若超过 12％即易形成爆炸性混合物。为此，工艺装备中应设有混合比例自动调节装置与手动调节相配合，严格控制氨气的加入量。运行中增量时应先增空气，减量时应先减氨气，氨入口处应设有快速切断装置（例如电磁阀）。停车处理必须先切断氨气，然后加大空气吹入量，彻底吹洗，吹尽残氨和氧化反应生成的气体，最后再关闭生产系统。影响氨气量的因素很多，如氨气内带液氨、氨气管压力波动、管线堵塞等。波动量大时，自动比例调节器也会失去作用，若发现或处理不及时，极易引起氨含量过高，进入爆炸极限而发生危险。故而在氨气和空气管线上应该装压力表和压力波动报警装置，以便当压力超越允许范围时，能自动切断氨或空气供气的联动装置，并保证有效可靠。氧化炉中的混合气在压力为常压、温度为800～900℃的条件下，经过铂一铑网催化剂的催化作用，进行放热氧化反应，生成一氧化氮，降温加压至0.35 MPa，继续氧化成二氧化氮。严格控制氧化炉中的氧化率（即反应投入氨）在98%以上，若氧化率下降，则未反应的氨与氧化氮反应，生成硝酸铵与亚硝酸铵，可能发生强烈爆炸。所以，生产中要不断分析氧化率，如遇氧化率过低，应找出原因，并采取措施。如果催化剂中毒或催化剂网产生破洞时应立即停车，更换催化剂网，如混合气中氨的比例过低，反应温度不够，则应立即调整。氧化炉刚开车时，温度低、氧化率低，最易生成硝酸铵和亚硝酸铵，温度达315℃时，一氧化氮又会使硝酸铵分解成亚硝酸铵，容易发生爆炸。因此，在尚未升至正常反应温度（800～900℃）时，反应后的气体应放空。开车时，先用空气吹洗，再导入混合气体进行催化剂网点火升温，如果催化剂网未发红，则表示点不着，应切断氨气，用空气吹洗，找出原因后再重新点火，否则易使氨浓度增高而发生爆炸危险，或者进入后部系统生成硝酸铵，造成危险。氧化炉停车时，输入的混合气应逐渐减量，最后全部切断。若紧急停车，则应立即切断氨的供应，开大空气入口阀进行吹洗。氧化系统生成少量的铵盐（硝酸铵与亚硝酸铵），最易在透平压缩机处积聚，发生爆炸危险，如发现铵盐增加应立即停车，冲水处理。二氧化氮冷却后在吸收塔内用水循环吸收，制得浓度为45%～55%的稀硝酸。

（2）氨一氧气混合系。混合物在700～800℃温度范围内，不论含NH_3量多少，混合物均会发生自燃。随着混合物温度上升，其着火界限相应扩大，氨浓度较低时也可能发生爆炸。

在生产中实际使用的氨一空气混合物中含氨的浓度为9.8%～12.0%，这种混合气体无爆炸危险。当氨浓度进一步增加时，应根据加热温度，氧化中的氧气含量，压力等条件确定混合气体的自燃点。

当存在催化剂时，氨一空气混合物发生燃烧的危险性减少，但是这时必须采取措施，防止氨一空气混合物加入催化剂前在设备的管道中燃烧。因此，为避免在接触反应器中发生爆炸，氨一空气混合物中氨含量（体积分数）不应高于12%。但是在操作条件下，由于缺少控制计量仪表和自动化措施，或是这些仪表不正常显示以及由于操作人员操作错误等原因，氨浓度上升事故也会经常出现。

选择混合氧化组成时，最重要的是 NH_3 的初始浓度、O_2 的含量、是否有水蒸气存在等。

一般工厂均采用较 9.5%高的 NH_3 浓度，所以在经过催化氧化以后，在氮氧化物吸收过程中还应补充空气，这一部分空气称二次空气。

要想不降低氧氨比，保持较高的氧化率，又要提高氨的含量以得到高浓度的 NO 气体，可以向氨一空气混合物中加入纯氧配成氨富氧空气混合物。但是无论如何，氨在混合气中的含量不能超过 12.5%～13%，若再继续提高，便有发生爆炸的危险。如果在氨富氧空气混合物中加入一些水蒸气，可以降低爆炸危险性，从而提高 NH_3 和 O_2 的浓度。带有水蒸气的混合气体进行氨的催化氧化时，称为湿式催化氧化。

（3）温度、压力和接触时间。

1）温度。温度如果过低，则催化剂活性低，但若过高则铂损失大，所以要选择一个适当温度，此温度取 760～840℃较为适宜，压力增高时，温度也相应增高。

2）压力。常压下氨的氧化用 3～4 层铂网，早期的研究在加压下（如 0.5～0.8 MPa）会使氧化率降低。但现在已经肯定，如果把反应温度提高，铂网层板增加至 16～20 层，仍可达 96%～98%。

加压法的优点是可使气体体积缩小，设备紧凑，从而节省投资；缺点是氧化率略低，铂损失增加等，生产中究竟选用常压或加压，应视具体条件而定。

3）接触时间。接触时间应适当，如太短则被氧化物来不及氧化，氧化率降低；若时间太长，也会使氨在铂网前的高温区停留过久，容易分解成 N_2，同样也会降低氧化率。

（4）硝酸生产常见的事故类型。

1）NH_3 和空气在接触设备、混合器及管道内生成易爆的混合气体而发生爆炸。

2）生产车间、厂区内聚集有大量氨和氧化氮气体，使职工中毒。

3）生成亚硝酸盐一硝酸盐，并沉积下来，从而在氧化气体鼓风机、透平压缩机器和接触设备的点火部件及管道等处发生爆炸。

4）当浓缩器燃烧室内加入过量液体或气体燃料时，稀硝酸浓缩工段会形成易爆的气体、空气混合物或蒸气一空气混合物，燃料如不及时燃烧，则可能在燃烧室内发生爆炸。

5）当氧气从直接合成法生产浓硝酸的系统中冲出，或氧气进入被有机物质污染的设备时，在未经脱脂处理以及沾有油污的设备和管道表面可能发生燃烧。

6）氧气和硝酸与有机物接触或与含有棉花，石蜡等有机物质的石棉衬垫及填料接触而发生燃烧。

7）由于浓硝酸和混酸有机物质接触引起燃烧和爆炸。

8）液体氧化氮与氨混合而发生爆炸。

（5）氮氧化物气体系统的吸收。氮氧化物中除了一氧化氮外，其他的氮氧化物都能按下列各式与水作用：

$$2NO_2 + H_2O = HNO_3 + HNO_2$$

$$N_2O_4 + H_2O = HNO_3 + HNO_2$$

$$N_2O_3 + H_2O = 2HNO_2$$

从上式可以看出，它们都能生成等量的硝酸和亚硝酸，实际上，由于 N_2O_3 含量极少，因此，在吸收过程中其含量所占比重不大，可以忽略。

亚硝酸在温度低以及浓度极小时才稳定，所以在工业条件下会迅速分解：

$$3HNO_2 = HNO_3 + 2NO + H_2O$$

因此，用水吸收氮氧化物的总反应可概括如下：

$$3NO_2 + H_2O = 2HNO_3 + NO$$

可见含氮氧化物气体用水吸收时，整个塔内二氧化氮吸收和一氧化氮再氧化是同时进行的，这样就使整个过程变得更加复杂。

（6）氧化氮尾气的催化净化系统。工业上，广泛采用天然气和其他可燃气的催化还原方法对氧化氮尾气进行净化处理，以达到尾气排放的卫生标准。

尾气（体积分数）中含有 2%～4%的氧和残留的 NO 和 NO_2，用热氧化氮气体将尾气预热至 400℃，而后与天然气混合，以确保反应结束时温度达到 750～870℃，再采用附在载体上的铂催化剂，用这种方法可使尾气中 NO 和 NO_2 含量降到 0.005%～0.000 5%。大型装置，用 1.5～1.6 MPa 压力的天然气对氧化氮气体进行催化还原处理，在接触设备中还原是在 750℃下进行，为防止生成易爆的甲烷一空气混合物及混合物在设备中发生爆炸，规定供应天然气的管道需有自动调节的设备。此外，催化净化装置装有保护联锁系统，当压缩机事故停止运行（停车）和燃烧室气体温度偏离正常条件，可确保停止往预热器供天然气，通向催化净化反应器混合器的天然气管线上安装有截流阀，当反应后气体温度偏离正常条件，压缩机停止运行（停车）和燃烧室前天然气管线上的截流阀关闭时，该截流阀也立即关闭。

为防止在生产车间内形成易爆的天然气一空气混合物和改善劳动卫生条件，所有的设备和天然气管线都应设在室外，中央调度室对生产过程进行调节。

（7）防止硝酸盐一亚硝酸盐爆炸性分解。如果部分氨在催化剂网上未发生反应，氨即与来自接触反应器的氧化氮气体作用生成硝酸盐一亚硝酸盐，这种现象主要出现在设备开始运行（开车）阶段。硝酸盐一亚硝酸盐也会在反应器和接触反应器点火部件的管线中沉淀析出，而硝酸盐一亚硝酸盐会发生爆炸性分解，因此，沉淀析出硝酸盐一亚硝酸盐都是非常危险的。

稀硝酸接触反应器的点火部位会发生供氮氨混合气的管道破裂事故，管道破裂是由于硝酸铵一亚硝酸铵自行分解造成的。分析事故原因表明，点火部件管道破裂处附近的阀门中常有硝酸铵一亚硝酸铵沉淀析出，其中硝酸铵含量（质量分数）为94.9％。沉积在点火区的梳刷器调节阀门内的盐中含亚硝酸铵37.2％，含硝酸铵49.6％。事故原因是由于设计不当造成的后果，因为设计中没有采取防止氧化氮气体进入接触反应器点火部件管道内的措施，即既没有排除氧化氮气体与氨作用的可能性，也没有采取排出盐类沉淀的必要措施。

硝酸盐一亚硝酸盐在氧化氮气体压缩机内沉淀析出也是很危险的，因为摩擦、冲击等会引起硝酸盐一亚硝酸盐爆炸分解。此外，硝酸盐—亚硝酸盐的沉淀还能破坏压缩机叶轮的平衡。为防止类似事故，必须制定措施，尽可能防止氧化氮气体与氨相接触，并把可能生成的沉淀物从设备和管道中除掉，这就可以防止沉积在氧化氮气体通风机和透平压缩机机壳内壁以及转子叶轮上的硝酸盐一亚硝酸发生爆炸。

鼓风机、透平压缩机、设备和管道应采用蒸汽处理，以溶解接触设备催化剂网点火时形成的盐类沉淀物，为防止硝酸盐一亚硝酸盐进入氧化氮气体压缩机，氧化氮气体在进入压缩机前需用硝酸进行洗涤，为此应安装盘式气体洗涤器。氧化氮气体连续通过4个用45％～50％硝酸循环喷洒的洗涤盘，氨以及生成的硝酸盐一亚硝酸盐即可用硝酸洗去。

(8) 氧化炉安全控制技术。把握住炉的开车点火，应在一切准备工作就绪以后进行，以保证点火时动作迅速准确。如果点火时间过长，将使未参加反应的氨漏入系统中，遇酸则生成硝酸铵和亚硝酸铵，产生爆炸源。此外，在开车和正常运转时，要严格控制混合气中氨的含量不超过12％，以防爆炸。氨在常温常压时的爆炸极限为15.5％～27％，温度提高，其爆炸下限下移，如100℃时，下限则为14.5％，氧化炉的操作温度在800～900℃，其爆炸下限还要降低。因此，开车前要对氨、空气自动调节器，氧化炉温度和氨浓度高限报警器及停车联锁装置仔细检查，并经试验保证灵敏可靠，且需仪表人员在场监视。

氧化炉开车的初期，由于温度低，氧化率低，容易使未反应的氨滑过铂网而进入系统，从而生成硝酸铵和亚硝酸铵。加之一氧化氮在温度为325℃时，还会使硝酸铵分解成为亚硝酸铵，增加了铵盐爆炸的危险性。因此，在开车的初期，当炉温未达到正常温度时，反应后的气体应经稀硝酸洗涤或放空。

氧化系统生成的少量铵盐（硝酸铵和亚硝酸铵）容易在透平压缩机处积聚，铵盐超过规定值时，应在透平入口加蒸汽吹洗，在设备大、中、小修时，要彻底清理，消除隐患。操作中如发现铵盐存在，严重时应立即停车处理。

第二节　过氧化反应过程安全技术

有机过氧化氢物（R—OOH）一般不稳定，易分解。但当—OOH 基团与叔碳原子相连接或受到邻近苯环的影响时，其稳定性就增加。

纯的过氧化氢异丙苯是无色透明油状液体，压力在 0.4 MPa 时，沸点为 97.41℃。易溶于乙醇、乙醚和丙酮等有机溶剂，难溶于水。过氧化氢异丙苯遇热易分解，且有大量热量放出，其分解速度与过氧化氢异丙苯的浓度成正比，据估算，其分解时的最大放热量为 302.6 kJ/mol。

一、过氧化氢生产过程安全技术

1. 生产方法

工业上生产过氧化氢的方法有电解法和有机法，电解法又分过硫酸铵法、过硫酸钾法和过硫酸法，但绝大部分是采用过硫酸铵法（如图 5—4 所示）。有机法是 20 世纪 40 年代发展起来的，可分为蒽醌法（如图 5—5 所示）和异丙醇法，目前蒽醌法中选用的工作载体有 2－乙基蒽醌、2－叔丁基蒽醌和 2－戊基蒽醌（2－叔戊基蒽醌与 2－异戊基蒽醌的混合物），选用的溶剂多为两种以上的溶剂混合物（如磷酸三辛酯和石油芳烃）。

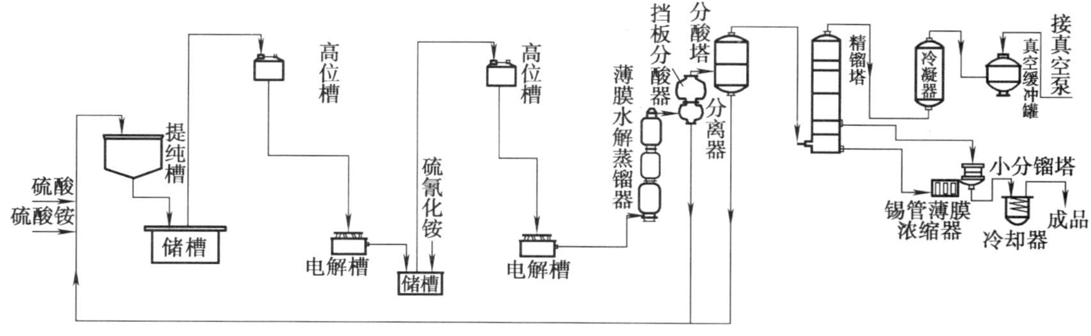

图 5—4　过硫酸铵法制过氧化氢流程

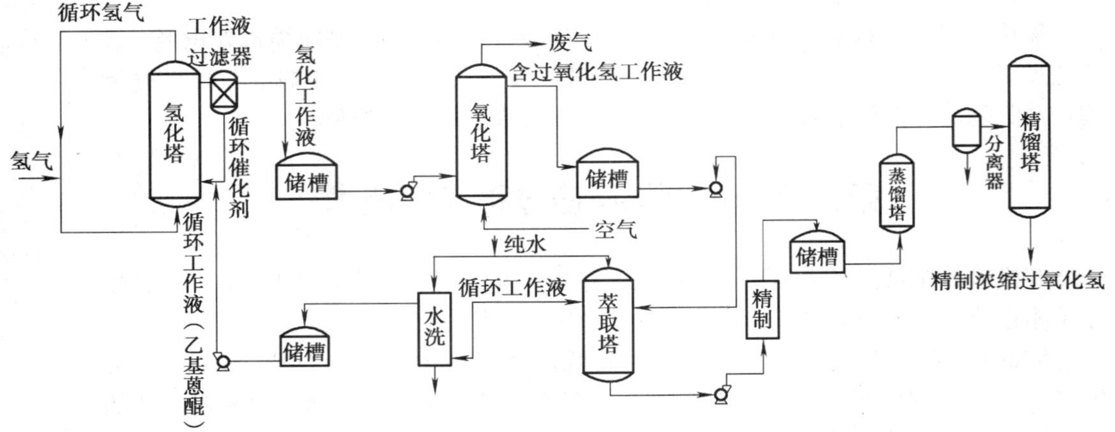

图 5—5 乙基蒽醌法生产过氧化氢工艺流程

2. 过程危险及安全控制

过氧化氢为无色浆状液体，厚层呈青蓝色，沸点为 151.4℃，浓过氧化氢沸腾时开始缓慢分解，然后爆炸。如果把氯化钾或水加入沸腾的无水过氧化氢中，不会发生爆炸，但在 160℃时会发生激烈分解，着火。过氧化氢的氧化性能是因它的一个氧原子容易脱离而造成的，过氧化氢在水或氧气中会自行分解，分解时放出大量热。添加稳定剂可使过氧化氢的稳定性能提高，使其可以安全输送。当具备分解条件或与能使它的分解加速好几倍的物质接触时，过氧化氢的分解明显。光对过氧化氢分解只起微小的加速作用。过氧化氢溶液的分解速度随着浓度的增加，与吸收能量的平方根成正比地增加。

按方程式 $H_2O_2 = 2OH$，形成羟基是链引发反应的开端，在某些条件下，粉尘可能成为这一反应的催化剂。羟基按方程式：$2OH = H_2O_2$、$2OH = H_2O + O$ 或 $H_2O_2 + OH = H_3O_3$ 发生反应。最后一种化合物很不稳定，与其他分子能立即起反应而分解。

不含碱性化合物和微量重金属的纯过氧化氢，遇热稳定，能蒸馏和浓缩。完全无尘的纯过氧化氢与催化作用不强烈的容器壁接触时，分解速度极慢。过氧化物热分解是多相反应，反应甚至能在粉尘表面进行，容器壁和粉尘的表面吸收 H_2O_2 分子是引起分解的条件。有机胶体物质能显著加速过氧化氢的热分解，当温度为 100～500℃时，在石棉、浮石和铝屑存在下过氧化氢蒸气能完全分解，存放过氧化氢的容器壁很粗糙，容器表面对过氧化氢分解的加速作用变得尤为敏感。例如，

38%过氧化氢在抛光的白金皿中一直加热到 60℃仍不会分解，而在内表面有多处擦伤的白金皿中，室温条件下就会分解。添加重金属盐，如硫酸盐或硫酸铜时，硬表面对过氧化氢分解的加速作用增大，硝酸银、硫酸铜和乙酸铝所起催化作用尤为明显。碳对过氧化氢也起分解作用，碳的催化活性取决于它表面的气孔率和强度。

用异丙醇生产过氧化氢时，可燃物质（丙酮、异丙醇等）和空气可能形成易爆浓度的混合物，过氧化氢在设备、管道、容器和仓库中在一定条件下可能发生分解，这是该生产过程所具有的特殊危险，过氧化氢和丙酮在偶然混合时以及混合物长期放置时相互作用会引发爆炸事故。容器中含有丙酮残留物，在洗涤该容器前，若把丙酮残留物倒入放有过氧化氢的真空分离器，丙酮就和过氧化氢形成过氧化物。若真空分离器中的物料倒在距下水道排水孔 1.5～2 m 的地面上，且排放位置没有用水冲洗，而地坪的沥青已损坏，并形成有沟槽，过氧化物流入沟槽，液体蒸发后会形成过氧化物结晶，装卸操作时的火花、碰击和摩擦均会引起爆炸。应当防止烃类与过氧化氢接触，当过氧化氢或烃类溢流到地坪上时，应用大量水冲洗；过氧化氢注入容器时应放在专门的铝板上进行；应用混凝土地坪代替沥青地坪。过氧化氢禁止使用装过丙酮的槽车输送，异丙醇氧化阶段，当氧化器（尤其是下部）中溶液温度超过操作温度 3～4℃时也会发生事故。

当氧化器中温度升高和氮气管线中压力长时间下降时，必须接通氧化器的供水系统，往热交换器中供冷却水，停止加热，立即排出反应物。氮气管线压力下降尤其危险，所需压力的氮气供应不足，会导致形成易爆浓度的气相混合物，如果过氧化氢在分离塔蒸馏段分解，需切断再沸器中蒸汽的供给，往塔中供蒸馏水，并停止从塔下部排出溶液；溶液经稀释和冷却到 30～40℃后排入备用储槽，为避免形成真空，应该供给氮气。当过氧化物在阳离子交换塔中剧烈分解时，应立即将过氧化氢送往备用塔，分解的过氧化物用蒸馏水稀释，排入下水道。异丙醇空气氧化过程中会形成少量有机过氧化氢，有机过氧化氢在停滞层偶然积聚是危险的。

安置在室外容器中的过氧化氢不能过热，必须系统地检查供水系统和遮阴挡板的状况。与过氧化物接触的设备和管道应该经过钝化处理，不合钝化要求，便会引起过氧化物剧烈分解，设备内表面应定期检查和净化。经钝化处理后的设备操作时不应沾上污秽和蒙上灰尘，使用干净手套接触工作表面。注意观察是否往氧化器中连续供空气，保持精馏塔和蒸馏塔中的真空度，氧化器排出的气体中氧含量（体积分数）应严格控制，不得超过 10.3%。装置运行中应往氧化和精馏工序连续供冷却水，在大气压下操作的精馏塔和容器应增设氮气吹扫系统。原料和成品纯度应特别注意，以防止过氧化氢分解。为避免形成易爆混合物，开车前设备应该用氮气进行吹扫。

在某些生产企业中，异丙醇采用富氧空气，在温度近120℃，余压超过1.0 MPa的条件下进行氧化反应。在这种条件下排出气体中的氧含量（体积分数）约为11%～12.5%，反应物中过氧化氢含量能达到9%，丙酮含量20%，异丙醇含量57%。上述参数很容易导致氧化器爆炸，为防止产生这类危险，异丙醇氧化器要装备自动联锁装置系统。

当温度超过规定温度2℃时，第一个联锁装置自动发生动作，自动打开冷异丙醇进入氧化器管线上的截流阀，关闭热异丙醇进入氧化器管线上的截流阀，并打开供冷异丙醇集管上的截流阀。如果温度继续上升到超过规定温度4℃时，第二个联锁装置即自动发生动作，这时，关闭蒸汽进氧化器夹套管线上的截流阀、夹套冷凝液通过，同时自动打开的控制阀排入大气，停止氧化器的加热过程。为使氧化器进一步冷却，可以由控制台通过直流水管上的截流阀和由夹套来的循环水管线上的截流阀往夹套中供冷却水，同时自动关闭控制阀。上述联锁装置还可从操纵盘上用手启动，如果所有联锁装置均动作之后，装置中的温度仍未下降，则可往氧化器中供蒸馏水。要有必要的冷蒸馏水储量，设置冷蒸馏水需装备专用泵，这种泵可遥控启动，也可用手启动，往氧化器供应的蒸馏水压力和流量由操作台上二级仪表调节和控制。为防止氧化器中压力升高超过允许范围，氧化器装有安全阀，安全阀后引出的管道与通水蒸气的集管相接。当安全阀动作时，抛出的反应物用集管中的蒸汽稀释，并沿排出管汇集到专用的混凝土浅坑中，当记录压力升高超过允许压力而引起联锁装置动作时，通往安全阀集管供蒸汽管线上的截流阀便打开。

异丙醇用富氧空气氧化时，要有相应的防止气体混合物中氧浓度升高到超过允许浓度的联锁装置。压缩的纯净空气和氧气在氧化器前混合，测定气相混合物中氧含量的气体分析仪信号，当富氧空气中氧浓度增加到超过控制标准时，通往混合供氧的管线上的截流阀立即发出动作而关闭。在氧化器中，空气（包括富氧空气）中的氧没有完全耗完，部分氧随蒸汽一气体相排出。当用富氧空气氧化时，氧化器排出的气体中氧的允许浓度（体积分数）为9%～10%，为确保不超过氧安全浓度，即不超过10.3%，排出的蒸汽一气体相在氧化器上部要用氮气稀释，氧含量用自动气体分析仪控制。在大型装置中，为确保连续供氮气，以使蒸汽一气体相稀释到氧安全浓度以内，采用两套供氮气源。通常，第一个供氮气源是压力为0.3～0.5 MPa的全厂性氮气管线，氮气由该管线网通过减压阀进入缓冲容器，再从缓冲容器送往压力大于1.0 MPa的压缩系统中，然后在热交换器中冷却，进入脱水器、过滤器，再送往压缩气储气罐。

氧化过程正常进行所需的部分氮气由储气罐送入氧化器，储气罐中剩余的氮气经初步减压到压力为 0.005 MPa，再返回低压缓冲容器。当集管短时间中断供氮时，由专用容器供给氮气，氮气经减压和精制后送往氧化器，氮气在专用容器中的储存压力为 1.8 MPa。

为使异丙醇氧化装置或其他类似过程的设备更安全可靠地操作，应该装备带截流装置的爆破联锁装置，根据爆破指示器或氧化器蒸气一气体相气体分析仪发送器的信号，引信管启动截流阀和类似的反应器防爆设施。高效的截流阀能防止反应器中的火焰扩散到管道中，反应器还可装备自动抑制爆炸系统，工业上已制造有直径为 20 cm、动作时间为 80 ms 的截流器。为了灭火，异丙醇氧化装置应装有喷水系统和炮架式喷嘴，喷水系统可由控制盘操纵，也可装备泡沫灭火系统。

从氧化反应物中蒸出异丙醇和丙酮，分离过氧化氢水溶液，是在两个精馏塔中进行的。为防止过氧化氢过热和热分解，过氧化氢水溶液需在真空下从反应物中分出，降低精馏系统中的产品温度。为防止真空度的偶然“破坏”（即压力上升）和温度上升超过精馏系统极限允许温度，精馏系统要装备相应的防护设施。精馏塔装有将蒸汽压力通过安全阀排入大气的设施，该安全阀装在冷凝器后的管道上，并在系统压力升高的情况下发出动作。在进沸腾器的供汽管线上和沸腾器冷凝液的出口处均装有截流阀，这些截流阀可由控制台遥控开关。当精馏塔中真空度被破坏时，应向塔内通入氮气；当精馏塔塔釜温度升高时，应该往塔内通蒸馏水使其冷却，为扑灭精馏塔内的着火，可由控制台打开的截流阀往塔内通入蒸汽。

用电化法生产过氧化氢要采用硫酸、盐酸（用做电解液的添加剂）、硫氰酸铵（用做制备电解液的添加剂）、硝酸铵等，这些化学品均是强氧化剂，并具有易爆性，硝酸铵可用做抑制剂，为稳定产品还要使用焦磷酸钠。以电化法生产过氧化氢，不能排除在工艺设备内和车间内形成氧和氢的易爆混合物以及过氧化氢分解或与有机产品相互反应的危险性。在车间操作台和绝缘控制仪表至变电站间应安装信号装置；在变电所中加强变压器与整流器阳极线间的绝缘；制定用联锁装置装备电解工段的措施。在工艺系统最重要的危险部位应该设置能控制和调节过程工艺参数和保护装置的自动化措施；在水解槽出口处应设有最高和最低温度的信号装置；应该装备控制设备中最高液位的电子信号器。

为防止在水解和精馏系统中产生真空完全消失的事故，真空泵应装有紧急供电系统。为从过氧化氢中除去腐蚀设备的硫酸，过氧化氢溶液需要先用电化法，然后再用氨溶液（化学法）中和。为防止过氧化氢分解，氨溶液严格按计算加入脱氧剂；水解产物不允许出现碱性，因过氧化氢在碱性介质中稳定性会迅速下降；氨水仅能加入稳定处理后的水解产物中，可加入焦磷酸钠进行稳定处理。

电解槽的管道应该用惰性气体吹扫，直至电解槽中氧含量（体积分数）不大于2%，管件内表面应定期检查和钝化。为防止空气渗入有氢气的管道和设备，应该经常往这些管道和设备供氮气，氮气应能自动控制。当吸入管线压力下降至小于98 Pa时，为防止管道和设备中吸入空气，鼓风机应自动切断。为防止氢气泄入车间，应装备充水的水封，如氢气排入专用管道，该管道事先应送入氮气。突然停电和停供冷却水会导致事故，停电时所有阳极的气体管道和集管都应该用0.05 MPa压力的氮气吹扫。

二、过氧化氢异丙苯生产过程安全技术

1. 反应过程

过氧化氢异丙苯直接由异丙苯氧化制得，在异丙苯分子中有一个易受攻击的叔C—H键，故易发生自氧化而生成较稳定的过氧化氢异丙苯，其总反应式为：

$$C_6H_5-\underset{CH_3}{\overset{CH_3}{\underset{|}{\overset{|}{C}}}}H + O_2 \longrightarrow C_6H_5-\underset{CH_3}{\overset{CH_3}{\underset{|}{\overset{|}{C}}}}-OOH + \Delta H^{\ominus}$$

$$\Delta H^{\ominus}_{298\,K} = -116\ kJ/mol$$

但该自氧化反应如无引发剂存在时，仍需有一较长的诱导期，通常采用产物本身作引发剂。

链引发反应：

$$C_6H_5\underset{CH_3}{\overset{CH_3}{\underset{|}{\overset{|}{C}}}}-OOH \longrightarrow C_6H_5-\underset{CH_3}{\overset{CH_3}{\underset{|}{\overset{|}{C}}}}O + OH$$

$$C_6H_5-\underset{CH_3}{\overset{CH_3}{\underset{|}{\overset{|}{C}}}}O + C_6H_5-\underset{CH_3}{\overset{CH_3}{\underset{|}{\overset{|}{C}}}}H \longrightarrow C_6H_5-\underset{CH_3}{\overset{CH_3}{\underset{|}{\overset{|}{C}}}}-OH + C_6H_5-\underset{CH_3}{\overset{CH_3}{\underset{|}{\overset{|}{C}}}}$$

所生成的自由基$C_6H_5(CH_3)_2C$是链传递反应的载链体。

链传递反应：

$$C_6H_5\underset{\large CH_3}{\overset{\large CH_3}{\underset{|}{\overset{|}{C}}}}—OOH \longrightarrow C_6H_5—\underset{\large CH_3}{\overset{\large CH_3}{\underset{|}{\overset{|}{C}}}}O + OH$$

$$C_6H_5—\underset{\large CH_3}{\overset{\large CH_3}{\underset{|}{\overset{|}{C}}}}O + C_6H_5—\underset{\large CH_3}{\overset{\large CH_3}{\underset{|}{\overset{|}{C}}}}H \longrightarrow C_6H_5—\underset{\large CH_3}{\overset{\large CH_3}{\underset{|}{\overset{|}{C}}}}—OH + C_6H_5—\underset{\large CH_3}{\overset{\large CH_3}{\underset{|}{\overset{|}{C}}}}$$

当反应连续进行时，反应系统中总是有一定浓度的过氧化氢异丙苯，故可以不再加引发剂。

2. 过程原理与控制条件

（1）主要副反应和影响反应选择性的诸因素。主要副反应是过氧化氢异丙苯的分解反应，其选择性主要取决于链传递反应速度和分解反应速度的竞争。异丙苯的自氧化反应，链传递反应速度较快，而生成的过氧化氢异丙苯又较稳定，故如条件控制适宜，是可能获得高选择性的。

1）化学物质的影响。过渡金属的羧酸盐虽能加速链的引发反应，但也能加速过氧化氢异丙苯的分解反应而使选择性降低，故不宜采用。在氧化反应系统中如有酸存在，将会催化过氧化氢异丙苯的酸式分解反应，而阻抑异丙苯自氧化反应的进行，结果使氧化反应速度减慢而选择性降低，故氧化液的 pH 值控制很重要，一般控制在 8～10。在异丙苯自氧化过程中如发生双分子热分解反应，就有甲酸生成，可在反应液中加入少量碳酸钠或可直接用少量过氧化氢异丙苯的钠盐作引发剂，将碱带入反应系统，以中和副反应所生成的甲酸。由于双分子热解反应实际上很难完全避免，加入碳酸钠的结果不仅可提高选择性，并能使氧化反应速度不受抑制或少受抑制。有铁锈存在也能加速过氧化氢异丙苯分解的反应，故反应器和其他设备需采用不锈钢材质。

2）反应温度的影响。在异丙苯自氧化过程中，反应温度的控制很重要，反应温度高，氧化反应速度快，但产物的分解速度也快。由于分解反应释放的热量，比氧化反应释放的热量大得多，使反应温度难以控制，甚至发生爆发性分解反应而引起爆炸。

3）反应液中过氧化氢异丙苯浓度的影响。过氧化氢异丙苯的分解速度不仅与温度有关，也与反应液中过氧化氢异丙苯的浓度有关，浓度愈高，分解速度愈快，氧化液中过氧化氢浓度一般控制在 25%左右。

4）要获得高的选择性，转化率也不宜控制太高，同时所采用的反应器也应尽量减少返混。工业生产上转化率的控制与所选反应器型式及反应温度均有关。

（2）工艺流程主要包括氧化和产物浓缩两部分。工业上大规模生产采用的是多台塔式反应器串联的流程，反应温度采用递降式控制方式，每台反应器用筛板分隔成数段，并设有外循环冷却器以移走反应热。新鲜异丙苯和循环异丙苯及催化剂碳酸钠自第一台反应器加入，然后依次通过诸反应器，空气分别从每台反应器底部鼓泡通入，自顶部排出，汇总后经冷却器以回收可能带出的异丙苯，然后放空，每台反应器控制一定的转化率，反应温度逐台降低。例如，第一台控制温度为115℃，到第四台降为90℃，自第一台到第四台氧化液中过氧化氢异丙苯浓度（质量分数）的控制分别为：9％～12％；15％～20％；24％～29％；32％～39％。总停留时间为6 h。

自最后一台氧化反应器流出的氧化液，经水洗以除去钠离子和能溶于水的副产物甲酸等，然后进行浓缩，由于温度高会促使过氧化氢异丙苯的分解，故需采用真空浓缩，可采用膜式蒸发器浓缩，一般浓缩到过氧化氢异丙苯浓度达到80％左右，其余为未反应的异丙苯和副产物苯乙酮、二甲基苯甲醇等。浓缩时蒸出的异丙苯（含有少量过氧化氢异丙苯）经碱洗以中和酸和除去苯酚等有害杂质，然后循环回氧化反应器，在碱洗时所含的过氧化氢异丙苯转化为钠盐。

浓缩后的过氧化氢异丙苯如受热很易分解而引起爆炸，故储槽必须设有冷却系统。

三、爆炸事故分析及控制技术

有机过氧化物具有不稳定和反应能力强的特点，因此处理有机过氧化物具有更大的危险性。当加热时或在可变价金属离子、胺、硫化物等化合物作用下，有机过氧化物不仅在合成时，而且在使用时均会发生分解。有机过氧化物是固态或液态产品，极少是气态产品，它们在常温下均会爆炸。各种有机过氧化物的爆炸能力相差很大，例如，二甲基乙烯酮的过氧化物在80℃时就会爆炸。有机过氧化物主要用于乙烯和二烯烃等化合物的聚合、不饱和树脂的固化、橡胶硫化等过程。

有机过氧化物可分为六种主要类型：过氧化氢、过氧化物、羰基化合物的过氧化衍生物、过醚、二乙酰过氧化物和过酸。有机过氧化物的稳定性取决于它们的分子结构，各类过氧化物稳定性的变化程序为：酮的过氧化物＜二乙酰过氧化物＜过醚＜二烃基过氧化物，每一类过氧化物的低级同系物对不同类化合物的作用比高级同系物更敏感。

多数过氧化物很容易燃烧，是一类有着火危险性的化合物，其着火危险性通常是由它的分解造成的。加热、机械作用或传爆会引起分解自行加速，过氧化物的易爆性会提高，过氧化物对机械和热作用很敏感，爆炸力比通常的爆炸物要低，爆炸时的传爆扩散速度相当快，某些过氧化物对冲击的敏感性极强。过氧化物爆炸能量取决于爆炸时形成的、由氧平衡数所决定的气态产品的热能和数量，根据氧平衡数和爆炸能量，过氧化物可分为爆炸性分解和非爆炸性分解两类。

各类有机过氧化物的低分子同系物对机械作用均很敏感，爆炸危险性更大，如甲基和乙基过氧化物、二甲基过氧化物、乙烯基过氧化物、乙酰过氧化物、过甲酸等，均很容易爆炸，但是高分子同系物基本上危险性较小。在 2 kg 物体由 12～16 cm 高处落下时的冲击作用下，丙酮的过氧化物粉末会爆炸，而当同样重的物体从 3 cm 和 180 cm 处落下时，雷酸汞和三硝基甲苯才会发生爆炸，三聚环状乙酰过氧化物对冲击的敏感程度与叠氮化铅相近。能爆炸性分解的固体过氧化物具有对冲击和摩擦很敏感的特点，如用扫帚打扫干苯酰基过氧化物或从装有干苯酰基过氧化物的玻璃容器上拧下塑料瓶塞时，由于瓶子螺纹上落有有机过氧化物灰尘，因而会发生着火和爆炸的事故，当用刮铲搅拌时，在玻璃表面上的甲醛过氧化衍生物也会发生强烈的爆炸事故。

为降低爆炸危险性，过氧化物应该进行钝化处理，固体过氧化物可采用磨碎并与白垩、固体有机酸、氧化铝、硫酸钙等混合的方法进行钝化。在许多情况中，固体过氧化物微粒可包覆一层液体石蜡沉积薄层，以降低其对机械作用的敏感程度。邻苯二甲酸二烷酯作为最不稳定的过氧化物的稀释剂，对过氧化衍生物的分解过程能起有效的抑制作用。用做过氧化物钝化剂的还有硅酮液体、磷酸三甲苯酚酯、苯、甲苯及其他单体，二氧化硅、凡士林油和矿物油、烃类、聚乙烯、苯二甲酸二甲酯都可用做惰性填充物或稀释剂，过氧化物的热敏感性可根据分解自行加速的最低温度和该温度下的分解速度计算。

某些过氧化物燃烧时发出很大的声音，并有火焰，另一些过氧化物分解时没有火焰。当加热时，过氧化物按分子链机理在官能团上的 O—O 键处分解，如果反应放热速度超过了周围环境的散热速度，在分解反应热的作用下温度升高，反应加速并发展到爆炸。有机过氧化物按 O—O 键热分解的活化能低于一般爆炸物质，其分解活化能约在 80～160 kJ/mol 范围内，有机过氧化物的自燃温度较低，某些化学过程，尤其是用氧液相氧化有机产品的过程都需要经过过氧化物阶段，形成过氧化物就可能成为引起事故的原因。

过氧化氢异丙苯蒸馏过程中温度为 80～90℃时，塔釜产物在系统中的停留时间不能超过 145 min；系统（包括沸腾器和循环线）中的釜液量不超过塔的有效容积的 15%；连续记录塔釜液的温度和压力；当蒸馏塔停车时，应立即向沸腾器内的管间供冷却水，以冷却塔液。过氧化氢异丙苯与添加量为 5%～30%的异丙苯迅速混合，即使温度超过规定 10～20℃，也能防止过氧化氢异丙苯发生过热爆炸。当塔釜产物发生自行加热的情况时，添加 10%的异丙苯进行处理，产物中添加 100%的异丙苯，在瞬间混合的情况下，也能防止过氧化氢异丙苯发生过热爆炸。

从工艺角度考虑，为消除正在发生的过氧化氢异丙苯的爆炸性分解，也可以采用往浓缩系统加入过氧化氢异丙苯的反应物，这就不必再装备存放异丙苯的容器和另外敷设管道等。氧化塔中温度升高时，过氧化氢异丙苯会发生分解和爆炸，应该采用联锁装置，停止向系统供工艺用空气，关闭工艺用空气供料管线上的截流阀；当氧化塔供水泵停止运转时，应改供软化水，没有软化水时，应用其他管道供工业水；过氧化氢异丙苯在氧化塔中热分解时，应打开由控制计量仪表盘操纵的电闸门，设备内的物料应该排入备用容器。

当蒸馏塔塔釜温度升得过高时，应该采用下列联锁装置：停止往沸腾器供热蒸气，确保供水以冷却沸腾器；蒸馏塔塔釜剩余压力超过 9 332 Pa 时，应自动停止往沸腾器供热蒸气，并接通冷却沸腾器的冷却水；在蒸馏塔反应物进料低于规定标准时，停止往沸腾器供热蒸气，并同时接通冷却沸腾器的冷却水；蒸馏设备应该安装爆破膜，反应物进料管线应安装单向阀，爆破膜后的分解产物喷出线中自动通入惰性气体，以避免空气渗入蒸馏塔内。

设计和建设过氧化物生产装置时，应采取有效措施防止过氧化氢产生酸性分解、碱性分解和热分解，使分析控制及操作过程（尤其是氧化阶段）实现最大限度地自动化控制和调节。

干过氧化物很敏感、不稳定，制备过程工序多，在决定工艺流程配置时应该考虑安全排除形成干过氧化物的可能性。氧化、碱萃取、分离和酸性分解阶段的设备结构应尽量促使过氧化物与其他物质必要的接触时间为最短，并缩小反应体积，尽量减少中间产物量。尽量避免工艺过程中停车和长期储存化学稳定性差的中间产物。由于设备故障或违反工艺条件，过程被迫停车时，必须将有关设备中的物料完全排入专用的备用容器，或者使反应设备中的温度下降到指定温度，以防止过氧化物自发分解。生产和加工其他过氧化物也会产生因过热而爆炸的危险，这是因为多数有机过氧化物的热稳定性差，由于浓过氧化物分解有热量放出，因而能自行加速分解并导致爆炸，有机过氧化物的爆炸通常是由热脉冲引发的。生产以及储存这些过氧化物，必须采取稳定和限制温度条件的特别措施。蒸汽吹扫过氧化氢异丙苯桶和容器的平台，曾发生过爆炸事故，蒸洗的容器完全毁坏，旁边的容器也因爆炸冲击波而变形，并被抛到一边。蒸洗容器用的是压力为 0.7 MPa 的水蒸气，使残留的过氧化氢加热到分解温度，过氧化氢爆炸性分解事故也会因更低温度下的热脉冲引爆。

应严格遵守工艺规程。浓过氧化物的工艺过程应该最大限度地实现自动化，并装备在紧急情况下或违反正常工艺规程时能确保生产安全停车的可靠的联锁装置。根据爆炸和着火的危险性试验，规定各种具体情况下安全储存和使用过氧化物的方法。运输过氧化物时应该采取特殊的安全措施，在多数情况下，过氧化物要用专门的自动制冷车运输，汽车应装备温度记录仪，汽车运输过程中和到达企业界区后，均需检查温度计读数，以证实汽车从供料单位装料时起，过氧化物均未受高温作用，因为温度升高会引起自燃，导致爆炸。

在工业企业中，过氧化物的储存位置，储存量，离车间、道路和其他设施的距离均应根据具体产品的性质确定，采用单独的特殊结构的仓库，储存量和距离都应符合设计规范。储存过氧化物仓库中的温度比其自行加热温度要低得多，装有过氧化物的设备至少应该装有两个温度发送器，如果第一个热电耦发生故障，温度更高时，来自第二个热电耦的信号应该使辅助系统启动，设备应装有爆破膜，爆破膜在一定压力下破裂，在该压力下，当反应失去控制时，将有足够的时间在更激烈分解发生前用手工操作排出容器内的物料。过氧化物溶液的数量和浓度应该尽可能地加以限制。

进行过氧化物新品种的生产时，该过氧化物的安全性评价以实验室试验为依据，并与一个或几个在工业上采用的最强过氧化物的生产试验数据相比较。进行操作条件试验时，采用与工业装置相似的设备，用缓慢的加热方法将过氧化物加热到反应失控的温度，加热速度应比生产装置采用的最高速度快，以取得苛刻参数下的危险状态。在生产条件下，液态过氧化物或其溶液用管道输送，可能出现意外加热（例如由热蒸汽的热量加热）的危险，引发剂可能沿管道分解扩展到装有大量过氧化物的容器（例如储罐）。这种分解的扩展程度取决于管道的直径，热量通过小直径的管道热损耗大，能减少或完全防止爆炸。总干线热容量的管道壁厚对爆炸特性有影响，输送过氧化物溶液应尽量采用直径小的管道，必须采用直径大的管道时，该管道应该予以冷却或者稀释过氧化物溶液，可以用水冷却工艺管线、泵和压缩机。注意泵吸入线中过氧化物溶液的冷却，冷却不充分，压缩时会产生大量热，使温度升高，超过自燃点，过氧化物在泵壳体中会发生分解和爆炸。过氧化物溶液泄漏，尤其当溶剂是挥发性化合物时，具有很大的危险性，在泄漏处挥发性溶剂蒸发，过氧化物则以纯品形式沉积下来。

在许多过程中，作为中间产物的过氧化物不是以高浓度产品被分离出来，而是迅速分解，如果存在大量过氧化物，中间产物积聚可能超过允许浓度，这是很危险的。为此，必须严格控制规定的温度和压力条件，连续加入催化剂，使过氧化物迅速分解。

四、抑制生成过氧化物副反应的安全技术

当溶剂、单体和其他有机物质自发氧化时会产生过氧化物，这些过氧化物也会成为着火和爆炸的起源物。各种设备（例如吸收器）中可能聚积大量过氧化物，这些过氧化物是有机产品与氧或含氧化合物长期接触自发氧化产生的。许多化学过程，尤其是氧化、缩聚和聚合过程，甚至只存在少量过氧化物时也会形成有机过氧化物，形成的有机过氧化物会在反应设备中与树脂化及浓缩的产品一起聚积下来。

为了防止局部过热，在储槽中应该适当配置低速旋转的搅拌器，所有储存系统必须用惰性气体保护，并在储槽中装置爆破膜。设置储槽因自行过热时能迅速往备用容器或燃烧器排出产品的管道等，装备温度自控装置及液面高度超过规定和其他工艺参数达到限制值则自动排出物料的信号装置。当储槽用“惰性气体”吹扫时，通往丁二烯储槽的管道中会发生爆炸事故，因为所用的惰性气体是由封闭室中易燃气体和少量空气混合燃烧获得的，含有1.8%的氧，当这种气体与丁二烯接触时形成易爆的丁二烯过氧化物。气体中氮的氧化物进入存有丁二烯的反应器，形成不稳定络合物。丁二烯过氧化物的分解能在太阳辐射或机械冲击作用下发生，必须采取措施从容器、管道中除去空气。在集管中进入了未经提纯的乙炔和从洗涤器排水时通过不严密处可能吸入空气，造成乙炔的过氧化衍生物分解爆炸。此外，在醚中形成的过氧化物也会引起爆炸的事故。

防止形成过氧化物的副反应，必须限制氧随物料渗入工艺设备，采用含氧量最少的氮气；与反应介质接触的添加水中不应该含有溶解的空气，这是因为其不能有效抑制生成有机过氧化物的副反应，必须经常吹净和清洗设备，防止过氧化物和其他不稳定沉淀物的聚积，在反应的有机介质中添加抑制剂（胺类、酚类）。添加少量汞、铜、铜和锌的汞合金也能起抑制作用，除去溶剂中的过氧化物可用三苯膦、50%硫酸的硫酸铁溶液、亚硫酸钠和氯化锡溶液、强碱和氧化铝、硫脲等。含过氧化物的溶剂蒸馏时需要添加使其稀释的高沸点添加物，从有机溶剂中除去过氧化物

是将这些溶液通过装有氧化铝的塔即可。从甲基硝化纤维素中除去过氧化物是将其通过加有阳离子交换树脂的设备，随后进行树脂中和处理。清除和销毁的方法取决于过氧化物的物化性质，易溶于水的过氧化物可用大量流动水除去。用专门的装置将事先溶解的过氧化物燃烧，易燃溶剂烧掉，大部分过氧化物分解，少量过氧化物废液可用硅藻土或沙土吸收。对于极易燃的过氧化物（例如苯酰基过氧化物）只能在量很少的情况下进行燃烧处理。过氧化物可采用过量的10%碱溶液分解，随后溶液排出，丁酮过氧化衍生物采用过量的20%氢氧化钠溶液分解，叔丁基过氧化氢可用不少于10倍的过量水处理，大量的固体和浆状过氧化物可在安全地点用导火线点燃烧尽。

第三节　还原反应过程安全技术

化学反应中，凡是物质分子中的原子得到电子的反应，即有负电荷增加或正电荷减少的反应称为还原反应，还原反应总是和氧化反应同时发生，在还原反应中，物质分子失去氧或增加氢，或者二者都存在。在有机化合物中，还原反应主要是使硝基化合物中的硝基（$—NO_2$）还原成氨基（$—NH_2$），或者把不饱和化合物通过加氢变成饱和化合物。

还原反应使用的还原剂主要有活泼的金属，例如K，Na，Ca，Mg，Al等；易使电子“偏离”的物质，例如C，CO，H_2等；阳离子及其化合物，例如HCl，HBr，HI，H_2S，NH_3等；正低价离子及其化合物，例如SO_2，H_2SO_3，$FeCl_2$，$SnCl_2$等。

还原反应的种类很多，有的不及氧化反应激烈，比较安全，但有些反应存在着较大的火灾爆炸危险。

一、还原的种类和应用

1. 用初生态活泼氢还原

这类还原反应是利用铁粉、锌粉等金属和酸、碱作用产生初生态氢，使某些物质分子起还原反应，多用于染料、医药等工业制备中间原料，例如，硝基苯在盐酸溶液中被铁粉还原成苯胺，用于制造染料、磺胺药物、橡胶助剂、小麦除莠剂等。其反应方程式为：

$$4(C_6H_5)NO_2+9Fe+4H_2O\xlongequal{HCl}4(C_6H_5)NH_2+3Fe_3O_4$$

该工艺流程如图 5—6 所示。这是一个间歇操作过程，先向还原反应器中加入苯胺废水和一部分铁粉、盐酸等物料，直接用蒸汽加热至沸腾，10 min 后，在保持沸腾状态下分批加入硝基苯及剩余铁粉，而后继续保持沸腾使之发生还原反应，直到回流冷凝器的回流液中没有硝基苯为止，然后加入消石灰进行中和，再用蒸汽加热半小时，加食盐静置，使苯胺充分分层，然后从还原反应器中部采出苯胺，送到蒸馏塔进行真空蒸馏，真空度为11.3 kPa，蒸馏温度为 113℃。为防止腐蚀，还原反应器内衬耐酸砖，搅拌器为耙式。

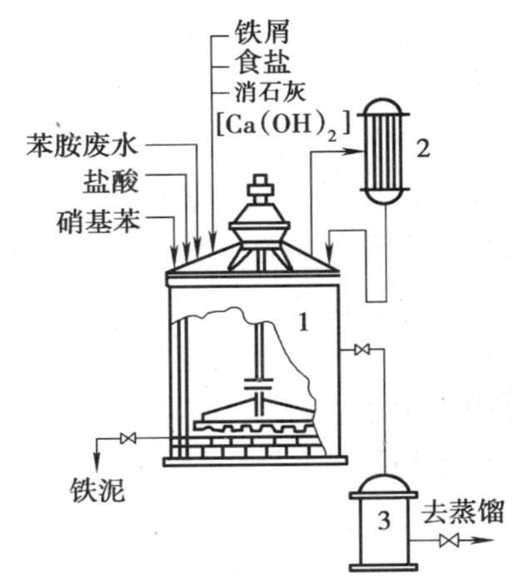

图 5—6　苯胺生产工艺流程简图
1—还原反应器　2—回流冷凝器　3—粗苯胺储槽

2. 催化加氢还原

在催化剂的作用下，将氢气活化后加入到有机化合物分子中起还原反应。所使用的催化剂主要有雷内镍（Raney－Ni)、钯炭、铂等金属催化剂；将金属与铝、硅等制成合金，而后用氢氧化钠浸泡，除去部分铝、硅等制成的骨架催化剂，例如骨架 Ni 催化剂；氧化铜、氧化锌、三氧化二铬等金属氧化物；二硫化钼、二硫化钨等金属硫氧化物；金属镍、钴、铁、铜等的络合物。其中，各类催化剂的活性成分都是金属。

将有机化合物进行催化加氢能获得很多新的产物，其中许多是有价值的基本有机化工产品，这类反应大都用于有机合成工业和油脂化学工业制备化工原料或产品。

（1）一氧化碳催化加氢合成甲醇。甲醇是重要的基本有机化工原料，用于生产甲醛、合成树脂、聚酯纤维、有机玻璃、医药、农药等工业生产中。其主要反应方程式为：

$$CO+2H_2 = CH_3OH$$

$$CO_2+3H_2 = CH_3OH+H_2O$$

按照压力不同，工业上生产甲醇的方法有高压法、中压法和低压法三种。高压法合成甲醇的工艺流程如图 5—7 所示。

经压缩后的合成气在活性炭吸附器中脱除五羰基碳后，同循环气一起送入管式反应器，在 350℃温度和 30.4 MPa 压力的条件下，一氧化碳和氢通过催化剂床层

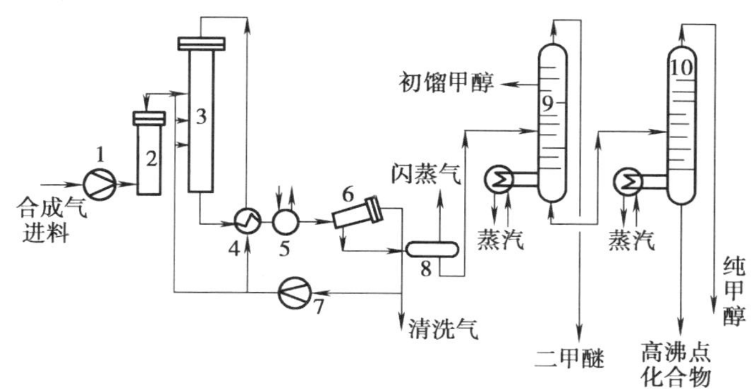

图 5—7 高压法合成甲醇工艺流程

1—压缩机 2—活性炭吸附器 3—催化反应器 4—换热器 5—冷却器
6—粗甲醇分离器 7—循环压缩机 8—粗甲醇储槽 9—第一分馏塔 10—第二分馏塔

反应生成粗甲醇，含粗甲醇的气体经冷却后，迅速送入粗甲醇分离器中，使粗甲醇冷凝，未反应的一氧化碳和氢返回反应器循环使用。冷凝的粗甲醇进入精馏装置，在第一分馏塔中除去二甲醚和甲酸甲酯及其他低沸点物质，在第二分馏塔中除去水和杂醇，得到精甲醇。

（2）苯加氢制环己烷。环己烷可用于制锦纶、溶剂、萃取剂等。苯加氢制环己烷的方法很多，通常分为液相法和气相法两种，且以液相法居多。

苯液相加氢制环己烷，一般用 Ni 系催化剂（骨架 Ni），在 2.03 MPa（氢压），150～200℃条件下，或用加有锂盐的 $Pt-Al_2O_3$ 催化剂，在 3.55 MPa（氢压），200℃条件下加氢反应。其反应方程如下：

$$C_6H_6 + 3H_2 \xrightarrow{Ni} C_6H_{12}$$

该工艺流程如图 5—8 所示。苯和氢不经预热直接加入反应器，通过一台外置循环泵使反应器中的催化剂保持悬浮状态，由于苯加氢反应是强放热反应，过量的热通过热交换器产生低压蒸气移出。由于偶然原因或更换催化剂量，主反应器达不到所要求的转化率时，应启用小的催化剂罐（起最终反应器的作用）。反应生成物冷凝后，进入高压分离器进行闪蒸，再到稳定器除去氢和其他可溶解的轻组分气体，塔底即为产品环己烷。根据富氢气体的组成和装置费用，决定分离出来的气体是循环到主反应器还是放空。

（3）使用保险粉、硼氢化钾、氢化锂铝等还原剂还原。这类还原反应是利用还原剂与要发生反应的物质直接作用。例如以保险粉（连二亚硫酸钠）作为还原剂，

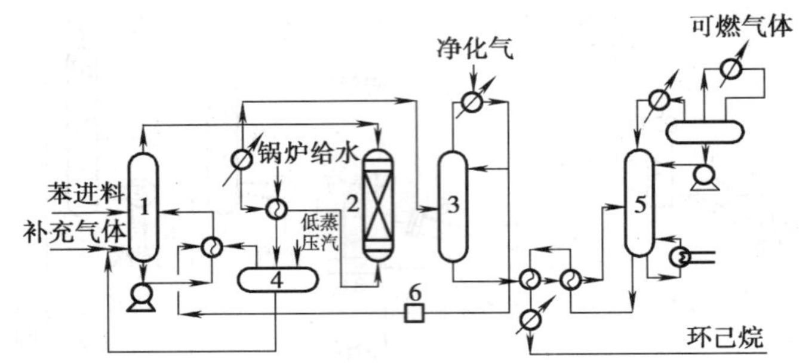

图 5—8　苯液相加氢制环己烷工艺流程

1—液相反应器　2—最终反应器　3—分离器　4—蒸气罐　5—稳定器　6—循环气压缩机

在碱性溶液中可将硝基萘还原成萘胺，它是用于制作直接染料大红 4B、橡胶防老剂等的原料。其反应方程式为：

$$\overset{NO_2}{\text{C}_{10}\text{H}_7} + Na_2S_2O_4 + 2NaOH = \overset{NH_2}{\text{C}_{10}\text{H}_7} + 2Na_2SO_4$$

二、还原过程危险性分析及安全技术措施

1. 有氢气存在的还原过程

无论是利用催化剂把氢活化的还原过程，还是利用初生态活泼氢还原的反应过程都有氢气存在，尤其是催化加氢还原过程，使用氢气量大。例如，苯加氢制环己烷，苯和氢气的比例约为 1∶3，且反应大都在加热加压条件下进行，如果操作失误或设备存在缺陷，将会导致氢气泄漏，与空气形成爆炸混合物，在火源作用下发生燃烧或爆炸危险，在加压条件下进行的操作，爆炸危险性更大。

此类反应要严格防止氢气泄漏，操作过程中严格按照操作规程控制温度、压力、流量等工艺参数；车间内的电气设备必须符合相应的防爆等级，且不宜在车间顶部敷设线路及安装电线接线箱；反应过程中需要排出的氢气应用排气管导出车间屋顶，经过阻火器高空排放；氢气用量大的情况，氢气储气柜应与生产设备或厂房保持规定的距离；氢气工艺管线上应安装阻火器；加压设备要配置安全阀，反应器和合成塔等设备上还要安装防爆片；厂房通风要好，最好设置天窗和风帽，使氢气及时逸出，厂房屋顶应为轻质的，发生爆炸时可及时泄压；为及时检测氢气含量，生产厂房内需要安装氢气检测和报警装置。

2. 使用雷内镍等催化剂的还原过程

催化剂雷内镍是一种灰黑或黑色粉末，在干燥状态下与空气接触能自燃。在雷内镍、钯炭等催化剂作用下，氢气被活化，即与空气中的氧起猛烈反应。镍铝催化剂用氢气还原后如果未经钝化处理，接触空气或其他含氧气体即自燃。

使用雷内镍、钯炭等催化剂活化氢气的还原反应，为防止氢气和空气混合发生爆炸，开车前，必须先用氮气将反应器内的空气全部置换干净，经检测含氧量降低到规定值之后方可通入氢气。反应结束后，再用氮气将反应器内的氢气全部吹净，方可打开孔盖出料，以免外部空气与器内物料接触，在催化剂的作用下发生着火或爆炸事故。

雷内镍要钝化储存，一般储存在酒精中，回收的钯炭要用酒精及清水洗涤，过滤抽真空，但不能抽得太干，以免氧化着火。

3. 常用的还原剂

锌粉遇到酸后能产生氢气，受潮或遇水能放热，引起着火或自燃。为此，锌粉、铁粉等不能长期暴露在空气中；使用时严格控制物料的加入量、加料速度及酸溶液的浓度。例如，用锌粉或铁粉与盐酸作用产生初生态氢还原硝基时，锌粉加入量过大，在短时间内放出大量氢气，易导致冲料的危险；盐酸浓度过稀不利于反应的进行，浓度过高或操作温度过高，也会增加氢气的生成量，从而导致危险。另外，采用危险性小，还原效率高的新型还原剂有利于安全生产。例如用 Na_2S_2 代替锌粉，可以避免氢气的产生，同时还消除了铁泥堆积的问题，既促进了生产，又有利于安全。

还原剂保险粉遇水发热，在潮湿的空气中能分解析出硫，硫蒸气受热有自燃的危险，保险粉本身受热到 190℃也有分解爆炸的危险。为此使用保险粉作还原剂时，应妥善储存，防水、防潮、防热；用水溶解保险粉时要控制温度，可以在搅拌作用下将保险粉分批加入水中，以及时移出溶解热，防止局部过热，待冷却后再使用。

还原剂硼氢化钾（钠）是一种遇水能燃烧的物质，在潮湿的空气中能自燃，遇水和酸即分解放出大量氢气，同时产生高热，可导致氢气燃烧而引起爆炸事故。为此要将其储存在密闭容器中，置于干燥处，防水、防酸、防潮，并远离火源；在工艺操作中调节酸碱度时要特别注意，防止加酸过量、过快。

还原剂氢化锂铝危险性很大，遇空气、水都能燃烧，所以在使用氢化锂铝作还原剂时，必须在氮气保护下进行，通常将其浸没于煤油中储存，放置在干燥、阴凉处。

上述各种还原剂及其他还原剂，遇到氧化剂都会发生激烈的氧化还原反应，放出大量的热，若不能及时移出，会导致火灾或爆炸事故，所以在存放过程中严禁还原剂与氧化剂混存。

此外，参与还原反应的原料，如硝基苯、一氧化碳、苯等有火灾危险性。还原过程中产生的中间体，特别是硝基化合物发生还原反应的中间体具有一定的火灾危险性，例如邻硝基苯甲醚还原成邻氨基苯甲醚的过程中，会产生中间体氧化偶氮苯甲醚，该中间体受热到150℃能自燃。苯胺的生产中若反应条件控制不当，可能生成爆炸危险性很大的环己胺，对于这类反应，除了在操作过程中严格控制工艺参数外，还应在系统中安装自动报警联锁装置。

第四节　硝化反应过程安全技术

硝化反应有三类：一类是指用硝基（—NO_2）取代有机化合物分子中的氢原子的化学反应，其生成物通常称为硝基化合物，也称C—硝基化合物，如硝基苯、硝基萘等；另一类是指用硝酸根（—NO_3）取代有机化合物分子中的羟基的化学反应，其生成物称为硝酸酯，也称O—硝基化合物，如硝化甘油；还有一类是在化学反应中硝基（—NO_2）通过N相连而生成的化合物，其生成物称为硝胺，也称N—硝基化合物，如乌洛托品（六次甲基四胺）经过硝化生成的黑索金（环三次甲基三硝胺）。

硝化是有机化学工业中的一个重要化学反应，通过硝化反应，可以制造出多种火炸药，还可以制造各种医药、农药和染料中间体，例如，硝基苯、硝基萘、三硝基甲苯等。

被硝化的物质大都是脂肪烃和芳香烃，如甲烷、乙烷、丙烷、丁烷、苯、甲苯、氯苯、苯酚、萘等。根据硝基个数不同，硝化产物分为一硝基、二硝基、三硝基化合物等；依取代基和被取代原子不同，有C—硝基化合物、N—硝基化合物、O—硝基化合物，其稳定性依次减弱。参与硝化反应的硝化剂有浓硝酸、发烟硝酸、混酸（浓硝酸和浓硫酸的混合物）以及硝酸盐（硝酸钾、硝酸钠、硝酸铵）等，硝酸盐多用于难硝化的物质或用于制备多硝基化合物。此外，氧化氮也可以作为硝化剂。

硝化反应的主要设备有混酸锅、硝化反应器。混酸锅是制备混酸的设备，它是由锅体、夹套、搅拌器等组成，是用不锈钢、搪瓷、铸铁制成的。在混酸锅中，浓硝酸和浓硫酸按一定比例混合，其中硫酸和水量应计算，硝酸量应不少于理论需要量，一般稍过量1%～10%。由于制备混酸是放热过程，所以边投料边搅拌，同时进行夹套冷却，温度保持在35～50℃，搅拌器可采用机械搅拌、压缩气体搅拌、循环泵搅拌等。硝化反应器多采用搅拌式反应器，通常由锅体、搅拌器、传动装置、夹套、蛇管等几部分组成，多为间歇操作。

一、硝化反应过程危险性

1. 被硝化的原料存在较大的火灾危险性

如苯、甲苯、苯酚、萘、甘油、脱脂棉等，都是易燃或易爆物质，有的还兼有毒性。

2. 硝化剂具有较大的火灾危险性

常用的硝化剂如浓硝酸、发烟硝酸、混酸，具有强烈的氧化性和腐蚀性。制备混酸时温度过高，会导致硝酸大量分解出二氧化氮和水，若进入水，会导致大量水汽化，不仅强烈腐蚀设备，而且还会造成爆炸。硝酸盐是强氧化剂。

3. 硝化产品大都具有爆炸危险性

脂肪族硝基化合物是无色有香味的液体，蒸馏时不分解，难溶于水，比水重，比较稳定，闪点较低，属易燃液体。芳香族硝基化合物中，苯及其同系列的一硝基化合物是液体或低熔点的淡黄色固体，有特殊的芳香味，难溶于水，属可燃液体或可燃固体；二硝基和多硝基化合物是黄色的结晶体，不溶于水，性质极不稳定，受热、摩擦或强烈撞击时可发生分解爆炸，且产生很大的破坏力。干燥的硝化棉受到火焰作用能立即着火，大量燃烧时有可能发生爆轰。

4. 硝化反应是强放热反应

每引入一个硝基约放出152.3～153.2 kJ的热量，反应操作过程若中途停止搅拌，冷却水供应不足、加料速度过快、原料配比失调或有冷却水进入反应器等会导致反应加剧，反应温度过高，使混酸的氧化能力增强，并有多硝基化合物生成，易引起火灾或爆炸事故发生。

此外，许多硝化反应均具有深度氧化占优势的链锁反应和迸发反应特点，且一般硝化反应过程都是相当容易进行，反应温度比较低，不易控制。

二、硝化反应过程安全措施

1. 硝化用的原料、硝化剂和硝化产品要妥善保存

硝化用的原料在使用前要详细检查，或在实验室内进行验测，彻底清除不饱和碳氢化合物和杂环族化合物后方可投入生产，混酸禁止与纱头、油回丝、麻袋、稻草、油脂、萘等物质接触。硝化产品要单独存放，例如，硝化棉在潮湿状态下存

放，硝化甘油不能冻结，冻结后应在室温下自然熔化，而不能用火烤或急剧加热。此外，要注意硝基化合物在处理过程中的危险性，例如，二硝基甲苯在高温下无危险，但一经形成二硝基苯酚盐，则很危险。三硝基苯酚盐的爆炸力更强，所以在生产中处理此类物质时要特别注意安全。

2. 混酸制备和进行硝化反应时要严格控制温度

制备混酸时，一是利用夹套水移出混合热，一是利用搅拌进行冷却，混合温度一般控制在 35～50℃。进行硝化反应时，要严格控制好加料速度，硝化剂应采用双重阀门控制，以防超料升温引起冲料着火。设置冷却水系统，且水源不得少于两个，这样，一旦该冷却水源出现故障而中断冷却时，可以迅速开启另一备用水源，以确保反应温度在规定的范围内进行，以免因冷却水供应不足、中断而发生超温爆炸事故。在硝化反应进行过程中要保持连续搅拌，以保证物料混合均匀，不出现局部过热现象，并应备有保护性的惰性气体搅拌或人工搅拌的辅助搅拌设备，以防止连续搅拌因故障停止运行时，可以在短时间内用辅助搅拌代替。为了防止机械搅拌在突然停电时停止搅拌而引起事故，搅拌机应有自动切换的备用电源。

3. 反应设备和管道上应采取必要的防火防爆措施

根据不同的工艺正确地选择设备的材质，混酸锅通常用不锈钢、搪瓷或铸铁制造，混酸制备时宜采用机械搅拌，不宜采用压缩空气搅拌，因空气中含有水分、油类、有机灰尘等有害物质，易被硝化而生成危险物质。

硝化反应器要根据具体的反应采用不同的材料制造，一般采用特种钢或搪瓷设备。例如甘油硝化器应采用铝制的，其盛装容器和管道均应采用橡胶制品，且管道上不得使用金属开关，其搅拌器轴上应备有小槽，以防止油落入硝化器中。搅拌轴用硫酸作润滑剂，温度计套管用硫酸作导热剂，不能用普通机油或甘油，以防止机油或甘油被硝化而形成爆炸性物质。

硝化完毕出料时大都采用加压出料，所以硝化反应器应符合加压容器的要求。危险性大的反应器（如硝化甘油的生产）上应安装两支以上的温度计，最好设自动调节和限温仪表，并设置能够自动停止进料和加强冷却的设施。硝化反应系统应设置紧急放料槽，放料阀可采用自动控制的气动阀和手动阀并用。

硝化设备和管道应保持良好的气密性，以防止硝化物料溅到蒸汽管道等高温物体表面上而引起燃烧或爆炸。要防止管道堵塞，堵塞时可用水蒸气疏通，不得用金属工具或明火加热疏通。硝化反应系统的冷却水出口要安装酸度自动报警器，或者在操作过程中用 pH 试纸随时检测酸碱度，以便及时发现反应器是否有裂纹或孔洞。

此外，硝化反应的车间或生产厂房严禁带入一切火种，电气设备应按规定选择防爆型号。若设备需要动火检修时，应拆卸设备和管道，并移至车间外安全地点，用水蒸气反复冲洗残余物后，再用明火在空旷地点试烧，证明确已安全后方可动火焊接。

三、硝化甘油生产过程安全技术

硝化甘油是甘油与硝酸反应的产物，学名叫丙三醇三硝酸酯（或称甘油三硝酸酯），是一种含氧丰富、威力很大的液体炸药，它高度敏感，一般不单独使用。目前作为胶质炸药和双基发射药及固体火箭推进剂的重要组分，已大量生产和广泛应用，由于不能单独长途运输，常在火药厂或胶质炸药厂作为原料进行生产。

硝化甘油生产的基本工艺流程包括硝化、分离、洗涤（稳定处理）和接料（储存）等四个主要部分。

1. 硝化

这是硝化甘油生产的主要工艺过程，甘油以混酸作为硝化剂，在硝化器中进行酯化反应（俗称硝化）。

在硝化反应同时，还伴有磺化、氧化、水解等副反应，这些副反应直接影响到生产的安全，能加速酸性硝化甘油的分解，直至造成爆炸事故。副反应倾向的大与小，主要取决于废酸的组成，在实际生产中，常通过控制合理的混酸成分（硝酸占49%，硫酸占51%）和硝化系数（混酸与甘油的质量比为5∶1）来减少副反应和避免事故的发生。硝化过程是放热过程，反应速度快，放热也快，必须采取有效的传热方式，迅速散发反应放出的热，并通过剧烈搅拌反应物，使热量均匀分散，避免由于局部过热而导致硝化甘油分解、爆炸。

2. 分离

硝化反应完成后，硝化甘油与废酸处于乳化状态，应使两相迅速分离，才能及时将酸性硝化甘油进行稳定处理。

3. 洗涤

洗涤也称稳定处理，从废酸中分离出来的硝化甘油含有10%左右的酸类杂质，通过预洗（冷水洗涤）、温水洗涤和碱洗三个过程，除去硝化甘油中的酸类杂质，使硝化甘油呈微碱性，以达到稳定要求。

4. 接料

接受洗涤排出的硝化甘油，并储存于接料槽中等待分析结果，分析合格后，按生产需要，输送到使用的厂房。

此外，还有两个辅助过程：

1. 输送

硝化甘油在输送过程中是较危险的，现采用水喷射器使硝化甘油和水形成乳化液后再输送则比较安全，乳化完全时，具有不易起爆和传爆的特点。

2. 废酸后分离

经分离后排出的废酸中仍会有少量硝化甘油及甘油二硝酸酯等低级硝酸酯，后者可继续反应生成少量硝化甘油。在后分离过程中，这些硝化甘油被分离出来漂浮在废酸面上，为了回收这部分硝化甘油和提高废酸的稳定性，一般应设置废酸后分离工序。

硝化甘油具有很高的机械感度，对于机械冲击、摩擦和震动都很敏感，在常温下只要有 2 J/m^2 的机械冲击能量作用于硝化甘油即可引起爆炸。为预防这类机械原因而引起的生产事故发生，除了从设计、施工、安装等方面通过周密考虑进行预防外，在生产厂房内，不许存放起爆物品以及与生产无关的用具；进入生产厂房的人员不得穿硬底鞋和携带硬质物件；生产使用的工具应是软质的，操作时应注意轻放，在有硝化甘油的物件上严禁敲击，检修残存有硝化甘油的设备管道时，必须将硝化甘油彻底处理干净后方可进行检修；用位差输送硝化甘油时，管道坡度一般应不大于 3%；输送硝化甘油前、后应用温水冲洗管道；为了预防传爆，在管道上最好安装爆轰隔断器，或用橡胶、塑料软管进行输送；如采用喷射器乳化输送时，应防止空气进入喷射器内，以免因气泡受绝热压缩而造成危险。

硝化甘油热分解在 60℃以上开始显著，当受到 200℃以上的高温作用时，便会立即急速分解而爆炸。酸性硝化甘油热分解的危险性更大，例如，焊接未处理干净的硝化甘油设备、管道，用蒸汽直接熔化冻结着硝化甘油的废酸管道，以及在硝化器内发生的局部过热分解等都会引起爆炸。

四、硝基苯生产过程安全技术

多种硝化反应中最简单而有代表性的是苯的硝化。

反应中使用的浓硝酸，既是氧化剂，又是一级酸性腐蚀品，能使棉纤维等有机物自燃，所以不得用棉布、稻草等可燃物擦拭或垫衬。反应时如果温度过高，硝酸会自行分解，放出二氧化氮气体而造成冲料，遇有机物将引起燃烧，而且温度过高会产生二硝基苯，二硝基苯比硝基苯更容易燃烧或爆炸。反应温度必须严格控制，如遇温度过高，应立即停加硝酸并开冷却水冷却。加硝酸的速度和数量必须符合技术规程，反应中，必须使用浓硝酸，如果硝酸浓度过低，加入后遇浓硫酸放出大量的热，易使温度猛烈升高而造成危险。反应在非均相中进行，搅拌必须快速有效，严防苯与硝酸分层后反应在分界面上进行而发生局部过热造成冲料，搅拌不得中断，以防过量硝酸下沉，否则，当搅拌中断再恢复时，会有大量硝酸苯混合，将发生猛烈反应而冲料，甚至爆炸，所以应备两路电源，若一路停电时可以自行切换。搅拌器必须经常维修，保证有效，万一发现搅拌器停转或断落时，必须立即停加硝酸，并开冷却水冷却。不同中间体的硝化反应条件不同，变化很多，也有使用稀硝酸和低温反应的。

五、TNT 生产过程安全技术

TNT 是三硝基甲苯的简称，为目前军事上和工业上用量最大的猛烈炸药之一。

生产 TNT 的主要原料为甲苯、硝酸、硫酸和亚硫酸钠，其反应分为三段，反应式为：

$$C_6H_5CH_3+HNO_3 \xlongequal{H_2SO_4} C_6H_4(NO_2)CH_3+H_2O$$

$$C_6H_4(NO_2)CH_3+HNO_3 \xlongequal{H_2SO_4} C_6H_3(NO_2)_2CH_3+H_2O$$

$$C_6H_3(NO_2)_2CH_3+HNO_3 \xlongequal{H_2SO_4} C_6H_2(NO_2)_3CH_3+H_2O$$

TNT 生产一般采用连续硝化，使用多台（10～12 台）硝化机，含硝化物与混酸逆向流动，硝化强度逐渐提高。硫酸浓度：一段硝化为 70%～76%；二段硝化为 80%～89%；三段硝化为 89%～95%。硝化温度：一段不大于 55℃；二段不大于 85℃；三段不大于 115℃。甲苯经硝化后所得产品为粗制 TNT，其中含有杂质（如不对称三硝基甲苯、二硝基甲苯及 TNT 氧化产物），凝固点较低，需通过精制除去杂质，目前广泛采用亚硫酸钠精制方法。亚硫酸钠能与大部分杂质反应生成可溶于水的磺酸钠盐，因而可通过水洗除去，粗制的 TNT 需经过干燥、制片方可得到成品。

TNT 生产中的硝化过程是放热反应，同时又伴有氧化和水合作用，总的热效应很大，为了保证硝化反应的正常进行，必须控制一定的温度，把多余的热量通过强烈的机械搅拌和冷却蛇管中的冷却剂导走。一段硝化用的原料甲苯是一级易燃液体，其蒸气能与空气混合形成爆炸性气体，爆炸极限为 1.27%～7%。硝化过程中生成的半成品——一硝基甲苯具有可燃性，二硝基甲苯和粗制 TNT 具有可燃性和爆炸性。如果硝化过程中发生高温，容易引起硝化器内着火、喷料和爆炸。

造成硝化高温的原因主要有：生产过程不正常，工艺条件控制不好，加料比例不合适，导致反应异常；冷却蛇管渗漏进水；冷却水供应不足或突然停水；搅拌器脱落或突然停电造成搅拌停止。

硝化过程中可能着火的原因主要包括：硝化器（包括分离器）内反应剧烈，搅拌不良，硝化物局部过热分解；硝化器内掉进棉纱、破布、纸张、橡胶手套及机器润滑油等有机物与混酸中的硝酸发生强烈的氧化反应；硝化器内的物料冒出机外时，硝酸与可燃的有机物相遇而引起着火；硝化过程中停水、停电时处理不当也会造成器内温度升高而着火；硝化器搅拌轴安装时与水封套之间的空隙太小或偏心，运转时摩擦、撞击产生火花或高温。以上这些情况，如发生在一段硝化，则会引起器内甲苯着火；如发生在二、三段硝化，则会使水封套内积聚的硝化物分解着火，甚至可能波及硝化器内。

防止硝化产生高温和着火的措施主要如下：严格按工艺条件控制物料加入量和比例，做到均衡生产；防止蛇管渗漏，定期试压，检查蛇管质量，保证处于良好状态；保证冷却水的供应，硝化用的冷却水除应设有环状供水网和两个水入口外，还应设置专用的高位水槽，其容量至少可供 30 min 冷却用水量；保证搅拌的可靠性，使物料混合均匀，保证硝化反应的顺利进行，防止局部过热而发生分解爆炸；设置备用电源，备用电源要来自不同的供电单位，并能自动合闸；为确保在任何情况下正常供电，还应安装汽油或柴油发电机，遇到供电发生故障停电时，该发电机能自动起动并自动合闸供电；发电机的容量要能够满足全部硝化器搅拌运转以及照明和其他机械用电的需要；对硝化器的搅拌和加料设置自动联锁装置，一旦发生搅拌机停转、搅拌桨叶片脱落等情况时，能立即报警，并自动停止加料和加强冷却；所有硝化器应安装有自动调节温度及温度超过上限规定时发出信号的装置，并能自动停止进料和加强冷却；三段硝化器温度超过 135℃时，能立即打开事故放料阀，将机内物料全部放入盛满水的安全水池，同时打开压缩空气阀门，送入安全水池进行搅拌；这套事故联锁装置应能自动、手动和遥控操作；严防棉纱、润滑油等有机物掉入硝化器内，周围不得有这类有机物存在；正确安装硝化器搅拌轴，加强检查，防止摩擦产生火花或发热；TNT 与强碱物质接触时反应很快，其反应产物极易爆炸；TNT 受到机械冲击时也可能爆炸，因此必须严禁 TNT 与碱性物质，特别是强碱性物质接触，严禁 TNT 受到冲击和挤压。

TNT 与碱作用能生成敏感的红色或棕色 TNT 金属衍生物，这种物质在 80～160℃的范围内就会着火，受冲击极易爆炸，受热或日光照射容易发生分解。因此，应避免与碱接触，成品也不许带有碱性。而亚硫酸钠则带有弱碱性，故精制工艺采用亚硫酸钠处理粗制 TNT 时，必须充分重视这一点。亚硫酸钠与粗制 TNT 中的杂质反应生成能溶于水的磺酸钠盐随母液一起除去，精制母液（即红水）中一般含有 4%～7%的二硝基甲苯磺酸钠盐及少量的其他硝基化合物，经浓缩干燥后是一种极不稳定的易于燃烧、爆炸的混合物。试验表明：精制母液加热至 85℃时，30 min 后开始分解，116℃着火，标准落锤试验的 12%～20%的冲击感度可以引起着火，因此精制过程中须严格控制精制温度，在保证 TNT 处于熔融状态与亚硫酸钠顺利进行反应的前提下，尽可能降低精制温度，一般 79～82℃为宜。洗涤和酸化时的温度可控制在 80～90℃，以保证洗涤效果。洗涤后的 TNT 不准带碱性，而要加入硫酸，酸化至呈微酸性。精制的主要设备及管线的夹套应保温，采用 85～95℃的热水，以保证加热均匀且温度不致过高。精制机等搅拌轴上的水封盒应经常保持有水，起到密封作用，并经常检查轴上和水封盒内有无凝结的 TNT 及母液等，防止搅拌运转时摩擦、撞击引起着火或爆炸。临时停工时，应特别注意保温用的蒸汽压力不得超过规定，并经常检查设备内母液的温度，防止出现蒸干及分解现象。严禁在厂房内存放碳酸钠、氢氧化钠等碱性物质，更不准这些物质与 TNT 接触。固体亚硫酸钠和浓度高的亚硫酸钠溶液也不宜与 TNT 接触。输送液态 TNT 和精制母液的管道，安装时要保证有较大的坡度，使物料能流净而不积存，管道的旋塞、阀门等要设计合理，没有“死角”，防止少量的 TNT 或精制母液团长期积存而造成着火、爆炸。

第五节 电解反应过程安全技术

电解是一种电化学操作，电化学是研究电流通过电解质溶液或熔融的电解质产生化学变化和通过化学反应产生电能的科学。电解是在电解槽中，利用电能产生所要求的化学变化，从而获得所需要的产品。

电解过程在化学工业中有广泛的应用，电解食盐水溶液制取氯气、氢气和氢氧化钠，是电解过程在化学工业中应用的一个重要例子，电解食盐水溶液所生产的氯气和氢氧化钠都是基本的化工原料，广泛使用在化工、轻工、纺织、冶金等工业部门以及农业部门，在国民经济中占有重要地位。此外，利用电解方法还可以生产氢氧化钾、过氧化氢、氧气等重要化工原料。在冶金工业中，利用电解方法可以生产铝、铜、锌、镁、钠、钾等有色金属和金、银等贵重金属以及冶炼锆、铪等稀有金属。电解方法还可以应用在电镀、电解加工、电铸、电抛光、电泳涂漆等机械制造部门。

一、食盐水电解过程安全技术

食盐电解的产品氯气具有毒性；氢气可燃，能与空气或氯气混合形成爆炸性气体；烧碱能刺激黏膜和灼伤皮肤。此外，电解生产时所用直流电的电压较高，电流很大，有触电的危险。因此，根据产品的性质和操作的危险性，必须严格执行各种安全技术规程。

1. 防止氢气与氯气或空气混合形成爆炸性气体

在氯碱生产中，氢气与氯气或空气能形成易燃易爆的混合气体，当设备或管道有氢气外泄或氯气通过水封放空时，都可能发生燃烧或爆炸。

为此，需要在生产厂房或车间安装氢气自动检测报警装置，以及时检测氢气的浓度。电解生产中在开车或停车动火检修之前，管道和设备均要用氮气、二氧化碳等惰性气体吹扫，并经过分析合格后才能进行。

为了保持电解槽阴极室的压力稳定，并使氢气系统不出现负压，在氢气处理系统设有电解槽氢气压力调节装置及自动放空装置。

2. 防止阳极室含氢量过高

隔膜法电解槽中，阴阳两极上分别放出氢气和氯气，当发生违章操作或设备故障处理不当时，两种气体有可能混合。例如，当石棉隔膜破裂或阴极网上吸附的石棉隔膜不均匀时，或当阳极室的液面降低到隔膜顶端以下时，以及在事故情况下，与电解槽连接的氯气、氢气总管中的正常压力被严重破坏时，都会导致氯气和氢气混合。

在氢气和氯气的混合气体中，氢的体积分数在3%～7%时，即可着火燃烧，同时压力缓慢增高；含氢在7%～15%时，在燃烧的同时压力会急剧升高；含氢在15%～83%时，燃烧并伴有爆炸；含氢量达83%～97%时，压力增高但不爆炸。因此，氯气与氢气的混合气体存在着燃烧爆炸的危险。

氢气进入阳极室与氯气混合的危险性，要比氯气进入阴极室与氢气混合的危险性更大，因为，氯气在阴极室能被碱液吸收，所以一般来说氢气中不含氯气。而氢气进入阳极室与氯气混合后，当混合气体中氢的体积分数达到5%以上就有爆炸危险，在生产中一般要求氯气总管中含氢不得超过0.5%，如果该管的气体中含氢量升高，就要检查每个电解槽的含量、阳极室和阴极室的压力状况以及盐水液面高度等。

如果发现单槽中氯气内含氢升高到1%以上，可采取加高盐水液面，或拆开氢气断电器，使氢气从断电器处排空等措施。

电解槽阳极液的正常液位，应按规定高度通过调节盐水加入量来控制，供给电解槽的盐水高位槽的液位要保持稳定，防止因电解槽脱水（槽内盐水液位低于阴极箱隔膜的顶端）而造成爆炸事故。

为了防止阴阳极室内压力不平衡造成隔膜穿透，使电解槽中氯气与氢气发生混合，在生产中应采取以下有效措施：

（1）在氢气总管中安装氢气压力自动调节装置，保持氢气总管始终处于正压状态，当压力升高时，可自动关闭氢气回流阀门，加大抽力使压力下降或通过总管水封将氢气排空而降低压力。当电解槽的电流中断时，自动调节系统可发出信号，自动关闭气动阀门，使氢气自动排空。

（2）在电解槽与氯气干燥系统之间的氯气总管上应设有水封，当氯气压力升高或输送系统发生故障时，氯气应自动由水封导入事故处理装置。

3. 造成氢气系统着火和爆炸的因素及预防对策

在输氢系统中，氢气管道应保持密闭，不得出现负压以防空气串入管内而形成爆炸性混合气体。在生产中，要求输氢气系统氢气中氧的体积分数不超过 0.5%，停电后或送电前，氢气系统必须用氮气或二氧化碳等惰性气体置换，以排尽空气。

电解厂房必须有良好的通风，以防止氢气积聚，厂房应安装避雷设施，其保护范围，应高出氢气放空管顶 3 m 以上。氢气系统在停车检修时，系统置换排出的氢气应通过放空管排到室外，放空管应高出屋顶 2 m 以上并装有阻火器和接地装置，生产中不可进行可能产生火花的一切操作。比如，不得用铁器等敲打氢气系统的管道；遇寒冷天气管道、阀门和水封装置冻结时，不得用明火烘烤，只能用热水或蒸汽加热解冻。为了防止电火花产生，氢气系统应采用防爆型电器设备；设备管道都应有防静电的接地措施；电解槽的盐水断电器、氢气断电器及碱液断电器应根据工艺要求正确安装，使其能起到良好的断电效果；避免电解槽渗漏，绝缘瓷瓶结盐结碱等现象，以防漏电。

一旦发生氢气总管、支管或放空管着火，可迅速用石棉手套或湿布等切断氢气源，扑灭火焰。如果氢气断电器发生着火，则可用干的石棉进行扑灭，切勿降电流或停电，以免电解槽内产生较大负压，引起氢气系统着火爆炸。

4. 防止液氯系统中形成的三氯化氮爆炸和预防措施

由于化盐用水中常常含有少量 NH_4^+，随盐水进入电解槽，会与阳极室的氯气发生反应生成三氯化氮，并随氯气带入后面的生产工序，反应方程式为：

$$NH_4^+ + 3Cl_2 = NCl_3 + 3HCl + H^+$$

三氯化氮是一种黄色黏稠状液体或斜方形晶体，有类似于氯的刺激性臭味，在空气中易挥发，当气相中三氯化氮的体积分数达5%时，就有爆炸的可能。在60℃或超声波条件下，亦可分解爆炸，在阳光或镁光直接照射下，则瞬间爆炸，同时放出大量热。

$$2NCl_3 = N_2 + 3Cl_2 + 460\ kJ$$

如果在密闭容器中爆炸，则温度可达2 128℃，压力可达536.1 MPa，在空气中的爆炸温度约为1 700℃。

三氯化氮对皮肤、眼睛黏膜及呼吸道均有刺激作用，并有较大毒性，在液氯系统应保证任何气相中的三氯化氮体积分数不能超过5%。在生产中一般将液氯中的三氯化氮含量控制在60 g/L以下，如果超过100 g/L时应增加排污次数并查找原因。

存在于液氯或氯气中的三氯化氮可用蒙乃尔合金（是一种以铜、镍为主的合金，其成分大致为：Ni 60%，Cu 31%，Fe 1.5%，Si 0.3%，Mn 0.8%，Co 0.4%）处理，当氯流过填充有蒙乃尔合金的设备时，三氯化氮被合金催化分解。用蒙乃尔合金处理，流程、设备简单，且蒙乃尔合金可再生。此外，液氯中的三氯化氮也可用“排污”的方法使它离开系统，排出的含有三氯化氮液氯，可用氢氧化钠吸收。氯气中的三氯化氮也可用26%～30%的盐酸或用饱和氯水进行喷淋洗涤加以去除，其反应方程式为：

$$NCl_3 + 4HCl = NH_4Cl + 3Cl_2$$

为了防止三氯化氮爆炸，应采取的措施有：严格控制盐水的含铵量；液氯汽化器、液氯钢瓶及各种液氯容器必须留有足够的剩余量，严禁完全蒸发；汽化器严禁用蒸汽直接加热，并严格控制汽化器内的压力，不得大于1.1 MPa；在热交换器、汽化器、预冷凝器、氯液喷淋洗涤器等设备中的残留物，必须定期彻底排除；对于不使用石墨电解槽生产，而用汽化氯方法包装或输送氯气的工厂，液氯中的三氯化氮建议用排污方法除去。

5. 防止氯气中毒和烧碱对人体的灼伤

为了防止氯气在生产车间、厂房内泄漏，应维持电解槽和设备管道中的氯气处于负压状态，以保证设备管道及连接处的密封性。

为了防止烧碱对人体的灼伤，在处理烧碱设备、管道的泄漏时，不准带压作业，必须戴上防护面罩和橡胶手套以防止碱液溅出伤人。蒸发器的视镜玻璃应加有防护罩并定期更换，以防止破裂伤人。

二、水电解过程安全技术

水电解可以制氢和氧。氢是可燃气体，爆炸极限范围大，与空气混合物的爆炸下限为4%、上限为74%。氢与氯气混合，经过加热或光照能爆炸，与氟混合则立即爆炸。氢气的最小引燃能量为0.019 mJ。制造氢气的方法：有实验室制氢，甲烷制氢，水煤气转化制氢，氨分解制氢，溶剂发酵制氢，炼焦制氢，电解盐制氢和电解水制氢等，由于电解水制氢方法简单、经济，制得的氢纯度高，在工业上普遍采用。生产工艺流程有低压和中压两种，两种流程都经过电解、气液分离、气体洗涤等工序，最后将制得的气体存入储气装置中备用或作进一步加工，中压流程中有压力调整装置，调整电解槽气体压力。

1. 电解槽

电解槽是电解水制氢的主要设备，由电极板、隔膜、绝缘零件和夹紧件等组成，在其中充入电解碱液。操作时，在直流电的作用下使水分解，由阴极表面析出氢气、阳极表面析出氧气，氢气和氧气分别从气道进入分离器。电解槽类型较多，应用最广泛的是双极性压滤式电解槽，由两端电极、若干个双极性电极板和电极框（即隔膜框，内装石棉隔膜）组成，电极板和电极框交替串联在一起，两端是端电极，电极板和电极框之间用橡胶石棉垫密封和绝缘。电解槽如漏气、漏液或者槽内电解液质量差、数量不足，会引起可燃物大量逸出。电解槽对地绝缘损坏或电极板和电极框之间绝缘损坏，电解槽内落入金属异物等易引起短路起火。石棉隔膜起隔离氢气和氧气的作用，能使电解液透过，而不能使氢气和氧气透过，是保证气体质量和生产安全的重要部件，必须确保石棉隔膜的质量。

2. 分离器

分离器位于电解槽和洗涤器之间。电解槽电解出来的氢气和氧气经气道出来时伴随着大量的碱液，需要经过分离器使气体和碱液分离，同时起到调整电解槽氢、氧两侧压力和控制电解槽温度的作用。氢气和氧气各有分离器，经过分离器分离出来的碱液冷却、过滤后回到电解槽供继续使用，而氢气、氧气则分别进入洗涤器。分离器外壳是一个圆桶，内装蛇形冷却水管，外部装有液面计和温度计，当分离器件失灵不能调整氢、氧两侧的压力时，容易造成氢、氧混合，形成爆炸性气体，而当冷却水中断或不足时，电解槽温度过高会造成火灾危险。

3. 洗涤器

洗涤器位于分离器和压力调整器之间，有氢、氧洗涤器各一个。经分离器出来的氢、氧气温度比较高，含有不少蒸汽和碱雾，经过洗涤器可以降低温度，去掉水分，回收碱液。洗涤器为圆桶形，内装蛇形冷却水管和筛板，进入洗涤器的气体经过筛板被洗涤和冷却然后进入压力调整器，不合格的气体则经放空管排至室外放空，其火灾危险性与分离器相似。

4. 压力调整器

中压生产流程中，压力调整器调整电解槽氢、氧两侧的压力，防止槽内的压力不平衡，氢气、氧气互相渗透形成爆炸气体（低压生产流程中则可用储气柜、分离器、洗涤器来调整压力）。目前采用的压力调整器有浮球调节阀式和薄膜调节阀式两种，中压流程中气体压力较高，假如压力调整器发生故障，将会带来较大危险。

5. 过滤器

过滤器位于电解液进入电解槽的连通管上。电解液进入电解槽前，要进行过滤，除去其中的机械杂质，避免杂质进入电解槽，使管道堵塞或造成槽内短路。过滤器内装有 60～80 目的镍丝过滤网，运行过程中要定期清洗，防止杂质过多使网孔堵塞而影响电解液的循环。

第六节　聚合反应过程安全技术

一、聚合的分类及危险性

将若干个分子结合为一个较大的、组成相同而相对分子质量较高的化合物的反应过程称为聚合，因此说聚合物就是由单体聚合而成的、相对分子质量较高的物质，相对分子质量较低的称做低聚物，例如三聚甲醛是甲醛的聚合物，相对分子质量高达几千甚至几百万的称为高聚物或高分子化合物，例如聚氯乙烯是氯乙烯的聚合物。

现代化学工业中，聚合方法的采用日益广泛，例如在催化剂存在的条件下丁二烯聚合来制造合成橡胶；高压、中压、低压聚乙烯的生产；聚丙烯以及丙烯酸酯类的高聚物的生产；聚氯乙烯的生产等。

由于聚合物的单体大多是易燃易爆物质，聚合反应多在高压下进行，本身又是放热过程，如果反应条件控制不当，很容易引起事故。

二、乙烯聚合反应过程安全技术

高压聚乙烯反应一般在 130～300 MPa 压力下进行。反应过程流体的流速很快，停留于聚合装置中的时间仅为 10 秒钟到数分钟，温度保持在 150～300℃，在该温度和高压下，乙烯是不稳定的，能分解成碳、甲烷、氢气等。

一旦发生裂解，所产生的热量，可以使裂解过程进一步加速直到爆炸。国内外都曾发生过聚合反应器温度异常升高，分离器超压而发生火灾，压缩机爆炸以及反应器管路中安全阀喷火后发生爆炸等事故。因此，严格地控制反应条件是十分重要的。

采用轻柴油裂解制取高纯度乙烯装置，产品从氢气、甲烷，乙烯到裂解汽油、渣油等，都是可燃性气体或液体，炉区的最高温度达 1 000℃，而分离冷冻系统温度低到－169℃。反应过程以有机过氧化物作为催化剂，采用 750 L 大型釜式反应器。乙烯属高压液化气体，爆炸范围较宽，操作又是在高温、超高压下进行，而超高压节流减压又会引起温度升高，所有这些条件，都要求高压聚乙烯生产操作要十分严格。

高压聚乙烯的聚合反应在开始阶段或聚合反应进行阶段都会发生爆聚反应，所以设计时必须充分考虑到这一点，可以添加反应抑制剂或加装安全阀（放到闪蒸槽中去）来防止。在紧急停车时，聚合物可能固化，停车再开车时，要检查管内是否堵塞。

高压部分应有两重、三重防护措施，要求远距离操作，由压缩机出来的油严禁混入反应系统（油中含有空气进入聚合系统形成爆炸混合物）。

采用管式聚合装置的最大问题是反应后的聚乙烯产物黏挂管壁发生堵塞，由于堵管引起管内压力与温度变化，以致局部过热引起乙烯裂解成为爆炸事故的诱因。解决这个问题可采用加防黏剂的方法或在设计聚合管时设法在管内使流体流速具周期性的脉冲变化，脉冲在管内传递时，使物料流速突然增加，因而将壁上积存的黏壁物冲去。

聚合装置各点温度反馈具有当温度超过界限时逐渐降低压力的作用，用此方法来调节管式聚合装置的压力和温度，另外，可以采用振动器使聚合装置内的固定压力按一定周期有意地加以变动，利用振动器的作用使装置内压力很快下降 7 093～10 133 kPa，然后再逐渐恢复到原来压力。用此法使流体产生脉冲可将黏附在管壁上的聚乙烯除掉，使管壁保持洁净，高压聚乙烯的自动控制系统如图 5—9 所示。

在这一反应系统中，添加催化剂必须严格控制，应装设联锁装置，以使反应发生异常现象时，能降低压力并使压缩机停车。为防止因乙烯裂解产生爆炸事故，可采用控制有效直径的方法，调节气体流速，在聚合管开始部分插入只有调节作用的调节杆，避免初期反应的突然爆发，如图 5—10 所示。

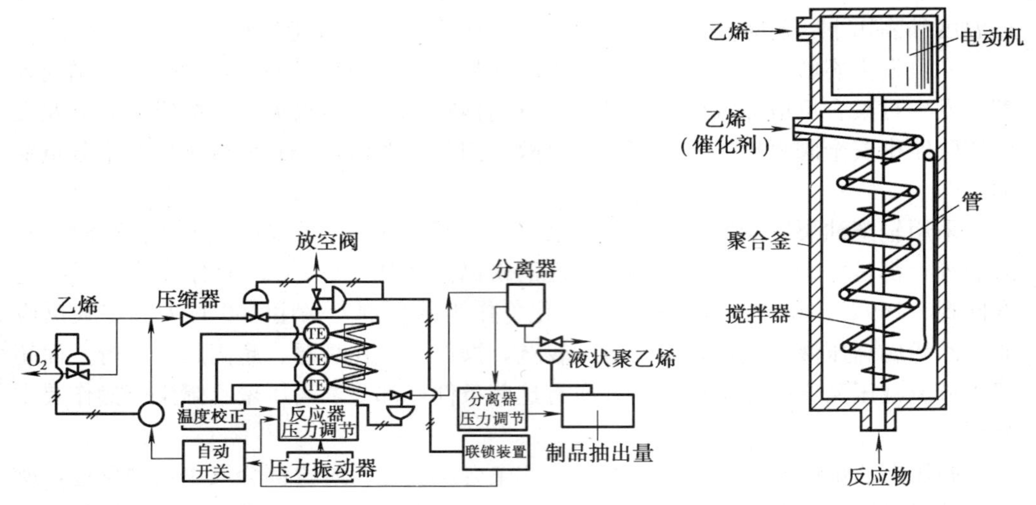

图 5—9　高压聚乙烯的控制系统

图 5—10　高压釜式聚合

由于乙烯的聚合反应热较大，如果加大聚合反应器，单纯靠夹套冷却或在器内通冷却蛇管的方法是不够的，况且在器内加蛇管很容易引起聚合物黏附，从而发生故障，消除反应热较好的办法是采用单体或溶剂汽化回流，利用它们的蒸发潜热把反应热量带出，蒸发了的气体再经冷凝器或压缩机进行冷却冷凝后返回聚合釜再用。

三、氯乙烯聚合反应过程安全技术

氯乙烯聚合是属于链式聚合反应，链式反应的过程可分为三个阶段，即链的引发、链的传递、链的终止。

氯乙烯聚合所有的原料除氯乙烯单体外，还有分散剂（明胶、聚乙烯醇）、引发剂（过氧化二苯甲酰、偶氮二异庚睛、过氧化二碳酸、二异丙酯）。

氯乙烯聚合是在聚合釜中进行的，聚合釜形状为一长圆柱体，上下为蝶形盖底，上盖有各种物料管，排气管、平衡管、温度计套管、安全阀和人孔盖等。下底有出料管、排水管，壁侧有加热蒸汽和冷却水的进出口管。聚合釜一般用不锈钢板、复合钢板或搪瓷制成，其容量已趋向于大型化，我国目前已有 30 m^3 的聚合釜投产使用。

聚合反应中链引发阶段是吸热过程，所以需加热，在链传递阶段又放热，需将釜内的热量及时移走，将反应温度控制在规定值。这两个过程分别向夹套通入加热蒸汽和冷却水，温度控制多采用串级调节系统。聚合釜的大型化，关键在于采取有效措施除去反应热，为了及时移走热量必须有可靠的搅拌装置，搅拌器一般采用顶伸式，由釜上的电动机通过变速器传动，为防止气体泄漏，搅拌轴穿出釜外部分必须密封，一般采用具有水封的填料函或机械密封。

氯乙烯聚合过程间歇操作及聚合物黏壁是造成岗位毒物危害的最大问题，通常用人工定期清理的办法来解决，这种办法劳动强度大、浪费时间，金属刀对釜体造成的伤痕会给下次清理带来更大的困难。多年来，各国对这个问题进行了各种聚合途径的研究，其中接枝共聚和水相共聚等方法较有效，通常也采用加水相阻聚剂或单体水相溶解抑制剂来减少聚合物的黏壁作用，常用的助剂有硫化钠，硫脲和硫酸钠，也可以采用“醇溶黑”涂在釜壁上，减少清理的次数。采用超高压水喷射清洗釜壁效果较好，但装置和操作都较复杂。

由于聚氯乙烯聚合是采用分批间歇方式进行的，反应主要依靠调节聚合温度，因此聚合釜的温度自动控制十分重要。

四、丁二烯聚合反应过程安全技术

丁二烯聚合过程中接触和使用乙醇、丁二烯、金属钠等危险物质，乙醇和丁二烯与空气混合都能形成有爆炸危险的混合物。在使用金属钠的聚合反应中，若金属钠遇水、空气激烈燃烧，会引起爆炸，因此不能暴露于空气中。丁二烯蒸发器的结构，应有利于消除在系统中猛烈生成聚合物的可能性，并备有安全装置，以防止压力升高而引起爆炸的危险。在蒸发器上应备有联锁开关，当输送物料的阀门关闭时(此时管道可能引起爆炸)，该联锁装置可将蒸气输入切断。为了控制猛烈反应，应有适当的冷却系统，并需严格地控制反应温度，冷却系统应保证密闭良好，特别在使用金属钠的聚合反应中，最好采用不与金属钠反应的十氢化萘或四氢化萘作为冷却剂。如用冷水作冷却剂，应在微负压下输送，不可用压力输送，这样可减少水进入聚合釜的机会，避免可能发生的爆炸危险。丁二烯聚合釜上应装安全阀，通常的办法是同时安装爆破片，爆破片应装在连接管上，在其后再连接一个安全阀，这样可以防止安全阀堵塞，又能防止爆破片爆破时大量可燃气逸出而引起二次爆炸，爆破片不宜用铸铁而必须用铜或铝制作，避免在爆破时铸铁产生火花引起二次爆炸事故。聚合生产系统应配有氮气保护系统，所用氮气经过精制，用铜屑除氧，再用硅胶或三氯化铝干燥，纯度保持在99.5%以上。无论在开始操作或操作完毕打开设备前，都应该用氮气置换整个系统，发生故障，温度升高或发现有局部过热现象时，须立即向设备充入氮气加以保护。丁二烯聚合釜应符合压力容器的安全要求，聚合物泄出、催化剂更换都应采用机械化操作，以利于安全生产。正常情况下，操作完毕后，从系统内抽出气体是安全生产的一项重要措施，可消除或减少爆炸的可能性。当工艺过程被破坏，发生事故不能降低温度或发现局部过热现象时，则将气体抽出，同时往设备中送入氮气。管道内积存热聚物是很危险的，因此当管内气流的阻力增大时，应将气体抽出，并以惰性气体吹洗，在每次加新料之前必须清理设备内壁。

第七节　催化重整反应过程安全技术

一、概述

催化重整是炼油工艺中重要的二次加工方法之一，它以石脑油、常减压汽油为原料，取高辛烷值汽油组分和苯、甲苯、二甲苯等有机化工原料，同时副产廉价氢气。半再生催化重整发展趋势为应用含助剂的双金属催化剂，采用分段装填方式，对于连续再生重整，随着催化剂循环量的增大，再生器成为工艺研制及开发者的研究重点。目前，大多数新建装置都采用 UOP 和 LFP 的催化剂连续再生专利技术。

根据催化剂的再生方式不同，装置主要分为固定床半再生催化重整和催化剂连续再生的连续重整，随着工艺技术的发展和对芳烃及汽油产品各项技术指标的不断提高，连续重整装置将成为当今重整工艺发展的主要方向。

根据催化重整的目的产品不同可将其反应装置分为以生产芳烃为目的、以生产高辛烷值汽油为目的、以及二者兼而有之的三种类型。

二、装置单元组成及工艺流程

1. 组成单元

以生产芳烃为目的的半再生催化重整装置按工艺方法及技术可分为四个基本工艺单元：

（1）预处理单元。包括预分馏、预加氢、蒸发脱水三部分。其中预分馏分离原料中的轻组分；预加氢部分利用加氢反应和化学吸附作用脱除原料油中的砷、硫、铅、铜、氧、氮等有机和无机杂质，以保护重整催化剂不受杂质的毒害；蒸发脱水是利用油水共沸蒸馏的原理脱除原料油中的水和 H_2S。

（2）重整反应单元。包括重整反应、生成油后加氢和脱戊烷三个部分。重整反应部分是这个单元的核心，是在催化剂的作用下发生分子结构重排反应的场所；生成油后加氢是利用加氢反应将生成油中的烯烃饱和，从而保证后部芳烃产品的质量；脱戊烷塔将生成油≤C_5 的组分脱除，以利于下个单元的操作。

（3）芳烃抽提单元。利用溶剂萃取的原理将生成油中的芳烃萃取出来，它主要由三个塔组成：抽提塔、汽提塔和溶剂再生塔。

（4）精馏单元。利用精馏的原理将芳烃抽提单元分离出来的混合芳烃再分为单体的苯、甲苯、混合二甲苯和重质芳烃。

2. 工艺流程

半再生催化重整工艺流程如图 5—11 所示（重整单元）。

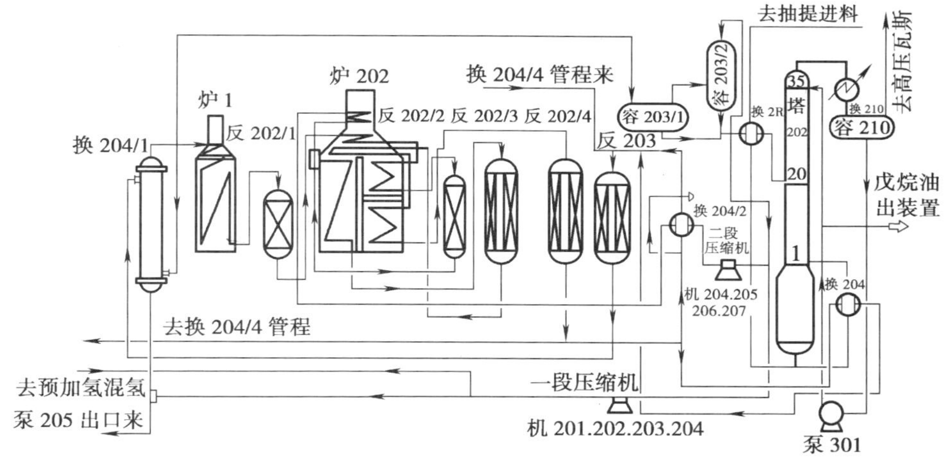

图 5—11 重整单元流程图

预分馏原料自原料罐区经泵、换热器进预分馏塔，塔顶馏分一部分回预分馏塔作回流，一部分作拔头油出装置。塔底油为预加氢单元进料，经泵加压后以一定的氢油比与一段氢压机出口部分氢气混合，经换热器、加热炉进入预加氢反应器，进行脱硫、氮、氧、金属、砷及烯烃饱和等反应。反应器出来的物料经换热器、水冷器冷却后进入预加氢油气分离器，不凝气二次分离后送往加氢车间或火炬，凝油进入汽提塔，彻底脱除杂质，作为重整单元原料。

重整原料经进料泵加压，以一定的氢抽比与一段氢压机出口氢气混合，经换热器、加热炉升温后进入一反，而后分别经加热炉升温，进入二反、三反，反应产物最后从四反出来。其中，从二段氢压机出口来的氢气经换热后入三反炉与反应物混合，四反出来物料进后加氢反应器，经后加氢反应后进入重整高分罐进行油气分离，不凝油入脱戊烷塔，塔顶脱出戊烷出装置，塔底油为抽提单元原料，抽提单元流程如图 5—12 所示。

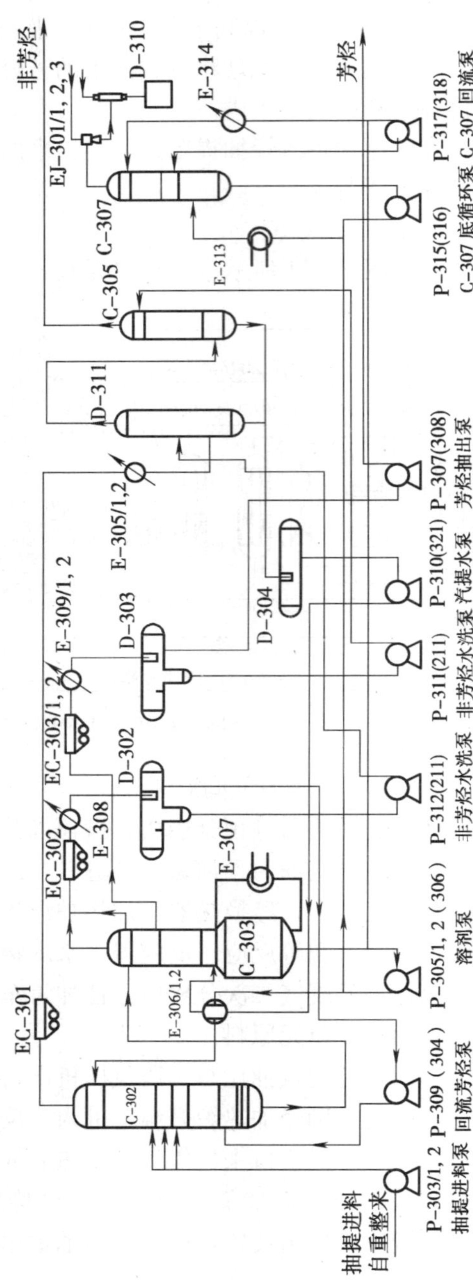

图5—12 抽提单元流程图

脱戊烷油经抽提单元，在溶剂的萃取作用下，分割出非芳烃、芳烃，芳烃再经精馏单元的苯塔、甲苯塔、二甲苯塔分割出苯、甲苯、二甲苯送入成品罐。

3. 危险因素分析及安全技术措施

（1）装置危险性分析及安全技术措施。重整单元工艺复杂，集中了反应器、加热炉、氢气压缩机等重要设备，是整个装置的核心部位，重整反应的深度直接影响最终产品质量。而催化剂是重整过程中最主要的因素，重整单元操作中关键是保护催化剂，无论是开停工或正常运行及事故状态下都应以此为前提。主要应防止催化剂中毒，防止催化剂迅速积炭，防止催化剂金属烧结和载体破碎，密切注意环境控制和原料性质变化，及时采取措施。

1）反应器。预加氢、重整、加氢精制等反应都在反应器中进行，其操作温度、压力都比较高，而且充满易燃、易爆的烃类物质、氢气等。因此，操作时应经常注意反应器温度、压力的变化，定期对温度自保系统、自动报警装置进行校验。

2）高压分离器。反应流出物在此进行气、油、水三相分离，同时又是反应系统压力控制点。当液面过高，会造成循环氢气带液损坏压缩机，液面过低，容易出现高压串低压事故。因此应经常检查、定期校验高压分离器安全附件，如安全线、液位计、压力表、调节线等。

3）氮气压缩机。规模较小的半再生装置氢压机多采用往复式氢压机，规模较大的连续再生重整循环氢一般采用离心式压缩机，增压氢采用往复式压缩机。氢压机是重整的“心脏”，是装置的重要设备，如操作不当要引发停车，会造成催化剂严重积炭，为此必须加强检查，精心维护和操作。关键注意事项如下：①往复式压缩机在正常操作中压缩比不能超过额定值；②重整高分压力变化会造成氢压机入口压力波动，因此要确保重整高分罐压控阀灵敏可靠；③在重整开停工或催化剂烧焦时，向重整系统补氢气时要缓慢补气，尽量做到连续补气，保持氢压机入口压力平稳；④严格执行操作规程，开车前一定要检查压缩机入口分液罐液面，及时切油，以防氢气带油串进汽缸，发生危险。

（2）过程危险性分析及安全技术措施。

1）停工过程中危险因素及其防范：

①在停工降温降量过程中，严防超温，遵守先降温后降量的原则，不准不降温或慢降温快降量，严格按照反应器降温曲线图操作，以防止温度过高对催化剂造成损害。掌握好降温速度，防止降温过快导致临氢系统高温高压法兰泄漏着火。

②氮气置换过程不能留死角，各分离罐切水线、采样阀、仪表引压线、反应器副线及换热器都不可遗漏。防止在检修动火过程中发生油气引燃，烧毁管线、设备

造成人员伤亡等事故，采样分析系统中“烃＋氢”含量＜0.3％时为合格，结束氮气置换。

③预加氢催化剂再生过程中注意事项：a. 再生介质为水蒸气和空气；b. 催化起始时，如催化剂床层温度＜200℃，则必须先用氮气将床层温度升至 200℃以上才可进蒸汽，防止蒸汽遇冷凝结成水破坏催化剂；c. 再生过程中防止温度大幅度波动造成催化剂破碎；d. 催化剂床层温度＜510℃，若超温应采取减少或停补空气的措施，也可在降低炉出口温度严重时熄火。

④重整催化剂再生过程注意事项：a. 再生介质为氮气和氧气；b. 各阶段均应严格控制温升，当温升接近指标时应尽快减少补空气量，当温升超标时，应停补空气，仍未能使温升下降时各炉可降温或熄火，必要时通氮气冷却、置换系统。

⑤如需更换催化剂，开反应器大盖时应确保在氮气环境下，“烃＋氢”含量＜0.3％，床层温度降至 60℃以下，防止高温下发生硫化铁自燃，烧毁反应器事故。

⑥在催化剂装卸及反应器清扫检查过程中应注意人身安全，作业前要做反应器内氧含量、硫化氢含量分析。严格执行相关作业票证制度，分析合格后，搭好软梯，系好安全带，佩戴强制通风呼吸器进入反应器作业，反应器外要有监护人，防止发生人员中毒窒息事故。

2）开工过程中危险因素及其防范。

①重整预加氢系统所属的临氢设备、仪表、管线、阀门、法兰、焊口、丝扣全部进行氮气气密检查，防止开工进油后发生泄漏，导致着火爆炸等危险事故的发生。

②催化剂干燥要严格按照方案升温曲线进行，升温过程需密切注意催化剂床层温度变化，发现温升应立即停止升温。

③注氯过程如发现催化剂床层温度有温升，则降低注氯速度，当温升＞20℃时要及时通知注氯人员停止注氯。

④催化剂预硫化过程中，操作人员进装置巡检、操作时一定要佩戴防硫化氢中毒面具及硫化氢检测仪，报警时迅速撤离现场。如发生人员硫化氢中毒事故，应立即执行防止硫化氢中毒预案，带正压式呼吸器进入现场救人。

⑤重整开工预硫化结束后，应迅速进油，以在硫化初期活性阶段实现正常操作，进油阶段应注意各工艺条件平稳。重整进油后，要密切注意反应器床层是否有超温的现象，升温中如遇循环氢纯度急剧下降的趋势、反应器床层温度大于入口湿度并不断上升等异常情况立即恒温观察，如有超温现象，化验密切配合进行必要的分析，以加强监视判断起温情况。从进油到 450℃，每 30 min 记录一次床层温度，

如判断确实为超温后，可采取下列措施：a. 当氢纯度下降10%以内，温升>5℃左右温升时，可恒温观察；b. 恒温中若氢纯度下降>10%，温升>5℃时，车间决定是否二次注硫；c. 二次注硫仍无效，可采取降反应温度或停止进油措施。

3）正常生产中危险因素及其防范。

①设备防腐。在预加氢脱硫的化学反应中会生成硫化氢，因此预加氢单元的腐蚀形式主要是蒸发脱水塔冷后系统的硫化氢腐蚀，在加工含高硫原料时设备管线腐蚀比较严重。

重整单元腐蚀形式主要为氢腐蚀。碳钢设备与含氢的高温高压流体接触时会产生表面脱碳，当温度超过200℃，压力超过1.3 MPa时，还会产生内部脱碳，即氢腐蚀。由于脱碳和内部裂纹的共同作用，使钢的机械性能产生永久性的损害，不仅降低了钢材的屈服强度和冲击韧性、而且还降低了钢材的相对收缩率。

影响氢腐蚀的因素很多，如操作温度、氢分压、加热时间以及合金成分、晶粒大小等。为防止氢腐蚀的发生，在生产中要严格防止超湿、超压，在反应器的选材上要参考钢材在氢气中的使用极限图，选用耐氢腐蚀极限高的钢材作为反应器材质。

②催化重整装置常见事故处理原则：a. 任何情况下炉膛温度不能大于800℃，炉管干烧（无介质流动）温度不能大于350℃，预反应器及后反应器温度≤360℃，重整各反应器温度≤520℃，加热炉点火前必须用蒸汽吹扫15 min，始终保持炉膛负压。b. 事故状态下重整高分罐不能超压，严禁预加氢含硫气体串入重整系统，各回流罐、塔不得压空、装满，严禁跑、冒、串事故；事故状态下开工时，须加氢用精制油，重整系统待压缩机正常，各床层温度370℃时方可进油。c. 抽提单元严禁各塔、罐超温、超压、压空或跑、冒。严禁非芳烃串入芳烃系统，芳烃罐不得被污染。d. 精馏单元各塔、回流罐不得压空、装满、冒罐，改循环操作时严防三苯产品罐受污染，中、高压蒸汽安全阀不跳。

（3）装置易发生的事故及其处理。

1）重整单元常见事故处理方法。

①停外来瓦斯。现象：燃料气压力下滑，各反应器温度波动。处理措施：关闭瓦斯边界阀，调节预加氢、重整各塔温度，增加瓦斯流量，提高预分馏塔压力，各塔塔顶自产轻组分气体作为燃料气串入装置瓦斯管线，若调节塔压不见效，可向瓦斯管网串氢气。瓦斯组分变重时，要加强对瓦斯分液罐的切液工作。

②瓦斯大量带油。现象：各反炉膛波动烟囱冒黑烟，反应温度迅速上升，火嘴结焦严重，火盆发红。处理措施：迅速将排凝阀打开减油，炉膛迅速降温，必要时

通蒸汽降温，立即清除各火嘴焦炭，加大通风量。重整油去不合格线，逐步调整预加氢反应温度，保证精制油合格，重整各反应器温度正常后与抽提、精馏串联。

③重整进料中断。现象：流量记录仪回零，仪表报警。系统压力波动，反应温度波动，蒸发脱水塔液面满。循环氢流量波动。处理措施：根据不同原因采取不同措施。a. 进料泵停运。启动备用泵，调整炉温和系统压力，适当降低预加氢进料；b. 调节器回零或电器转换器故障。立即改副线控制，联系仪表工修理；c. 差压变送器失灵。调节器手动控制，维持原阀位，参考泵的电流控制进料量；d. 油表过滤器堵塞。走油表副线控制，抓紧清理过滤器。e. 蒸发脱水塔抽空。立即引精制油进脱水塔，查明抽空原因，如短时间不能恢复，重整各反应器向 400℃降温，防止催化剂高温积炭。

2）抽提单元常见事故（汽提塔侧线跑溶剂）处理。现象：混合芳烃罐水包界面满，油面上升，汽提塔底液面下降，从混合芳烃罐水包出芳烃线能放出溶剂。原因：①汽提塔底压力较高，忽然增开空冷或猛开侧线蝶阀，使塔压急速下降，塔内汽化激烈；②塔内气相负荷较大，富溶剂中含水、芳烃较高，气速较高；③汽提塔内浮阀脱落较多，气流集中。

处理措施：①汽提塔底换热器降温，以降低汽提塔的负荷；②芳烃改进脱戊烷油罐，防止溶剂串入混合芳烃罐，精馏改大循环；③混合芳烃罐液面过高时，可将溶剂放入汽提水罐，再放入地下溶剂池，开污油泵将溶剂打入废溶剂罐；④打开汽提水控制阀副线，加大汽提水，将汽提水罐中溶剂导入汽提塔。

3）精馏单元常见事故（冲塔事故）处理。现象：塔底温超高，液面下降，回流罐液面上升。处理措施：发生冲塔事故时，关闭塔底热源，关闭产品罐，加大回流，改单塔循环流程。

第八节　裂化反应过程安全技术

裂化有时又称裂解，是指有机化合物在高温下分子发生分解的反应过程，裂化可分为热裂化、催化裂化、加氢裂化三种类型。石油产品的裂化主要是以重质油为原料，在加热、加压或催化作用下，使其所含相对分子质量较高的烃类断裂成相对分子质量较小的烃类（也有相对分子质量较小的烃类缩合成相对分子质量较大的烃类），再经分馏而得裂化气、汽油、煤油和残油等产品，相对分子质量较小的烃类主要是烷烃和烯烃，相对分子质量较大的烃类主要是芳烃。

一、热裂化反应过程安全技术

热裂化为裂化的一种，是在加热和加压下进行，根据所用压力的高低，有高压热裂化和低压热裂化两种。高压热裂化在较低温度（约 450～550℃）和较高压力（2 020～7 070 kPa）下进行，低压热裂化在较高温度（约 550～770℃）和较低压力（101～505 kPa）下进行，产品有裂化气体、汽油、煤油、残油和石油焦等。

热裂化装置的主要设备有管式加热炉、分馏塔，反应塔等。管式加热炉就是用钢管做成的炉子，管子里是原料油，管外用火加热，至 800～1 000℃使原料发生裂解，因管式炉经常在高温下运转，因此，要采用高镍铬合金钢。

热裂化生成的焦炭会沉积在加热炉管内，形成坚硬的焦层，叫做结焦。炉管结焦后，由于焦层不易传热，使加热炉效率下降，炉管出现局部过热，甚至烧穿，这种事故应尽量避免。

裂解炉炉体应有防爆门，备有蒸汽吹扫管线和灭火管线，设置紧急放空管和放空罐，防止因阀门不严或设备漏气造成事故。

处于高温下的裂解气，要直接喷水急冷，如果因停水和水压不足，或因误操作，气体压力大于水压而冷却不下来，会烧坏设备从而引起火灾。为了防止此类事故发生，应配备两路电源和水源，操作时，要保证水压大于气压，发现停水或气压大于水压时要紧急放空。

裂解后的产品多数是以液态储存，有一定的压力，如有不严之处，储槽中的物料就会散发出来，遇明火发生爆炸。高压容器和管线要求不泄漏，并应安装安全装置和事故放空装置。压缩机房应安装固定的蒸气灭火装置，其开关设在外边易接近的地方。机械设备、管线必须安装完备的静电接地和避雷装置。

分离主要是在气相下进行的，所分离的气体均有火灾爆炸危险，如果设备系统不严密或操作错误泄漏可燃气体，遇火源就会燃烧或爆炸。分离都是在压力下进行的，原料经压缩机压缩有较高的压力，若设备材质不良，误操作造成负压或超压，或者因压缩机冷却不好，设备因腐蚀、裂缝而泄漏物料，就会发生设备爆炸和油料着火。另外，分离又大都在低温下进行，操作温度有的低达－30～－100℃，在这样的低温条件下，如果原料气或设备系统含水，就会发生冻结堵塞，以致引起爆炸起火。分离的物质在装置系统内流动，尤其在压力下输送，易产生静电火花，引起燃烧，因此应该有完善的消除静电的措施。分离塔设备均应安装安全阀和放空管，低压系统和高压系统之间应有止逆阀，配备固定的氮气装置、蒸汽灭火装置。发现设备有堵塞现象时，可用甲醇解冻疏通，操作过程中要严格控制温度和压力，发生事故需要停车时，要停压缩机、关闭阀门，切断与其他系统的通路，并迅速开启系统放空阀，再用氮气或水蒸气，高压水等扑救。放空时应当先放液相后放气相，必要时送至火炬。

二、催化裂化反应过程安全技术

1. 概述

催化裂化用于重质油生产轻质油的工艺，但由于常减压塔底的塔底油和渣油含有多量胶质、沥青质，在催化裂化时易生成焦炭，同时还含有金属铁、镍等，故一般采用较重的馏分油为原料在 460～520℃及 101～202 kPa 条件下进行反应。

催化裂化装置主要由三个系统组成，即反应系统或反应再生系统、分馏系统以及吸收稳定系统。

催化剂以天然膨润土、矾土或高岭土为原料制成。现代催化裂化装置是采用流化床，催化剂做成粉状或微球状，靠加热的原料油气携带，循环于反应器和再生器之间。催化剂与油气形成外观与流体相似的流化状态，在流化床中，由于催化剂的激烈运动，油气与催化剂充分接触，加速了反应的进行，同时也使热量传递加快，床层温度均匀，避免局部过热。

反应再生系统是催化裂化装置中重要的组成部分，它是生产中的关键。反应过程中生成的焦炭易沉积在催化剂表面上，从而使催化剂失去活性，沉到反应器底部不断送入再生器，在再生器内鼓入空气烧掉焦炭，使催化剂恢复活性，再返回反应器。分馏系统的任务是把反应器送来的产物进行冷却并分馏成各种产品，主要设备有分馏塔，轻、重柴油汽提塔。吸收稳定系统的主要任务是进行富气分离和使汽油、干气、液态烃等质量合乎要求，主要设备包括气体压缩机、吸收解吸塔、二级吸收塔、稳定塔和汽油水洗、碱洗等。

在生产过程中，这三个系统是紧密相连的整体。反应系统的变化很快地影响到分馏和吸收稳定系统，后两个系统的变化反过来又影响到反应部分。在反应器和再生器间，催化剂悬浮在气流中，整个床层温度要保持均匀，避免局部过热，造成事故。

两器压差保持稳定，是催化裂化反应中最重要的安全问题，在四型式反应器中，压差一般都是正压，即反应器压力高于再生器压力，在提升管式反应器中，压差是负值，即再生器压力高于反应器压力。两器压差一定不能超过规定的范围，目的就是要使两器之间的催化剂沿一定方向流动，避免倒流，造成油气与空气混合发生爆炸。当维持不住两器压差时，应迅速启动自动保护系统，关闭两器间的单动滑阀。在两器内存有催化剂的情况下，必须通以流化介质维持流动状态，防止造成死床。正常操作时，主风量和进料量不能低于流化所需的最低值，否则应通入一定量的事故蒸汽，以保持系统内正常流化状态，保证压差的稳定。当主风量由于某种原因停止时，应当自动切断反应器进料，同时启动主风与原料及增压风自动保护系统，向再生器与反应器、提升管内通入流化介质，而原料则经事故旁通线进入回炼罐或分馏塔，切断进料，并应保持系统的热量。在反应正常进行时，分馏系统要保持分馏塔底油浆经常循环，防止催化剂从油气管线进入分馏塔被携带到塔盘上及后面系统，造成塔盘堵塞，要防止因回流过多或太少引起的憋压和冲塔现象。在切断进料以后，加热炉应根据情况适当减火，防止炉管结焦和烧坏，再生器也应防止在稀相层发生二次燃烧，因这种燃烧往往放出大量热，损坏设备。

降温循环用水应充足，降温用水若因故中断，应立即采取减量降温措施，防止各回流冷却器油温急速上升，造成油罐突沸，同时还应当注意冷却水量突然加大，造成急冷，容易损坏设备。若系统压力上升较高时，必要时可启动气压放空火炬，维持反应系统压力平衡，应备有单独的供水系统。

催化裂化装置关键设备应当备有两路以上的供电，自动切换装置应经常检查，保持灵敏好用，当其中一路停电时，另一路能在几秒钟内自动合闸送电，保持装置的正常运行。

2. 装置单元组成及工艺流程

（1）组成单元。催化裂化装置的基本组成单元为：反应一再生单元；三机单元；能量回收单元；分馏单元；吸收稳定单元。作为扩充部分有：干气、液化气脱硫单元；汽油、液化气脱硫醇单元等。各单元作用介绍如下。

1）反应一再生单元。重质原料在提升管中与再生后的热催化剂接触反应后进入沉降器（反应器），油气与催化剂经旋风分离器与催化剂分离，反应生成的气体、汽油、液化气、柴油等馏分与未反应的组分一起离开沉降器进入分馏单元。反应后的附有焦炭的待生催化剂进入再生器用空气烧焦，催化剂恢复活性后再进入提升管参加反应，形成循环，再生器顶部烟气进入能量回收单元。

2）三机单元。所谓三机系指主风机、气压机和增压机。如果将反应一再生单元作为装置的核心部分，那么主风机就是催化裂化装置的心脏，其作用是将空气送入再生器，使催化剂在再生器中烧焦，将待生催化剂再生，恢复活性以保证催化反应的继续进行。增压机是将主风机出口的空气提压后作为催化剂输送的动力风、流化风、提升风，以保持反应一再生系统催化剂的正常循环。气压机的作用是将分馏单元的气体压缩升压后送入吸收稳定单元，同时通过调节气压机转速也可达到控制沉降器顶部压力的目的，这是保证反应一再生系统压力平衡的一个手段。

3）能量回收单元。利用再生器出口烟气的热能和压力使余热锅炉产生蒸汽和烟气轮机做功、发电等，此举可大大降低装置能耗，目前现有的重油催化裂化装置有无此回收系统，其能耗可相差1/3左右。

4）分馏单元。沉降器出来的反应油气经换热后进入分馏塔，根据各物料的沸点差，从上至下分离为富气（至气压机）、粗汽油、柴油、回炼油和油浆。该单元的操作对全装置的安全影响较大，一头一尾的操作尤为重要，即分馏塔顶压力、塔底液面的平稳是装置安全生产的有力保证，保证气压机入口放火炬和油浆出装置系统的通畅，是安全生产的必备条件。

5）吸收稳定单元。经过气压机压缩升压后的气体和来自分馏单元的粗汽油，经过吸收稳定部分，分割为干气、液化气和稳定汽油，此单元是本装置甲类危险物质最集中的地方。

6）干气、液化气脱硫和汽油、液化气脱硫醇单元。该两部分为产品精制单元。干气、液化气在胺液（乙醇胺、二乙醇胺、N—甲基二乙醇胺等）作用下、吸收干气、液化气中的 H_2S 气体，以达到脱除 H_2S 的目的。汽油和液化气在碱液状态中在磺化酞氰钴或聚酞氰钴作用下将硫醇氧化为二硫化物，以达到脱除硫醇的目的。

（2）工艺流程。工艺原则流程如图5—13所示，原料油由罐区或其他装置（常减压、润滑油装置）送来，进入原料油罐，由原料泵抽出，换热至200～300℃左

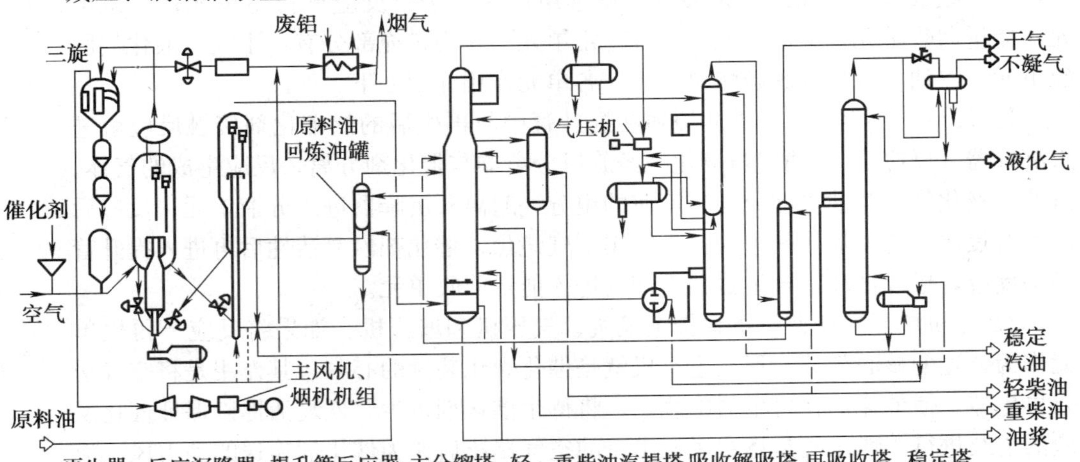

图5—13 催化裂化工艺原则流程图

右，分馏塔来的回炼油和油浆一起进入提升管的下部，与由再生器再生斜管来的650～700℃再生催化剂接触反应，然后经提升管上部进入分馏塔（下部），反应完的待生催化剂进入沉降器下部汽提段，被汽提蒸汽除去油气的待生剂通过待生斜管进入再生器下部烧焦罐。由主风机来的空气送入烧焦罐烧焦，并同待生催化剂一道进入再生器继续烧焦，烧焦再生后的再生催化剂由再生斜管进入提升管下部循环使用。

烟气经一、二、三级旋分器分离出催化剂后，其温度在650～700℃，压力0.2～0.3 MPa（表压），进入烟气轮机做功带动主风机，其后温度为500～550℃，压力为0.01 MPa（表压）左右，再进入废热锅炉发生蒸汽，发生蒸汽后的烟气（温度大约为200℃左右）通过烟囱排到大气。

反应油气进入分馏塔后，首先脱过热，塔底油浆（油浆中含有2‰左右催化剂）分两路，一路至反应器提升管，另一路经换热器冷却后出装置。脱过热后油气上升，在分馏塔内自上而下分离出富气、粗汽油、轻柴油、回炼油。回炼油去提升管再反应，轻柴油经换热器冷却后出装置，富气经气压机压缩后与粗汽油共进吸收塔，吸收塔顶的贫气进入再吸收塔由轻柴油吸收其中的C_4～C_5，再吸收塔顶干气进入干气脱硫塔脱硫后作为产品出装置，吸收塔底富吸收油进入脱吸塔以脱除其中的C_2。塔底脱乙烷汽油进入稳定塔，稳定塔底油经碱洗后进入脱硫醇单元脱硫醇后出装置，稳定塔顶液化气进入脱硫塔脱除H_2S，再进入脱硫醇单元脱硫醇后出装置（图5—13中未画出脱硫醇单元）。

3. 危险因素分析及安全技术措施

（1）系统、装置危险性分析及安全技术措施。

1）反应一再生系统。如图5—14所示，沉降器（反应器）部分由沉降器、快速分离器、提升管、汽提段、待生斜管等组成。再生器部分由再生器、快速分离器、稀相管、外取热器、循环催化剂管、烧焦罐预混合管等组成。接触催化剂的设备和壳体都有耐磨衬里，而沉降器、再生器、外取热器以及输送催化剂管线不但有耐磨衬里，而且有绝热衬里，目前，由于材料的发展，耐磨和绝热衬里合为一种，根据不同部位选择不同厚度的耐磨绝热衬里。若设备出现大的故障，如再生器旋分器磨穿或沉降器结焦，将造成催化剂从再生器大量跑损，催化剂从沉降器大量进入分馏塔，将影响装置的正常生产，严重时需停工处理（该部分是事故多发区）。

2）产品分离。①分馏塔。分馏塔是产品分离的主体，塔底油浆系统若发生堵塞、结焦或是油浆泵管线及管件磨漏或高温泄漏自燃着火，烧坏设备、电缆将会导

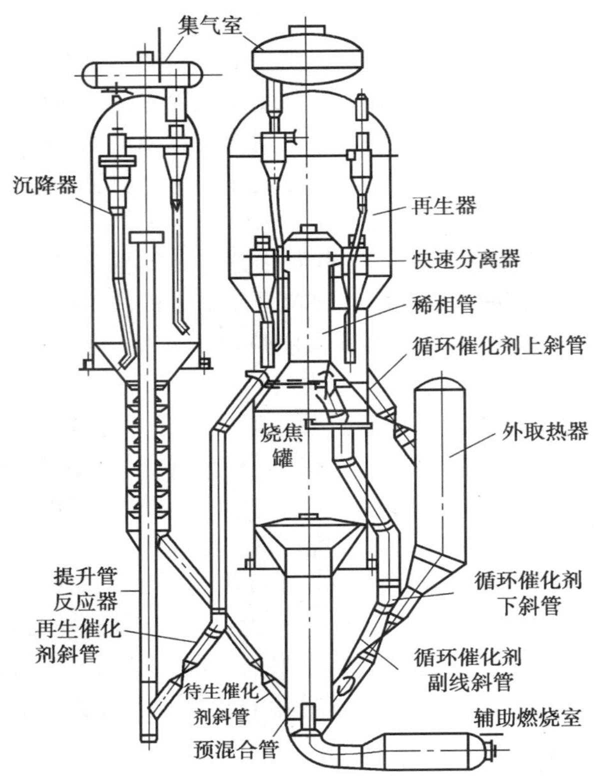

图 5—14　高低并列同轴二段再生反应再生系统

致装置停工。②吸收稳定、脱硫、脱硫醇。这部分如果发生故障，若处理得当，可停下来，与催化裂化的前部切断，其装置不至于停下。但是此部分塔、容器、冷换中储存大量液化气、汽油、干气，还有高浓度 H_2S 气体等，若发生泄漏遇见火星，将会发生火灾，是装置高危险地区。该区存在酸性气和酸性水，应注意防毒，该部分是事故多发区。

3）三机（主风机、增压机、气压机）。①主风机。大型催化裂化装置一般选用轴流式鼓风机（它抗喘震和其他干扰能力不如离心式鼓风机）。该机为装置的心脏，若出现问题不能运转，装置只能停工。一般大型催化裂化装置都设置二台主风机，同时运行，而原动机选用不同动力，如蒸汽透平和电动机，这对保证装置安全生产十分重要。②增压机将主风机出口空气进行增压后送至需要较高风压的部位，如半再生 U 形管输送催化剂到二再生器，外取热器流化风或取热器循环催化剂的提升风（一段再生工艺）。它的故障停车，不会导致装置停工，可用主风替代。但反应一再生系统则降压操作，装置处理能力将下降30%左右。③气压机在装置中有两个作用，第一是将分馏塔顶回流罐的富气压缩后送往吸收稳定，回收其液体并生产干气；第二是通过气压机转速的调节，以达到反应一再生系统三大平衡之一——压力平衡。气压机入口放火炬系统是催化裂化装置关键的安全设施，如果气压机因故障突然停机，而入口放火炬系统泄压缓慢或排放不畅，易造成反应一再生系统超压，主风机飞动，甚至催化剂倒流入主风机的恶性事故。

4）特殊阀门。在反应一再生、三机和能量回收单元使用大量大口径的气动和液动阀门，它们的工作介质都含有催化剂，有的阀门操作温度很高（500～700℃左右），既有调节性能，又有安全快速的切断（打开）性能。表5—5列举某厂200×10^4 t/年重油催化裂化装置几个典型阀门的工作参数。

表5—5　　200×10^4 t/年重油催化裂化装置几个典型阀门工作参数表

参数	烟机入口调节蝶阀	二再生立管滑阀	一再生双动滑阀
工作温度（℃）/压力（MPa）	700/0.3	750/0.4	700/0.4
工作介质	烟气	再生催化剂	烟气
阀门紧急全开一全关时间/s	≤0.6	5	5
阀门正常全开一关时间/s	≤15	20～25	20～25
灵敏度	1/250	1/200	1/200
执行机构	电一液	电一液	电一液
阀门作用	调节烟气流量	调节催化剂循环量	调节一再压力

（2）过程危险性分析及安全技术措施。催化裂化装置由于它的技术特点，既有微球催化剂流化，还有化学反应，又是在高温、压力下操作，物料大部分为甲类危险品，生产过程中产生有毒气体H_2S等，所以在炼油厂中是易出现事故的装置，设备的故障率也较高，其中尤其是催化装置发生故障概率较高。

催化裂化装置除了物料泄漏而易发生事故以外，催化剂磨损和油气结焦而造成设备泄漏和堵塞事故是与其他炼油装置不同的。

1）开工时的危险因素分析及其防范措施。开工时，装置从常温、常压逐渐升温升压达到各项正常操作指标。物料、催化剂、水、电、气逐步引入装置。所以在开工时，装置的操作参数变化较大，物料的引入、引出比较频繁，较易产生事故。

通常反应一再生的开工步骤为：气密试验（用主风）——拆除油气管线去分馏塔的盲板，建立分馏塔与反应器的气封（防空气串入分馏塔）——点辅助燃烧炉两器升温——沉降器与再生器切断，赶空气（烟气）——切换气封，即沉降器蒸汽串入分馏塔——再生器装催化剂和继续升温——再生器向反应器转催化剂两器流化——提升管喷油（进料）。

在开工时刻各个环节扣得很紧，在开工过程中应做好压力平衡和热平衡（热量的供给）各阶段易发生的事故分析如下：

①拆除盲板建立气封。分馏塔的蒸汽有一部分要由反应油气管线返回至反应器，要在油气管线的顶部放空，即控制好分馏塔压力大于反应器压力，而这时分馏部分在塔外建立原料油、回炼油循环，如果不注意，油串入分馏塔内，很容易被蒸汽携带进入反应器和再生器。

②辅助燃烧室点火。辅助燃烧室是正压炉，电点火十分困难时（现有新型点火已解决）要防止点不着火，防止瓦斯油管线泄漏和防止瓦斯带油、带水的现象发生。瓦斯换油火时，注意燃烧油要选用自燃点低不带水的柴油，要防止油火烧坏再生器、分布器等内件。

③反应器赶空气切换气封。此段操作需关掉反应器顶和油气管线的放空阀，此时大量蒸汽进入分馏塔，如操作不当会引起分馏塔超压，导致塔顶安全阀启跳。另外如果空气置换不尽，反一切断不好，再生器中空气串入反应器再进入分馏塔，这是最危险的。

④再生器装催化剂两器流化。这时需要校正两器的密度、藏量仪表，保证其准确性，此类仪表是判断装入多少催化剂和何时达到向再生器喷入燃烧油，以加速催化剂升温的依据，同时要保证燃烧油质量，不带水，否则易造成温度不上升而下降，还会造成辅助燃烧空油，火嘴熄灭的事故。

两器流化要注意反应器的升温速度和防止催化剂大量带入分馏塔。

⑤提升管喷油。此阶段主要产生故障是因为进油量过猛易造成分馏部分的物料和热平衡不好掌握，易造成顶回流抽空，冲塔而导致切断进料。

操作方法和技术设备方面的进步是避免事故的最好的防范措施，如衬里材料的改进，目前两器衬里大面积脱落的事故基本杜绝，这给开工方法的改进创造了条件。现在不少炼厂采用新的开工方法，从而省去了建立气封，切换气封的烦琐操作，不但避免事故，而且开工时间大为缩短。

综上所述，现将开工过程中危险因素以及预防措施汇总见表5—6。

2）停工时危险因素分析及其防范措施。装置停工是装置由正常操作状态逐渐降温、降压、降量的过程，其各操作参数变化较大，所以也属于不稳定操作状态，因操作不当而造成着火、中毒的事故也曾发生。主要应注意以下问题：

表 5—6　　开工过程中危险因素及预防措施表

危险因素	产生后果	预防措施
（1）建立气封时，分馏部分原料油串入反应一再生部分	两器超温，升温速度控制不住，将燃烧反应一再生内构件	（1）采用新开工法 （2）原料油循环在塔外，由分馏塔底排凝可监视原料油是否串入塔内
（2）辅助燃烧室点火困难，易造成点火爆鸣	严重时将再生器内构件损坏	（1）检查好瓦斯阀不能内漏 （2）严格执行规程 （3）改用新型电打火器
（3）反应器赶空气不净，再生器串烟气至反应器	残余空气进入分馏塔，分馏塔顶有瓦斯、FeS 等，易燃，会烧坏回流罐和分馏塔馏出线，严重将造成分馏部分爆炸	（1）采用新开工法 （2）控制好反应一再生压力，反应压>再生压 （3）延长赶空气时间 （4）检修时彻底清除设备中的 FeS
（4）燃烧油带明水	造成辅助燃烧室油水熄灭，喷燃油时，其再生器床层温度不增高反下降	备好燃烧油，保证质量，安排专人搞好燃烧油罐脱水
（5）提升管进料过快，量过大	分馏塔顶超温，顶回流，泵抽空，分馏塔冲塔，被迫切断进料	（1）控制好提升管进料量 （2）适当减少反应、分馏吹汽量 （3）保证分馏塔顶冷却系统完好，确保粗汽油冷却温度

①保证反应器的蒸汽吹扫时间。在保证赶尽反应器的油气的同时，分馏塔的残存油要尽量抽尽。分馏塔温度应下降到 200℃以下，为安装油气管线的盲板创造条件。

②安装盲板时切断反应器和再生器，而反应器和分馏塔适当给汽，维持其微压，即反应器和分馏塔顶要见蒸汽少量吹出。

分馏塔吹扫后一般要进行水洗，以防止残存的 FeS 因干燥自燃。

装置的废碱罐和碱罐，其中都残存汽油，因罐处理不净而动火会发生爆炸事故，装置后部吸收塔，再吸收塔、脱硫系统由于有 H_2S 的存在必须处理干净。

3）正常生产中危险因素分析及其防范措施。正常生产时其各工艺参数是稳定的，但是在长周期运转过程中，由于受工艺设备、公用工程条件、加工量调节、人员操作水平、仪表可靠度等诸多因素的影响，正常生产中仍会有不少影响安全生产的因素，下面就各个单元的危险因素和防范要求分析如下。

①反应一再生单元。催化裂化在操作中要搞好三大平衡，即物料平衡、热量平

衡和压力平衡，而物料平衡又是三大平衡的基础。

在正常操作中主要是要防止反应一再生系统超温、超压，另外由于两器中为了绝热和防止催化剂磨蚀都衬有绝热耐磨衬里，良好的施工和平稳操作十分重要，若衬里脱落，设备将要超温，脱落的衬里进入催化剂的斜管将发生堵塞，正常生产不能维持，只能紧急停工。

反应一再生系统主要故障及预防措施见表5—7。

表5—7　　反应—再生系统主要故障及预防措施

设备名称	故障	故障原因及后果	预防措施
反应器（沉降器）	提升管温度过高	（1）进料量减少 （2）再生剂循环量过大，易造成分馏系统大幅度波动，只产气体，下部液体少，冲塔等事故	（1）提高进料量 （2）检查再生滑阀是否出现问题，改手动操作
	提升管温度过低	（1）原料油带水严重 （2）再生器循环量减少或中断，造成沉降压力上升，气体段藏量急降，待生催化剂带油，再生器超温，严重时烟囱冒黄烟	（1）原料带水： ①换罐 ②适当降低进料 ③提高原料进提升管温度 ④减少待生催化剂、去再生器的量 ⑤温度太低（重催低于485℃）启动原料自动保护联锁装置切断进料 （2）再生剂循环量减小或中断 ①检查再生滑阀并且手动控制 ②滑阀无问题要考虑是否是再生管被堵塞，尤其是滑阀无问题，催化剂中断，应停工处理
	压力波动大	（1）原料带水 （2）反应温度波动 （3）分馏塔液面高 （4）分馏冷回流启动大或空冷出现问题 （5）气压机故障停车，易造成反应一再生器压力波动大、沉降器油气压力波动大、再生器超温，烧坏设备。沉降器旋风分离器工作不稳定造成油浆中固体含量增加，若处理不好，造成分馏油浆系统堵塞不畅等	（1）原料带水见上 （2）降低分馏塔底页面多甩油浆，提高分馏塔下部温度少产油浆 （3）检查好塔顶空冷冷后温度等 （4）必要时启动原料自动保护联锁装置

续表

设备名称	故障	故障原因及后果	预防措施
再生器	超温	(1) 待生催化剂带油 (2) 重油催化、原料轻重不均 (3) 再生取热系统故障造成再生器以及烟气后部系统内构件损坏，损坏烟道，催化剂跑损等	(1) 检查汽提蒸汽除油气效果 (2) 调整好重油催化的重油与蜡油比例 (3) 分析再生取热系统故障原因后要加大取热量以降低再生温度，自动联锁启用，保护装置安全
	反应一再生系统衬里脱落，尤其是斜管、提升管衬里脱落	(1) 施工质量不好 (2) 两器开工升温不按升温曲线，升温波动大 (3) 两器超温频繁，反应一再生出现热点（壁温在500℃以上)，强度降低，增加磨损，产生催化剂泄漏，处理不当，停工斜管、提升管衬里脱落，造成再生滑阀或待生滑阀堵塞，斜管堵塞，催化剂循环量减少或中止，装置大幅度降量或停工	(1) 严把施工质量关，选用好的绝热耐磨衬里 (2) 两器尤其在装置第一次开工，严格按升温要求烘干衬里 (3) 严格操作，做到原料、操作条件平衡，保证水、电、气、风平衡，防止两器频繁超温 (4) 加强两器日常检查，使用红外温度计和坚持夜间闭烟检查，及早发现过热点，及早维护
	超压或压力过低	(1) 沉降器压力波动大，造成再生压力波动（自动位量) (2) 再生主风控制波动 (3) 再生压力控制或烟机突然故障停车 (4) 再生器取热器取热管爆管再生器超压易引起主风机、增压机飞动，从而引起无主风，引起催化剂倒入，主风机恶性事故或再生压力太高，再生剂压空，空气要进入沉降器的重大恶性事故（催化剂倒流)	(1) 再生压力控制手动，控制好再生压力 (2) 再生器主风进量改手动，控制入再生器风量稳定 (3) 三机组时烟机停车则主风机要减少一半（二台主风机并联操作)，反应一再生降压操作，若烟机与主风机分体，只发电，则控制好烟气放空 (4) 取热器坏，停用取热器，同时要调整好原料，降低生焦量以保证热平衡 (5) 造成倒流迹象启动主风、原料自动保护联锁装置
沉降器	结焦	(1) 沉降器提升管出口的快速分离器型式落后 (2) 沉降器中油气停留时间长 (3) 大油气管线保温不好，结焦焦块堵塞，能分离造成催化剂进分馏系统，加速油浆系统磨损和堵塞，进入待生斜管或在待生催化剂出口结焦、造成待生催化剂进不了再生器而停工	(1) 选用新型提升管出口的快速分离器，减少油气在沉降器中停留时间 (2) 大油气线改用冷壁管，降低油气管的温差，减少结焦 (3) 采用新型汽提段，采用滤油设施，防止焦块进入待生斜管 (4) 采用高效喷嘴，提高原料雾化粒度

②三机单元。大型催化裂化的主风机、气压机、增压机一般都使用离心式或轴流式，所以防止机组的喘震是首要的。另外对于主风机还要防止反应一再生系统因为超压，以致主风机处理不当造成催化剂倒入主风管线，乃至进入主风机，将造成机组毁坏的恶性事故，这里主风机管线上进入再生器处的单向阻逆阀的可靠性十分重要。

气压机操作要防止分馏塔顶回流罐满罐而使富气带油，毁坏气压机事故。

一般气压机都由凝气式透平带动，搞好复水器操作，保证真空度和复水泵不抽空，即能保证气压机的安全运行。因气压机复水器水位高造成停机，影响反应一再生压力，继而威胁生产的情况时有发生。

不管是主风机和气压机、增压机，其润滑油系统的稳定工作是机组安全运行的基础，要搞好冷油器操作以及提高润滑油泵自动启动的可靠性，另外对润滑油坚持定期分析，尤其是不能带水，否则轻者会引起蒸汽透平调速系统元件锈蚀造成机组降转速不灵，重者润滑效果破坏，发生烧瓦事故。

③能量回收单元。烟气轮机部分由于是高温带有催化剂的烟气，所以要严格执行烟气含尘≤250 g/m^3 的要求，长期超标磨损叶轮，而且催化剂会沉积在叶轮上造成动平衡不好，使振动超标而影响运行周期。

烟机润滑油系统要求同三机系统。

烟机的入口蝶阀是再生器压力控制的阀门，所以本身的液压系统和调节系统要可靠，而且要有快速切断性能要求（只带发电机方案）以保证烟机不出现飞速现象。

余热炉主要是汽包不装满水、不缺水，以保证正常运行，所以汽包的液位计的可靠度十分重要。

另外余热炉的制造质量，尤其是省煤器和饱和发汽小管的焊接和系统管线法兰连接处易产生泄漏，影响炉子运行。

④分馏单元。该单元是催化装置物料分离的主要单元，分馏塔顶回流够气压机入口放火炬线和塔底油浆出装置线是催化装置的生命线。操作出了问题，大量放火炬，气体放不出，反应一再生系统就会出现超压。塔底油浆放不出去，装置内的重质油无出路，长时间放不出，油浆中的催化剂将在塔和换热器中沉积、堵塞，将给装置停工带来很大问题。

分馏单元一中段以下可能产生泄漏着火、油浆堵塞、油浆磨损和油浆结焦事故，一中段以上泄漏，由于气体中有 H_2S，可能造成中毒、气体爆燃事故，见表5—8。

⑤吸收稳定和干气、液化气脱硫，液化气、汽油脱硫酸单元。此单元的介质气

表 5—8 分馏单元危险因素及预防措施表

危险因素	原因及后果	预防措施
分馏塔顶回流罐气压机入口放火炬不畅	(1) 放火炬蝶（闸）阀故障 (2) 火炬线存液多，反应一再生系统超压，其后果见表 5—13，严重时火炬下火雨，烧坏电打火设施（长明灯）	(1) 蝶（闸）阀定期实验，保证好用（这里推荐使用蝶阀） (2) 火炬线上分液罐保证不存液，尤其是放火炬时，有人监督，轻汽油及时导走
塔顶粗汽油泵抽空	(1) 泵的故障 (2) 油气冷却温度过高 (3) 回流罐粗汽油液面太高，气液分离不好，塔顶温度压不住冲塔回流罐液面猛涨，气压机有带液可能	(1) 泵维修质量要好 (2) 采用顶回流，一中段等下部多采热 (3) 液面高，粗汽油直接排放至事故接受罐 (4) 控制不住时，反应器切断进料
一中段以下，高温部分泄漏，包括换热器、机泵管线等	(1) 检修质量差 (2) 操作波动大，尤其是湿度波动大易造成法兰密封面的泄漏 (3) 机泵抽空，易泄漏 (4) 油浆系统磨蚀泄漏，由于为重油，温度高，泄漏后自燃着火	(1) 提高检修质量，换热器、法兰按操作温度压力升级办法选取 (2) 平稳操作 (3) 沉降器中的快分系统，选用弹性大的 (4) 完善此部分的消防设施
紧急油浆排放管线不通畅	(1) 管线中残存油浆，放不净，吹扫时间短 (2) 管线设计缺欠，装置出现问题要到排放油浆排不出去，装置紧急停工	(1) 使用后吹扫干净，并要确认通畅 (2) 油浆管保温伴热（平时不开），堵塞后开伴热线，熔化后放油浆 (3) 紧急线长期少量通蒸汽油浆罐前放空
排放油浆温度过高	(1) 排浆冷却槽，冷却水沸腾 (2) 排放油浆太急 (3) 油浆冷却槽部分盘管不通畅，冷却面积小，油浆温度高，有造成油浆罐突然沸腾的可能，使油浆罐损坏	(1) 控制好冷却槽水温，一般<60℃ (2) 控制好油浆排放量 (3) 紧急油浆排放冷却器要经常定期检查，防止不放油浆时油浆串入系统而造成盘管凝堵，及时发现，及时处理
分馏塔底结焦，油浆系统堵塞	(1) 沉降器旋分系统效率下降，油浆固体含量长期在 10 g/L 以上 (2) 分馏塔底温度高在 380℃ 以上，塔底结焦则油浆换热器也结焦，油浆系统堵会造成塔底后路不畅，致使装置停工	(1) 选择高效旋风分离器和快速分离器，提高效率，保持油浆浓度 2 g/L 以上，若长期 10 g/L 以上，要考虑停工查检修的可能 (2) 控制塔底温度在 355℃以下，加大油浆循环量，保证油浆在塔底和换热器系统停留时间短，线速高 (3) 塔底选用两台不同型式的液位计，以保证塔底液面的可靠性 (4) 油浆换热系统都出现故障，无法取热，塔底湿度无法控制时，立即紧急停工
油浆系统磨损泄漏	主要是油浆固体含量过高，尤其是>10 g/L 以上，磨损随固体含量增加呈数量级上升，固体含量高。泄漏量大后将自燃着火，由于油浆泵的磨损其排出压力和流量明显下降	设计上采用厚壁管，油浆泵选用三台，开一台备两台，采取上述措施必须将油浆中固体含量降至 5～10 g/L 以下，如无可能，装置停工检修

体（含有 H_2S）、液化气和汽油，其主要危险是泄漏爆燃，泄漏中毒，以及 H_2S 的腐蚀问题，其主要危险因素及预防措施见表 5—9。

表 5—9　　液化气、汽油脱硫酸单元主要危险因素及预防措施

危险因素	原因及后果	预防措施
稳定塔底温度低	（1）前部热源不足 （2）稳定塔回流太大，塔内回流大，大量液化气由汽油带走，将造成油品罐区汽油罐浮顶被冲翻，大量液化气汽化逸散至大气，遇火星爆炸着火	（1）联系前部分馏系统，调整热源 （2）少打回流或不打回流，宁可液化气带油，也不允许汽油带液化气 （3）调节不好时将粗汽油改出单元，直接去罐区
干气温度高，吸收不完全	（1）气压机来气体量大吸收负荷太大 （2）一级吸收和二级吸收剂量少，吸收效果差 （3）干气带油（主要是 C_5）进入全厂瓦斯管网，尤其是冬季瓦斯带液 （4）火嘴带液泄漏在地面，易在炉区周围着火	（1）调整反应深度或适当降量 （2）调整吸收操作以保证干气出吸收稳定单元在 40℃以内 （3）气压机压力允许，适当提高吸收塔压力，以提高 C_4 的回收率 （4）开好柴油的二级吸收，是减少干气中 C_5 的最有效措施
富气洗涤水界面失灵	（1）实际水界面无，净凝缩油压至酸性水装置常压原料水罐，其中瓦斯在大气中逸散，遇火星易爆炸 （2）界面计防空时检查界面，则其油中的 H_2S 气体将挥发出致使检查人员中毒	（1）界面计最好选用两个，以保证界面计的可靠，不允许凝缩油压出 （2）装置内集中一个酸性水分液罐，其气相接入低压火炬线，闪蒸后泵送酸性水渠原料水罐 （3）酸性水、酸气线绝对不允许向大气排放，防止中毒
液化气、汽油脱硫醇的氧化工业风串入汽油或液化气	液化气、汽油压力大于氧化工业风压力（非正常）且工业风单向阀根本不起作用，汽油串入非净化风管线，直至非净化风罐内引起爆炸	（1）碱液再生塔与工业风设差压报警 （2）加强工业风罐的定期检查，防止油气倒串入工业风系统
泄漏	（1）H_2S 腐蚀泄漏尤其是压力表、液面计管嘴部分，易腐蚀泄漏 （2）操作波动引起解吸塔、稳定塔重沸器泄漏 （3）液化气、汽油脱硫醇碱液加热器泄漏，碱液进蒸汽，即由蒸汽串入各使用点，造成其他故障	（1）定期更换压力表、液面计等管嘴，保证设备安全 （2）平稳操作来防塔底液面大幅波动 （3）定期检查液化气和汽油碱液加热器凝水指标是否合格，避免碱液串入蒸汽中 （4）可燃气体报警仪检查好用

（3）设备防腐。随着重油催化裂化的发展，催化原料的含硫量越来越高，再生烟气中的 SO_2、SO_3 浓度大幅度提高，另外 H_2S 量也在成倍增长。统计某重油催化裂化装置和 H_2S 浓度分布如图 5—15 所示，设备腐蚀及防范措施见表 5—10。

表 5—10　　催化裂化装置设备腐蚀及其防范

危险因素	原因及后果	预防措施
再生器封头裂纹	烟气中有 SO_3 和 NO_2 等，其露点温度在 120～150℃，其封头外温度低，从而造成硫酸盐、硝酸盐的露点应力腐蚀。封头本体都有裂纹，降低了壳体的使用强度，威胁安全生产	（1）封头外保温壳体温度，提高温度 160～170℃ （2）避免使用 MnR，使用 SPV36 钢材作再生器，施工消除应力 （3）降低再生烟气中的 O_2 含量，少产 SO_3
膨胀节腐蚀	（1）反应器大油气线有 Cl^-、H_2S 等介质（来自原料）在膨胀节冷凝造成不锈钢材质的应用腐蚀 （2）再生烟气管线上即烟气中的 SO_x 在膨胀节低温下生成连多酸而发生腐蚀，影响装置长周期生产，只能停工更换	（1）增加波数，降低应力水平 （2）改用不吹冷却蒸汽的设计 （3）采用 Fe－Ni 基高温 FN－2 抗 Cl^- 腐蚀 （4）波纹管内壁涂抹 W61－500 耐高温涂料
分馏塔、吸收塔、稳定塔基干气、液化气脱硫的 H_2S 腐蚀	产生 FeS 设备减薄、泄漏重沸芯子易堵，影响重沸器取热从而造成生产不正常而停工	（1）塔内构件及塔内衬里采用不锈钢材质，吸收塔、稳定塔，溶剂再生塔重沸器采用不锈钢芯子 （2）停工时水洗是十分必要的

①再生器封头的应力腐蚀。主要是因为烟气中的 S、N 转化为高露点的 SO_3 和 NO_2，从而形成硫酸盐、硝酸盐的露点腐蚀。

②膨胀节的腐蚀。催化裂化反应一再生系统的油气管线、斜管、再生烟气以及能量回收系统大量使用波纹膨胀节，而膨胀节又易受 Cl^- 和 H_2S 综合作用而产生应力腐蚀和穿孔。烟气管道上的膨胀节主要是烟气中的 SO_x，变成连多硫酸（mH_xSO_4），在此形成露点的应力腐蚀。

③分馏塔及吸收稳定的 H_2S 腐蚀。从图 5—15 中可知 H_2S 主要集中在分馏塔顶部、吸收稳定及干气、液化气脱硫部分。所以这些部分的硫化氢腐蚀十分严重，在塔体和换热器中生成大量的 FeS，严重时堵塞稳定塔、吸收塔底重沸器芯子，生产不能正常进行，尤其是在停工检修时，易发生 FeS 自燃事故。

（4）装置安全自动保护联锁系统及其作用。由于装置不正常操作如原料带水、气压机故障，或是两器流化输送不畅和外来水、电、汽、风的故障都可能破坏两器的压力平衡和热平衡，造成催化剂倒流，即催化剂全部向一个容器输送，或者流化中断，两器成为死床，或者反应、再生温度超湿或过低都将危及装置的安全。所以催化型化装置都设置有装置安全自动保护联锁系统，即在某些工艺参数达到某一数值时，装置自动保护联锁系统动作，以保护装置。常规的联锁系统都用 PLC 执行，为了提高安全性，减少误动作，现在大都改用 ESD 或 FSC 系统执行。

以常规的高低并列式催化裂化装置为例，通常设置有以下几个安全自动保护联锁装置，见表 5—11、图 5—16。

表 5—11　　　　催化裂化装置的安全自动保护联锁装置表

阀门编号	1	2	3	4	5	6	7
阀门名称	原料总进料	原料旁路	原料事故蒸汽	主风事故蒸汽	主风单向阻逆	待生滑阀	再生滑阀
正常操作阀位置	开	关	关	关	开	某个开度位	某个开度位
总进料流量低时阀位	关	开	开	关	开	关	关
主风流量低时阀位	关	开	开	开	关	关	关
待生再生滑阀差低时阀位	关	开	开	关	开	关	关

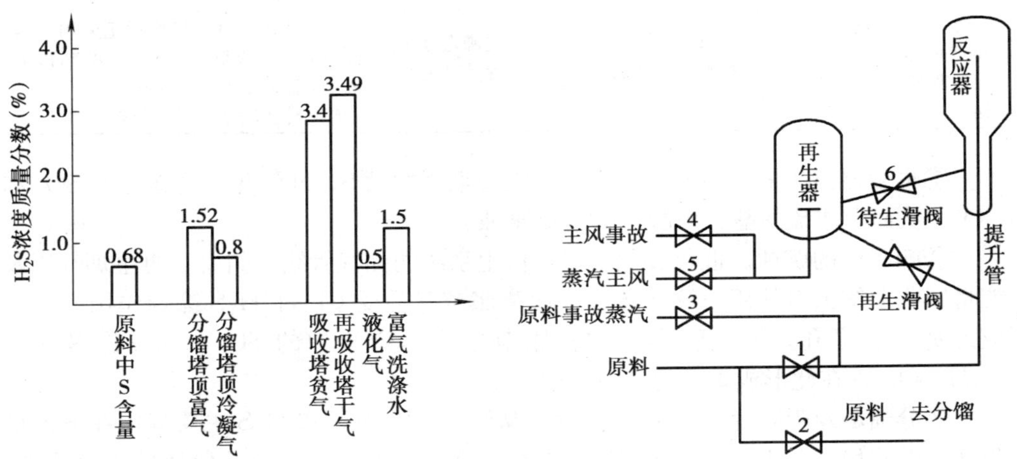

图 5—15　催化裂化装置 H_2S 浓度分布图

图 5—16　两器自动保护联锁装置示意图

1）装置安全自动保护原则：①不允许原料油串入再生器；②不允许空气串入反应沉降器；③维持再生器和反应沉降器单器流化；④不允许催化剂倒入主风管线从而倒入主风机损坏主风机。

2）自动保护联锁装置说明。

①提升管总进料低。当提升管总进料低至一定量时，其再生催化剂的提升能力不足，为此进入沉降器和汽提段的催化剂量少，有可能导致沉降器汽提段催化剂放空，则反应油气会倒串入再生器而引起再生器超温或爆炸。因此总进料流量阀关闭，原料旁路阀打开将原料油引至分馏塔底，同时打开原料事故蒸汽阀门以保持提

升管的通畅。这时待生和再生滑阀同时关闭，再生器维持单容器流化。此时主风仍进再生器，由于催化剂上无焦炭，再生器温度将迅速下降，如果短时间不能恢复提升管进料，装置再生器要喷入燃烧油以维持再生温度在550℃为宜，待进料条件具备，提升再生温度在600℃左右，即可两器流化恢复进料。

②主风流量低时。当主机故障或者主风机的管线某个阀故障，造成主风流量低时，再生器流化困难，或者不能流化，这里主风管线上的单向阻逆阀关，同时主风事故蒸汽引入再生器以保持流化，由于没有了主风，不能烧焦，所以相应的原料低流量的几个阀门都动作，以维持两器单器流化。因为无烧焦，所以再生器温度也要下降，但因蒸汽温度比主风高，流量又小，所以下降幅度较慢，这时要尽快恢复主风供给。如果主风不能立即供给，可以停止向再生器内吹蒸汽而闷床，即两器为“死床”，以保持再生温度在500℃以上，这样恢复两器流化和进料较快，但必须在一、两天内恢复供风，否则两器中的催化剂无法卸出，所以一般配备两台主风机是十分必要的。

③待生或再生滑阀差压低时。流体在管线中流动时，其阀门上游压力将大于下游压力。滑阀差也是如此，某一衡量流化催化剂输送正常的标志，其二调节催化剂环量有余地，当差压过小，甚至负差压就有催化剂倒流的可能，这是最危险事故发生的前兆，所以要有安全自动保护联锁装置。当差压（某一滑阀）低至某一数值时，切断提升管进料，两滑阀关闭提升管吹入事故蒸汽，反应沉降器和再生器、单容器流化，为解决再生温度下降较快，再生器喷入燃烧油，维持再生器温度在500℃以上，待两器流化正常处理好故障后，即可重新进料。

（5）装置易发生的事故及其处理。

1）催化裂化常见事故处理原则：①任何情况下两器（反应器、再生器）藏量不得互压，严防再生器中空气和反应沉降器内油气互串，否则将有发生爆炸的恶性事故的可能。

②启用主风自动保护联锁装置后，严禁向再生器内喷燃烧油。

③当反应提升管要进料时，要保证提升管出口温度不低于460℃（蜡油催化装置因原料性质不同而要求也不同），以防止待生催化剂带油进入再生器，再生器超温和再生烟气冒黄烟。

④因事故切断进料，两器流化时，再生温度要用燃烧油维持在500～550℃。因各种原因，再生温度维持不低于370℃时，要立即卸除催化剂，停止两器各点吹汽，防止催化剂和泥。

⑤维持好分馏塔底液面，并保证油浆循环和外排油浆正常，以防止因塔底液面

高增加两器压力和催化剂堵塞塔底系统。

⑥维持好分馏塔顶回流罐液面和顶温，保证不冲塔、不超温，气压机入口放火炬系统要通畅。

2）装置易发生的事故及其处理。由于催化装置两器存在催化剂的流化，所以易发生事故部位集中在两器系统，表现为催化剂的磨蚀而引发的设备问题，反应油气的结焦而引发的沉降器、旋风分离器系统等的堵塞，两器的超温、超压是由于两器流化不正常等因素造成。

分馏系统主要是分馏塔顶超温，从而引起回流罐液面上升而影响两器以及气压机操作，分馏塔底油浆的堵塞、结焦和磨损会造成油浆系统泄漏着火和后路不通而停工。

吸收稳定系统，由于稳定塔底温度过低而造成汽油中带大量液化气，从而造成罐区的事故较为常见，另外由于催化原料的重质化，其硫含量成倍增加，其吸收稳定系统造成 H_2S 中毒的事故也多次发生。常见事故及处理列表，见表 5—12。

表 5—12　　催化裂化常见事故及处理

事故发生部件	常见事故	事故原因	预防及处理
反应一再生系统	（1）两器壳体超温	绝热耐磨衬里脱落	（1）提高衬里施工质量 （2）按要求烘干衬里
	（2）再生催化剂损失大，油浆固体含量高	（1）催化剂含湿量和磨损指数不佳 （2）旋风分离器磨损或堵塞	（1）更换质量好的催化剂 （2）停工检修 （3）解决沉降器结焦和焦堵塞问题
	（3）两器催化剂流化中断	衬里或焦块堵塞再生或待生滑阀	（1）搞好衬里施工和烘干 （2）检查维护沉降器，防止沉降器结焦 （3）平稳操作，防止沉降器温度大起大落
	（4）再生器和沉降器超温，甚至再生器烟气冒黄烟	（1）汽提段效果不佳和提升管出口温度过低，大量油气带入再生器 （2）再生滑阀大开循环量猛增或进料量大幅减少，造成沉降器超温	（1）遇见再生器超温烟气冒黄烟，则切断进料，主风切断，吹入事故蒸汽 （2）再生滑阀改手动或检查进料阀是否出现问题

续表

事故发生部件	常见事故	事故原因	预防及处理
反应—再生系统	(5) 再生器和沉降器超压，催化剂倒入主风机或两器的催化剂倒流	(1) 再生器压力调节的三分阀出现问题，烟气排不出去 (2) 再生器压力骤升，主风机喘震，发生催化剂倒入主风机也会造成大量再生剂串入沉降器 (3) 气压机自停造成反应压力升高	(1) 再生器压力调节仪表或执行机构、蝶阀双动滑阀设备故障，根据情况切断进料，检查仪表并修好仪表蝶阀等 (2) 看好分馏塔液面 (3) 粗汽油泵要完好 (4) 气压机放火炬系统完好，管线不带液 (5) 切断进料以保证装置安全
分馏系统	(1) 分馏塔顶温度高，冲塔，造成塔顶回流罐液面高，影响到反应器压力超高	(1) 粗汽油泵抽空 (2) 反应进料突变太大	(1) 反应进料立即降至正常 (2) 处理粗汽油泵恢复正常 (3) 停气压机入口放火炬 (4) 切断进料以保证装置安全
	(2) 分馏塔底油浆管线磨穿泄漏着火，泵漏着火	(1) 油浆固体含量大，磨损严重 (2) 沉降器中快速分离器和旋风分离器堵塞等问题	(1) 多排油浆，减少油浆中固体含量 (2) 停工检修
	(3) 油浆固体含量急剧增加，油浆系统发生堵塞	沉降器、快速分离器和旋风分离器出现问题	紧急停工处理
	(4) 油浆系统快速结焦，油浆循环量大为减少或停止	(1) 分馏塔底温度控制过高 (2) 油浆泵过度磨损，油浆循环量大幅下降 (3) 油浆循环量无，油浆温度急剧升高，快速结焦	(1) 蜡油催化底温≤370℃，重油≤350℃ (2) 换泵，提高油浆循环量到正常，控制好油浆温度 (3) 紧急停工检修
吸收稳定系统	(1) 稳定塔底温低，汽油带液化气多	(1) 前部热源不足 (2) 稳定回流过大、取热过多	(1) 联系分馏增加稳定塔热源 (2) 稳定回流减少 (3) 若温度仍不起来，停吸收稳定，粗汽油直接出装置
	(2) 干气、液化气中 H_2S 含量高，人员易中毒	(1) 操作人员不了解情况，采样时直排或检查液面时直排 (2) 无 H_2S 气体报警仪	(1) 安装 H_2S 气体报警仪 (2) 提高操作人员素质，了解吸收稳定的 H_2S 的分布 (3) 采样时戴防毒面具或采取其他措施，人员不得直接接触 H_2S (4) 严禁检查液面时（玻璃板）采用下部直排方式

三、加氢裂化反应过程安全技术

1. 概述

加氢裂化是 20 世纪 60 年代发展起来的新工艺，其特点是在催化剂及氢气存在的条件下，使重质油通过裂化反应转化为质量较好的汽油、煤油和柴油等轻质油。它与催化裂化不同的是在进行催化裂化反应时，同时伴有烃类加氢反应、异构化反应等，所以叫加氢裂化。

加氢裂化反应需要消耗大量氢气，其量约为原料重量的 2.5～4.09 倍，通常需配有制氢装置。制氢的方法很多，目前，国内多采用烃类水蒸气转化法，原料为气体烃，在高温及催化剂的作用下与水蒸气发生反应，即得到氢气及二氧化碳。

加氢裂化装置有多种类型，按照反应器中催化剂的放置方式不同可分为固定床、沸腾床等。反应器是加氢裂化装置最主要的设备之一，目前新建加氢裂化装置所用反应器，多数都是壁厚大于 179 mm、直径大于 3 600 mm、高度大于 20 000 mm、质量超过 500 t 的大型反应器，这样的反应器可承受 14 MPa 以上的压力和 400～510℃的温度，由于反应温度和压力均较高，又接触大量氢气，火灾爆炸危险性较大。加热炉平稳操作对整个装置安全运行十分重要，要防止设备局部过热，防止加热炉的炉管烧穿或者高温管线、反应器漏气而引起燃烧。高压下钢与氢气接触易产生氢脆性，因此应加强检查，定期更换管道、设备，防止操作事故。

2. 装置类型及工艺流程

（1）装置的主要类型。加氢装置按加工目的可分为：加氢精制、加氢裂化、渣油加氢处理等类型，这里主要介绍加氢裂化装置。

加氢裂化按操作压力可分为高压加氢裂化和中压加氢裂化，高压加氢裂化分离器的操作压力一般为 16 MPa 左右，中压加氢裂化分离器的操作压力一般为 9.0 MPa左右。

加氢裂化按工艺流程可分为：一段加氢裂化流程、二段加氢裂化流程、串联加氢裂化流程。

一段加氢裂化流程是指只有一个加氢反应器，原料的加氢精制和加氢裂化在一个反应器内进行，该流程的特点是：工艺流程简单，但对原料的适应性及产品的分布有一定限制。

二段加氢裂化流程是指有两个加氢反应器，第一个加氢反应器装加氢精制催化剂，第二个加氢反应器装加氢裂化催化剂，两段加氢形成两个独立的加氢体系，该流程的特点是：对原料的适应性强，操作灵活性较大，产品分布可调节性较大，但是该工艺的流程复杂，投资及操作费用较高。

串联加氢裂化流程也是分为加氢精制和加氢裂化两个反应器，但两个反应器串联连接，为一套加氢系统。串联加氢裂化流程既具有二段加氢裂化流程比较灵活的特点，又具有一段加氢裂化流程比较简单的特点，该流程具有明显优势，如今新建的加氢裂化装置多为此种流程，本节所述的流程即为此种流程。

（2）工艺流程及技术特点。

1）工艺流程。一般加氢装置主要由原料及加氢反应单元、氢气系统、分馏单元、脱硫单元及其他辅助单元构成。

①原料及加氢反应单元。原料油进入装置界区后首先进入原料缓冲罐，由泵抽出后进入自动反冲洗过滤器，过滤掉原料中的机械杂质后进入第二原料缓冲罐。原料油经反应进料泵增压后进入反应系统，原料油与反应出料换热后与循环氢混合，混合物料依次进入加氢精制反应器和加氢裂化反应器，反应出料与原料油及循环氢换热后经高压空冷进入高压分离器，在高压分离器内进行气、油、水三相分离，气体进入循环氢系统，水相进入含硫污水系统，油相进入低压分离器，而后进入分离系统。

②氢气系统。自高压分离器出来的氢进入循环氢压缩机，增压后的循环氢与来自新氢压缩机的新氢混合，混合后的氢气先与反应出料进行换热，换热后的氢气进入循环氢加热炉进行加热，被加热后的循环氢与原料油混合后进入加氢反应器。

③分馏单元。反应产物进入分离单元后首先进入脱丁烷塔，分离出 C_4 及 C_4 以下组分，塔顶不凝气进入燃料气系统，塔顶不凝气进入燃料气系统，塔顶液化石油气（LPG）进入脱乙烷塔，脱除乙烷后的 LPG 进入液化气脱硫单元。塔底脱丁烷油进入产品分馏塔，产品分馏塔塔顶抽出石脑油产品，分馏塔第一侧线抽出航煤组分，分馏塔第二侧线抽出柴油，产品分馏塔塔底产品为加氢裂化尾油，尾油既可作为原料循环使用，又可作为产品送出装置。

④脱硫单元。加氢装置所产的干气及 LPG 中含有 H_2S，为保证产品质量，防止 H_2S 对环境的污染以及对设备的腐蚀，需要将其中的 H_2S 除去，装置设有脱硫单元，用乙醇胺溶液将干气及 LPG 中的 H_2S 除去。

⑤其他辅助系统。为回收分馏部分加热炉烟气的余热，提高加热炉的热效率，加氢装置一般都设有烟气余热回收系统，加热炉的烟气与加热炉燃烧用的空气通过热管式换热器进行换热，以回收烟气中的余热。

为提高反应加热炉的热效率，加氢反应加热炉对流室部分设有一套余热锅炉系统，发生 0.8 MPa 蒸汽。

2）技术特点。

①混氢方式。加氢装置有两种混氢方式：炉前混氢和炉后混氢。炉前混氢就是循环氢与原料油在加热炉前混合，混合后共同进入加热炉加热，该种流程的特点是加热炉设计复杂，炉管易结焦，但换热流程简单；炉后混氢就是加热炉只加热循环氢，原料油不进入加热炉，该种流程的特点是加热炉设计简单，炉管不易结焦，但是换热流程较复杂。加氢裂化的原料一般较重，容易结焦，多采用炉后混氢方式。

②循环氢脱硫问题。国外加工高硫油的加氢装置有一些设置有循环氢脱硫系统，国内的原油为低硫原料，加氢原料的硫含量一般都在0.5%（质量分数）以下，加工这种原料的加氢装置没有必要设置循环氢脱硫系统，在加工低硫原料时，为维持循环氢中硫化氢的浓度，保持加氢催化剂的活性，有时还要在原料中添加一定量的硫。反应系统 H_2S 浓度的控制应与催化剂活性、反应系统设备材质和循环氢纯度的控制统一考虑。

③循环氢纯度的控制。循环氢纯度影响着氢分压，循环氢纯度过低不利于反应进行。影响循环氢纯度的主要因素有新氢的纯度及裂化反应深度，新氢的纯度越低，循环氢纯度越低，裂化反应深度越高，循环氢纯度越低，为维持循环氢纯度就要排放一部分循环氢，排放的循环氢一般被称为尾氢，尾氢中70%～80%为氢气，其余为甲烷、乙烷、硫化氢等，如这股气体直接排至火炬不但会造成物料损失，而且会加重环境污染。设置一套膜分离装置回收尾氢中的氢气是很适宜的，回收的氢气进入新氢压缩机入口，分离出的甲烷、乙烷等进入燃料气系统。

④关于热高压分离问题。冷高压分离流程是将反应产物冷却至40～50℃后进入高压分离器进行分离，热高压分离流程是将反应产物冷却到200℃左右进入热高压分离器，油相进入分离系统，气相进一步冷却到40～50℃后进入冷高压分离器进行气、油、水三相分离。采用热高压分离流程可以减少高压换热器面积，减小高压空冷的换热面积，避免高凝点的尾油在空冷器中冷凝而堵塞管束，降低分离部分加热炉的热负荷，但是，工艺流程较为复杂。总的来看，采用热高压分离流程利大于弊，为发展的主要趋势。

⑤分馏部分流程选择。加氢装置的分馏部分主要有三种流程：产品汽提流程、脱丁烷流程、脱戊烷流程，三种流程各有其特点，应根据具体情况选择。

（3）危险性分析及安全技术措施。

1）系统、装置危险性分析及安全技术措施。

①加热炉及反应器区。加氢装置的加热炉及反应器区布置有加氢反应加热炉、分馏部分加热炉、加氢反应加热器、高压换热器等设备，其中大部分设备为高压设

备，介质温度比较高，而且加热炉又有明火，因此，该区域潜在的危险性比较大，主要危险为火灾、爆炸，是安全上重点防范的区域。

②高压分离器及高压空冷区。高压分离器及高压空冷区内有高压分离器及高压空冷器，若高压分离器的液位控制不好，就会出现严重问题。主要危险为火灾、爆炸和 H_2S 中毒，因此该区域是安全上重点防范的区域。

③加氢压缩机厂房。加氢压缩机厂房内布置有循环氢压缩机、氢气增压机，该区域为临氢环境，氢气的压力较高，而且压缩机为动设备，出现故障的概率较大，因此，该区域潜在的危险性比较大，主要危险为火灾、爆炸和中毒，是安全上重点防范的区域。

④分馏塔区。分馏塔区的设备数量较多，介质多为易燃、易爆物料，高温热油泵是应重点防范的设备，高温热油一旦发生泄漏，就可能引起火灾事故，分馏塔区内有大量的燃料气、液态烃及油品，如发生事故，后果将十分严重，此外，脱丁烷塔及其干气、液化气中 H_2S 浓度高，有中毒危险，因此该区域也是安全上重点防范的区域。

⑤加氢反应器。加氢反应器多为固定床反应器，加氢反应属于气一液一固三相混流床反应，加氢反应器分冷壁反应器和热壁反应器两种：冷壁反应器内有隔热衬里，反应器材质等级较低；热壁反应器没有隔热衬里，而是采用双层堆焊衬里，材质多为 $2\frac{1}{4}Cr-1Mo$。加氢反应器内的催化剂需分层装填，中间使用急冷氢，因此加氢反应器的结构复杂，反应器入口设有扩散器，内有进料分配盘、集垢篮筐、催化剂支承盘、冷氢管、冷氢箱、再分配盘、出口集油器等内构件。加氢反应器的操作条件为高温、高压、临氢，操作条件苛刻，是加氢装置最重要的设备之一。

⑥高压换热器。反应器出料温度较高，具有很高热焓，应尽可能回收这部分热量，因此加氢装置都设有高压换热器，用于反应器出料与原料油及循环氢换热。现在的高压换热器多为 U 形管式双壳程换热器，该种换热器可以实现纯逆流换热，提高换热效率，减小高压换热器面积。管箱多用螺纹锁紧式端盖，其优点是结构紧凑、密封性好、便于拆装。高压换热器的操作条件为高温、高压、临氢，静密封点较多，易出现泄漏，是加氢装置的重要设备。

⑦高压空冷。高压空冷的操作条件为高压、临氢，是加氢装置的重要设备，应注重其设计、制造及使用。

⑧高压分离器。高压分离器的工艺作用是进行气一油一水三相分离，高压分离器的操作条件为高压、临氢，操作温度不高，在水和硫化氢存在的条件下，物料的

腐蚀性增强，在使用时应引起足够重视。另外，加氢装置高压分离器的液位非常重要，如控制不好将产生严重后果，液位过高，液体易带进循环氢压缩机，损坏压缩机；液位过低，易发生高压串低压事故，大量循环氢迅速进入低压分离器，此时，如果低压分离器的安全阀打不开或泄放量不够，将发生严重事故，因此，从安全角度讲高压分离器是很重要的设备。

⑨反应加热炉。加氢反应加热炉的操作条件为高温、高压、临氢，而且有明火，操作条件非常苛刻，是加氢装置的重要设备。加氢反应加热炉炉管材质一般为高 Cr、Ni 的合金钢，如 TP347。加氢反应加热炉的炉型多为纯辐射室双面辐射加热炉，这样设计的目的是为了增加辐射管的热强度，减小炉管的长度和弯头数，以减少炉管用量，降低系统压降。为回收烟气余热，提高加热炉热效率，加氢反应加热炉一般设余热锅炉系统。

⑩新氢压缩机。新氢压缩机的作用就是将原料氢气增压送入反应系统，这种压缩机一般进出口的压差较大，流量相对较小，多采用往复式压缩机。往复式压缩机的每级压缩比一般为 2～3.5，根据氢气气源压力及反应系统压力，一般采用 2～3 级压缩。

往复式压缩机的多数部件为往复运动部件，气流流动有脉冲性，因此往复式压缩机不能长周期运行，多设有备机。

往复式压缩机一般用电动机驱动，通过刚性联轴连接，电动机的功率较大、转速较低，多采用同步电动机。

⑪循环氢压缩机。循环氢压缩机的作用是为加氢反应提供循环氢，循环氢压缩机是加氢装置的“心脏”，如果循环氢压缩机停运，加氢装置只能紧急泄压停工。

循环氢压缩机在系统中是循环做功，其出入口压差一般不大，流量相对较大，一般使用离心式压缩机。由于循环氢的相对分子质量较小，单级叶轮的能量头较小，所以循环氢压缩机一般转速较高（8 000～10 000 r/min），级数较多（6～8 级）。

循环氢压缩机除轴承和轴端密封外，几乎无相对摩擦部件，而且压缩机的密封多采用气式密封和浮环密封，再加上完善的仪表监测、诊断系统，所以，循环氢压缩机一般能长周期运行，无须使用备机。

⑫自动反冲洗过滤器。加氢原料中含有机械杂质，如不除去，就会沉积在反应器项部，使反应器压差过大而被迫停工，缩短装置运行周期。因此，加氢原料需要进行过滤，现在多采用自动反冲洗过滤器。

自动反冲洗过滤器内设约翰逊过滤网，过滤网可以过滤掉≥25 μm 的固体杂质颗粒，当过滤器进出口压差大于设定值（0.1～0.18 MPa）时，启动反冲洗机构，进行反冲洗，冲洗掉过滤器上的杂质。

2）过程危险性分析及安全技术措施。

①开工时的危险因素及其防范措施：

a. 加氢反应系统干燥、烘炉。加氢装置反应系统干燥、烘炉的目的是除去反应系统内的水分，脱除加热炉耐火材料中的自然水和结晶水，烧结耐火材料，增加耐火材料的强度和使用寿命。加热炉煤时，装置需引进燃料气，在引燃燃料气前应认真做好瓦斯的气密及隔离工作，一般要求燃料气中氧含量要小于 1.0%，防止瓦斯泄漏及串至其他系统。加热炉点火要彻底用蒸汽吹扫炉膛，其中不能残余易燃气体。加热炉烘炉时应严格按烘炉曲线升温、降温，避免升温过快，耐火材料中的水分迅速蒸发而导致炉墙倒塌。

b. 加氢反应器催化剂装填。催化剂装填应严格按催化剂装填方案进行，催化剂装填的好坏对加氢装置的运行情况及运行周期有重要影响。催化剂装填前应认真检查反应器及其内构件，检查催化剂的粉尘情况，决定催化剂是否需要过筛。催化剂装填最好选择在干燥、晴朗的天气进行，保证催化剂装填均匀，否则在开工时反应器内会出现偏流或“热点”，影响装置正常运行。催化剂装填时工作人员须要进入反应器工作，因此，要特别注意工作人员劳动保护及安全问题，需要穿劳动保护服装，带能供氧气或空气的呼吸面罩，进反应器工作人员不能带其他杂物，以防止异物落入反应器内（一般催化剂装填由专业公司专业人员进行）。

c. 加氢反应系统置换。加氢反应系统置换分为两个阶段，即空气环境置换为氮气环境、氮气环境置换为氢气环境。在空气环境置换为氮气环境时需要注意，置换完成后系统氧含量应<1%，否则系统引入氢气时易发生危险；在氮气环境置换为氢气环境时应注意，使系统内气体有一个适宜的平均相对分子质量，以保证循环氢压缩机在较适宜的工况下运行，一般氢气纯度为 85%较为适宜。

d. 加氢反应系统气密。加氢反应系统气密是加氢装置开工阶段一项非常重要的工作，气密工作的主要目的是查找漏点，消除装置隐患，保证装置安全运行。加氢反应系统的气密工作分为不同压力等级进行，低压气密阶段所用的介质为氮气，氮气气密合格后用氢气作低压气密。由于加氢反应器材质具有冷脆性，一般要求系统压力大于 2.0 MPa 时，反应器器壁温度不小于 100℃，所以，氢气 2.0 MPa 气密通过以后，首先开启循环氢压缩机，反应加热炉点火，系统升温，当反应器器壁温度大于 100℃后，系统升压，作高压阶段气密。

e. 分馏系统冷油运。分馏系统冷油运的目的是检查分馏系统机泵、仪表等设备情况，分馏系统冷油运应注意工艺流程改动正确，做到不跑油、不串油。

f. 分馏系统热油运。分馏系统热油运的目的是检查分馏系统设备热态运行状况，为接收反应生成油做好准备。分馏系统升温到100℃左右时应注意系统切水，防止泵抽空，升温到250℃左右时应进行热紧。

g. 加氢反应系统升温、升压。加氢反应系统升温、升压时应按要求的升温、升压速度进行，一般要求系统升温速度为20℃/h左右，系统升压速度不大于1.5 MPa/h，如升温、升压速度过快易造成系统泄漏。

h. 加氢催化剂的硫化、钝化。加氢反应催化剂在开工前为氧化态，氧化态催化剂没有加氢活性，因此，催化剂需要进行硫化。催化剂硫化的方法有湿法硫化、干法硫化两种方法，常用的硫化剂有二硫化碳、DMDS，催化剂进行硫化时系统的H_2S浓度很高，有时高达1%以上，因此，要特别注意硫化氢中毒问题。

新硫化的加氢裂化催化剂具有很高的加氢裂化活性，为抑制这种活性，需要对加氢裂化催化剂进行钝化，钝化剂为无水液氨。加氢裂化催化剂进行钝化时应注意维持系统中硫化氢浓度不小于0.05%。

i. 加氢反应系统逐步切换成原料油。加氢催化剂的硫化、钝化过程完成后，加氢反应系统的低氮油需要逐步切换成原料油，切换步骤应按开工方案要求的步骤进行，切换过程中应密切注意加氢反应器床层温升的变化情况。

j. 装置操作调整。加氢反应系统原料切换步骤完成之后，应进一步调整装置的工艺操作，使产品质量合格，从而完成开工过程。

②停工时的危险因素及其防范措施：

a. 反应系统降温、降量。加氢装置停工首先反应系统降温、降量，在此过程中应遵循先降温后降量的原则。反应系统进料量降低，空速减小，加氢反应器温升增加，易出现反应“飞温”现象，所谓“飞温”就是反应器温度迅速上升，以致不可控制的现象。

b. 用低凝点原料置换整个系统。加氢装置的原料油一般较重，凝点较高，在停工时易凝结在催化剂、管线及设备当中。为避免上述情况出现，在停工前应用低凝点油置换系统，所用的低凝点油一般为常二线油。

c. 停反应原料泵。切断反应进料时，应注意反应器温度应适宜，使裂化反应器无明显温升。

d. 反应系统循环带油及热氢汽提。切断反应进料后，反应加热炉升温，用热循环氢带出催化剂中的存油，热氢汽提的温度应根据催化剂的要求确定，一般为400℃左右，热氢汽提的温度不能过高，以避免催化剂被热氢还原。

e. 反应系统降温、降压。加氢反应系统按要求的速度降温、降压。

f. 反应系统氮气置换。反应系统用氮气置换成氮气环境，使系统的氢烃浓度<1%。

g. 卸催化剂。使用过的含碳催化剂在空气中易发生自燃，反应器是在氮气环境下进行卸催化剂作业，必须由专业的卸催化剂公司人员进反应器进行催化剂作业，因此，在卸催化剂装桶应使用氮气或干冰保护催化剂，避免催化剂自燃。

h. 加氢设备的清洗及防腐。加氢装置高压部分的设备及部件，在停工后应用碱液进行清洗，以避免在接触空气后发生腐蚀，损坏设备。另外，高硫系统的设备主要是后处理部分在打开前应用水进行冲洗，以避免硫化铁在空气中自燃。

i. 装置退油及吹扫。加氢装置停工，应将装置内存油退出并吹扫干净，保证不留死角。

j. 辅助系统的处理。加氢装置停工后将装置的火炬系统、地下污水系统等辅助系统处理干净，并加盲板使装置与系统防腐以使装置达到检修条件。

③正常生产时的危险因素及其防范措施：

a. 遵守“先降温后降量”的原则。加氢装置正常操作调整时必须遵守“先降温后降量”“先提量后提温”的原则，防止“飞温”事故的发生。

b. 反应温度的控制。加氢装置的反应温度是最重要的控制参数，必须严格按工艺技术指标控制加氢反应温度及各床层温升。

c. 高压分离器液位控制。高压分离器液位是加氢装置非常重要的工艺控制参数，如液位过高易使循环氢带液，损坏循环氢压缩机；如液位过低易出现高压串低压事故，造成低压部分设备毁坏，油品和可燃气体泄漏，以致更为严重的后果，因此应严格控制高压分离器液位，经常校验液位仪表的准确性。

d. 反应系统压力控制。加氢装置反应系统压力是重要的工艺控制参数，反应压力影响氢分压，对加氢反应有直接的影响，影响加氢装置反应系统压力的因素很多，应选择经济、合理、方便的控制方案对反应系统的压力进行控制。

e. 循环氢纯度的控制。循环氢纯度影响氢分压，对加氢反应有直接的影响，是加氢装置重要的工艺控制参数。影响循环氢纯度的因素很多，催化剂的性质、原料油的性质、反应温度、压力、新氢纯度、尾氢排放量等因素都影响循环氢纯度，其中可操作条件为尾氢排放量。加大尾氢排放，循环氢纯度增加；减小尾氢排放，循环氢纯度降低。循环氢纯度高，氢分压就会较高，有利于加氢反应进行。但是，高循环氢纯度是以大量排放尾氢、增加物耗为代价的；循环氢纯度低，氢分压就会较低，不利于加氢反应进行，而且，循环氢纯度低时，循环氢平均相对分子质量大，在循环氢压缩机转速不变的情况下，系统压差就会增加，循环氢压缩机的动力消耗也会增加，因此，循环氢纯度要控制适当。

f. 加热炉的控制。加热炉是加氢装置的重要设备，加热炉的使用应引起重视。加热炉各路流量应保持均匀，并且不低于规定的值，防止炉管结焦；保持加热炉各火嘴燃烧均匀，尽量使炉膛内各点温度均匀；控制加热炉各点温度不超温；保持加热炉燃烧状态良好。

g. 闭灯检查。加氢装置系统压力高，而且介质为氢气，容易发生泄漏，高压氢气发生泄漏时容易着火，氢气火焰一般为淡蓝色，白天不易发现，在夜间闭上灯后，很容易发现这种氢气漏点。因此，定期进行这种夜间闭灯检查，对发现漏点，将事故消灭在萌芽状态，保证装置安全稳定运行具有重要意义。

h. 装量防冻凝问题。加氢装置的原料一般较重，凝点较高，通常在 20～30℃，容易发生冻凝。如发生冻凝事故，不但影响装置稳定生产，还容易引发安全生产事故，因此，加氢装置的防冻凝问题应引起足够重视。

i. 循环氢压缩防喘震问题。加氢装置的循环氢压缩机多为离心式压缩机，离心式压缩机存在喘震问题，在操作中应保持压缩机在正常工况下运行，避免压缩机出现喘震。

j. 原料质量的控制。加氢装置的原料性质，对加氢装置的操作有重要影响，必须严格控制。一般控制原料的干点在规定的范围内，Fe 不大于 1×10^{-6}，如 Fe 含量高，反应器压差增加过快，装置不能长周期运行。Cl 不大于 1×10^{-6}，N 低于规定的值，原料没有明水。

k. 防硫化氢中毒。加氢装置的原料中含有硫，这些硫在加氢后变为硫化氢，并在脱丁烷塔塔顶及脱硫部分富集，形成高浓度的硫化氢，硫化氢的毒性很强，允许最高浓度为 10 mg/m^3。因此，加氢车间必须注重防硫化氢中毒问题，在高硫区域内进行切液、采样等操作时尤其注意，要求戴防毒面具并有人监护。

l. 时刻保持冷氢线畅通。加氢装置的急冷氢是控制加氢反应器床层温度的重要手段，它对抑制反应温升具有重要作用。高凝点油有时倒串入冷氢线内凝结，堵塞冷氢线，如有这种情况发生将十分危险，因此，操作过程中要时刻保持冷氢线畅通。

m. 密切注意热油泵及轻烃泵的运行状况。加氢装置的一些热油泵运行温度较高，高于油品的自燃点，若有泄漏，易发生火灾事故，因此，在操作时要注意热油泵的运行状态，注意泵体、密封等处有无泄漏，如有泄漏应立即处理。加氢装置内存有大量的轻烃，如发生泄漏，会引起重大事故。因此，对轻烃泵的运行状况也要引起足够重视。

3）设备腐蚀。加氢装置高温、高压、临氢、系统内存在 H_2S、NH_3，因此，加氢装置的腐蚀问题也应引起重视，解决加氢装置腐蚀问题的主要方法是合理选材，在使用时加强监视与检测。

①高温氢腐蚀。氢气在常温下对普通碳钢没有腐蚀，但是在高温、高压下则会产生腐蚀，使材料的机械强度和塑性降低。高温氢腐蚀的机理为氢气与材料中的碳反应生成甲烷，使材料的机械强度和塑性降低，形成的甲烷在钢材的晶间积聚，使材料产生很大的内应力或产生鼓泡、裂纹。至于在什么条件下产生腐蚀，则根据Nelson 曲线确定，为避免高温氢腐蚀，加氢装置高温、高压、临氢部分的设备、管线多采用合金钢或不锈钢。

②氢脆。氢原子渗入钢材后，使钢材晶粒中原子结合力降低，造成材料的延展性、韧性下降，这种现象称为氢脆。这种氢脆是可逆的，当氢气从材料中送出后，材料的力学性能就能恢复。

氢脆的危害主要出现在加氢装置的停工阶段，装置停工阶段，系统温度、压力下降，氢气在材料中的溶解度下降，由于氢气溢出的速度很慢，这时材料中的氢气处于过饱和状态，当温度冷却到 150℃时，大量的过饱和氢气会聚积到材料的缺陷处，如裂纹的前端，引起裂纹扩展。所以加氢装置停工时降温、降压的速度应进行适当的控制，进行脱氢处理。

③高温 H_2S 腐蚀。高温 H_2S 腐蚀主要发生在反应系统高温部分，高温 H_2S 腐蚀表现为与 H_2 共同作用，氢气的存在加强了 H_2S 的腐蚀作用，同时，H_2S 的存在也加强了氢气的腐蚀作用，该种腐蚀的防治方法是选择抗 H_2S 腐蚀材质。

④湿 H_2S 的腐蚀。湿 H_2S 的腐蚀是指温度较低并且含水部位的 H_2S 腐蚀，包括高压空冷、高压分离器、脱丁烷塔塔顶系统、脱硫系统等部分。

湿 H_2S 的腐蚀形态主要有：电化学腐蚀引起的表面腐蚀；H_2S 腐蚀过程中，产生氢原子引起的氢脆、氢裂；硫化氢引起的应力腐蚀破裂。

该种腐蚀的防止方法为：H_2S 浓度不高时，使用普通碳钢，适当加大耐腐蚀裕度，在设备制造及施工中进行消除应力处理；当 H_2S 浓度较高时，选用抗 H_2S 腐蚀材料，或对设备内壁进行内喷涂处理。

4）加氢装置的安全设施：

①设备平面布置。加氢装置火灾危险性属于甲类，设备平面布置按《石油化工企业设计防火规范》（GB 50160—1992）中的要求进行布置，同类设备集中布置。

②消防设施。加氢装置内设有环行消防道路，以利于发生事故时消防车进出。装置内设有环行消防水管网，及多处消防蒸汽服务站，装置内设置有一定数量的干

粉式灭火器。

③防火、防塌。加氢装置内的介质多为易燃、易爆介质，加氢装置内的电器、仪表设备均选用防爆型设备，管道、设备上安装防静电接地设施，要求接地电阻不大于 4 Ω。

④加热炉安全设施。加热炉周围设有蒸汽消防汽幕，炉膛内设有灭火蒸汽入口。

⑤可燃气体报警器。在可能发生可燃性气体泄漏的位置，安装可燃气体报警器。

⑥气防用品。由于加氢装置内有 H_2S 等有毒气体，所以车间配备有防毒面具、正压式呼吸器等气防用品。

⑦安全阀。按设计要求，凡需要安装安全阀的部位均安装有安全阀，而且按有关安全要求为双安全阀。

5）紧急放空联锁系统。加氢装置的危险性较大，加氢反应为强放热反应，如控制不好，反应温度会迅速上升，反应温度升高后，会进一步加剧加氢裂化反应，使反应器温度在很短时间内上升很高，也就是发生“飞温”，以致烧毁催化剂和反应器。为避免“飞温”事故发生，加氢装置设有紧急放空联锁系统，系统降压速度为 0.7 MPa/min 或 2.1 MPa/min。

①紧急放空系统的联锁条件：a. 循环氢压缩机停运联锁；b. 循环氢压机入口分液罐高液位联锁；c. 由于系统较大泄漏、反应温度失控等原因，设置手动联锁。

②紧急放空系统的联锁动作：a. 紧急放空阀打开，反应系统泄压；b. 反应进料泵停机；c. 新氢压缩机停机；d. 反应加热炉灭火。

第九节　氯化反应过程安全技术

一、概述

在化合物分子中引入氯原子以生成氯的衍生物的反应称为氯化，被氯化的物料种类很多，例如甲烷、乙烷、丙烷、丁烷、乙烯、丙烯、丁烯、天然气、苯、甲苯、萘、乙醇等。提供氯原子的物质称为氯化剂，被广泛使用的氯化剂有液态氯或气态氯、气态氯化氢、各种浓度的盐酸、三氯氧化磷、三氯化磷、次氯酸钙、亚硫酰氯等，其中常用的是氯气、氯化氢、次氯酸等。氯化产物有一氯取代物、二氯取代物、三氯取代物等，同时大都伴有氯化氢生成。氯化反应物往往是含有各种不同浓度的氯化产物的混合物，这主要是由于在氯化过程中，不仅原料与氯化剂作用，而且所生成的氯化衍生物会进一步与氯化剂作用生成多氯衍生物。在实际生产过程中，为了获得某种氯化物，需要采取不同的工艺条件和方法。

氯化反应在化学工业中应用较广，可以应用在农药、医药、染料、塑料等生产工业中，而且烃类的氯化产品用途很多。它们有的是优良的不燃溶剂，有的是高分子材料的重要单体，有的是合成其他各类有机产品的重要原料和中间体，有的可直接用做冷冻剂、麻醉剂、灭火剂等，以甲烷氯化为例说明如下：

$CH_4 \xrightarrow{Cl_2}$
- → CH_3Cl →
  - → 溶剂、甲基化剂、制冷剂
  - → 甲基氯硅烷 → 硅油、硅树胶
- → CH_3Cl_2 → 溶剂、发泡剂、火箭燃料雾化剂
- → $CHCl_3$ →
  - → 溶剂、萃取剂、麻醉剂
  - $CHClF_3$ →
    - → 制冷剂（F22）
    - → $CF_2=CF_2$ → 氟塑料、合成纤维
- → CCl_4 →
  - → 溶剂、灭火剂、干洗剂
  - → CCl_3F(F11) + CCl_2F_2(F12) → 制冷剂
  - → $CCl_2=CCl_2$ → 干洗剂

根据促进氯化反应的手段不同，工业上采用的氯化方法主要有热氯化法、光氯化法和催化氯化法三种。热氯化法是以热能激发氯原子，使其解离成氯自由基，进而与烃类分子反应生成各类氯衍生物；光氯化法是以光子激发氯原子，使其解离成氯自由基，进而实现氯化反应；催化氯化法是利用催化剂降低反应的活化能，以促使氯化反应的进行。

二、氯化过程应用举例

1. 甲烷氯化制甲烷氯衍生物

甲烷氯化制甲烷氯衍生物，可以采用热氯化法和光氯化法两种。热氯化法主要是为了获得低级氯化物，即 CH_3Cl 和 CH_2Cl_2；光氯化法主要是为了获得高级氯化物，如 $CHCl_3$ 和 CCl_4。反应方程式为：

$$CH_4+Cl_2=CH_3Cl+HCl+100.0\ kJ$$
$$CH_3Cl+Cl_2=CH_2Cl_2+HCl+99.2\ kJ$$
$$CH_2Cl_2+Cl_2=CHCl_3+HCl+100.4\ kJ$$
$$CHCl_3+Cl_2=CCl_4+HCl+102.1\ kJ$$

甲烷的氯化产物总是四种氯代甲烷的混合物，其产物组成与反应温度有关，但主要取决于氯对甲烷的用量比。要使主要产物为一氯甲烷，甲烷必须大大过量以抑

制多氯甲烷的生成，当氯和甲烷的用量比高时可获得较多的三氯甲烷和四氯化碳，但甲烷氯化是强放热反应，生成的多氯衍生物愈多，放出的热量愈大，反应愈剧烈，反应难于控制。如果温度上升至500℃就会发生爆炸性分解反应（也称燃烧反应），即：

$$CH_4+2Cl_2 = C+4HCl+292.2\ kJ$$

故工业上甲烷的热氯化总是采用大量过量甲烷，CH_4 与 Cl_2 的摩尔比为（3～4）∶1或更高，氯化产物以一氯甲烷和二氯甲烷为主。要获得多氯甲烷，往往将部分热氯化产物采用液相光氯化法进一步氯化而获得。

甲烷热氯化制取甲烷氯衍生物的工艺流程如图5—17所示。

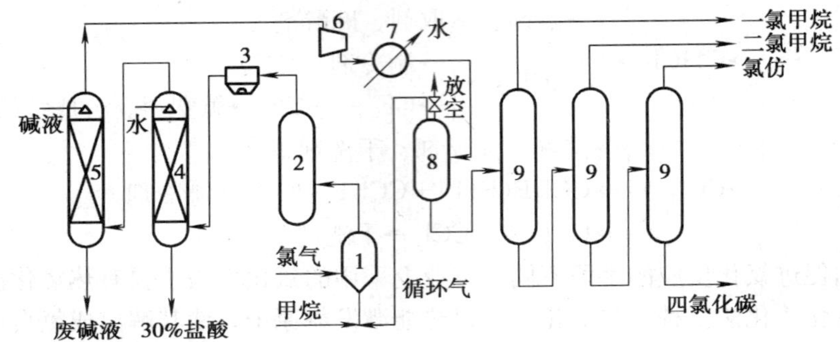

图5—17 甲烷热氯化制取甲烷氯衍生物工艺流程

1—混合器 2—反应器 3—空冷器 4—洗涤塔 5—洗涤塔
6—压缩机 7—冷凝冷却器 8—分离器 9—蒸馏塔

甲烷、氯和循环气以一定的比例在混合器中混合后，进入绝热式反应器，在380～450℃进行反应，反应产物经空气冷却器冷却和水洗（除去HCl）及碱洗（中和酸性气体）后，进行压缩、冷凝冷却，使四种甲烷氯衍生物都冷凝下来，不凝气体70%左右为甲烷，其余为氮和少量氯甲烷，少部分放空，其余循环。冷凝液经精馏分别得到一氯甲烷、二氯甲烷、三氯甲烷、四氯化碳，若要获得更多的三氯甲烷、四氯化碳，可将分出一部分二氯甲烷后的釜液，送至第二氯化反应器，再进行光氯化。

这种方法生产甲烷氯衍生物，副产物HCl没有充分利用，氯的利用率只有50%。为了合理利用副产物HCl，工业上采用甲醇与HCl反应生产一氯甲烷和一氯甲烷再光氯化制取四种甲烷氯衍生物的工艺。

$$CH_3OH+HCl = CH_3Cl+H_2O$$

反应可在气相中进行，也可在液相中进行。气相反应所用的催化剂为 Al_2O_3、

$ZnCl_2$/浮石、Cu_2Cl_2/活性炭等，反应温度 340～350℃，压力 0.3～0.6 MPa。液相反应是在氯化锌水溶液中进行，反应温度 100～150℃。

2. 乙炔气相加氯化氢合成氯乙烯

氯乙烯生产方法主要有：乙炔法、乙烯法、氧氯化法和联合法，这里主要讨论乙炔法，反应方程式：

$$C_2H_2 + HCl \longrightarrow CH_2 = CHCl + 124.8\ kJ$$

此反应在气相中进行，为了加快反应速度，必须使用催化剂，工业上采用的催化剂是 $HgCl_2$/活性炭，其活性随 $HgCl_2$ 含量增加而增大。据测试，当温度小于 140℃，活性基本稳定，但温度低，反应速度太慢，乙炔的转化率低；当温度高于 140℃，催化剂就出现明显失活，并随着温度的升高加剧。所以反应温度的控制十分重要，工业上一般控制在 160～180℃。

乙炔气相加氯化氢合成氯乙烯的工艺流程如图 5—18 所示。乙炔可由电石水解得到，经净化和干燥后与干燥的氯化氢气体以 1∶(1.05～1.1) 的比例混合进入反应器进行加成反应，乙炔转化率可达 99%左右，副产物 1，1－二氯乙烷的生成量约为 1%左右。自反应器出来的气体中除含有产物氯乙烯和 1，1－二氯乙烷外，还含有 5%～10%HCl 和少量未反应的乙炔。反应气经水洗和碱洗除去 HCl 等酸性气体，并用固体 NaOH 进行干燥，再经冷却冷凝得粗氯乙烯凝液。粗氯乙烯先经冷凝蒸出塔脱去溶于其中的乙炔等气体后，至氯乙烯塔进行精馏，除去 1，1－二氯乙烷等高沸点杂质，塔顶蒸出产品氯乙烯储于低温储槽。

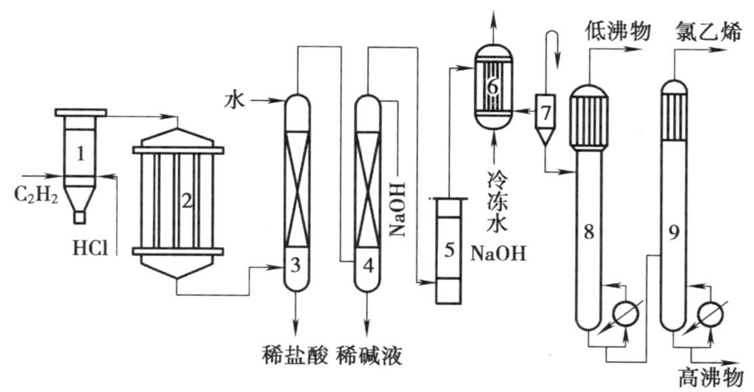

图 5—18　乙炔加氯化氢合成氯乙烯工艺流程

1—混合器　2—反应器　3—水洗塔　4—碱洗塔　5—干燥器
6—冷凝器　7—气液分离器　8—冷凝蒸出塔　9—氯乙烯塔

乙炔与氯化氢反应是放热的，局部过热会影响催化剂的使用寿命。故工业上采用多管式固定床氯化反应器及时移走反应热，管内为催化剂，干燥和净化的乙炔和氯化氢混合气自上而下地通过催化剂床层进行反应，管外用加压热水循环进行冷却。

电石乙炔法生产氯乙烯技术成熟，流程简单，副反应少，产品纯度高。但由于生产电石要消耗大量电能，故能耗大，且汞催化剂有毒，不利于劳动保护，废水、废渣不易处理。

三、工艺火险分析

氯化过程本身存着燃烧、爆炸的危险因素，其危险性主要取决于被氯化物料、氯化剂产品的化学性质，催化剂和物料的聚积状态以及反应过程中的控制条件等。

（1）被氯化的原料、产品多为易燃或易爆物质，有的产品具有特殊的危险性，有的还有毒性，若使用或储存不当，就有发生火灾或爆炸的危险。

氯气储存压力较高，有爆炸危险。氯气常用液氯钢瓶或槽车储存运输，若被氯化的物质倒流入钢瓶或槽车，将引起爆炸。

（2）氯化过程常伴有氯化氢生成，或采用氯化氢作为氯化剂。氯化氢具有强烈的腐蚀性，特别是原料中含有水，对设备的腐蚀程度就更大，而且会产生氢气，增加了危险性。

（3）氯化反应是放热反应，在较高温度下反应尤为激烈。例如，氯丙烯生产中，丙烯与氯混合预热到340℃左右，氯化反应温度为450～500℃，在这样的高温条件下，若有物料泄漏，势必导致燃烧爆炸事故。

（4）氯化废气系统常含有可燃气体、易燃液体蒸气或氯化氢气体。例如，甲烷氯化的尾气中含有少量甲烷，氯乙烯生产的尾气中含有乙炔，所以，废气系统是氯化车间易发生爆炸危险的部位。

（5）氯化反应器易因物料跑冒造成大面积火灾或爆炸事故。例如，使用玻璃反应器的条件下，由于法兰颈部的螺丝拧得太紧或松紧不一，冷却水供应不均，会使反应器裂开或裂开后导致反应物料流出；由于通氯速度过大，或被氯化物料不能很好地吸收，或反应液里大量的游离氯解吸时使反应器内产生大量泡沫，废气夹带大量反应液冲上废气管道造成跑冒，严重情况下，往往会压破玻璃反应器或将日光灯连同套管一起被抛开而酿成火灾。

四、防火防爆措施

(1) 氯化用的原料、氯化剂和氯化产品应按危险物品管理规定存储。如三氯甲烷要保存于棕色瓶中，且装满到瓶口后密封储存以防止与空气接触，避免光照。

使用氯气作氯化剂时，其纯度要在99.5%以上，直接以电解槽的氯气作为氯化剂时，氯气要处理提纯，否则，易使催化剂中毒失活，容易发生危险。为了防止被氯化的有机物倒流入钢瓶或槽车而引起爆炸，运送氯气的钢瓶或槽车不能当做储罐使用。

(2) 严格控制反应温度、氯气和氯化氢的流量，设置良好的冷却系统。按照工艺条件严格控制温度和通氯流量，防止流量过快使反应加剧、温度升高而导致危险，反应器要设置良好的冷却系统，以便有效控制温度。对于玻璃反应器，冷却水供应要均匀，以防反应器破裂。

液氯的蒸发汽化装置，一般采用汽水混合办法进行升温，加热温度不超过50℃。汽水混合的流量可以采用自动调节装置，在氯气入口处，应备有氯气的计量装置，从钢瓶中放出氯气时可以用阀门调节流量。

(3) 防止跑冒滴漏。氯化反应系统的设备、管道要有良好的气密性，尤其是输送氯气、乙炔、乙烯等气体管道、设备，回收氯化氢的尾气吸收和冷却系统。

合理地处理废气、废液、废渣等。废气、废液、废渣中含有可燃气体、可燃蒸气，废液中含有腐蚀性的酸性物质，若不加处理可导致燃烧或因设备被腐蚀而发生危险。尾气中的氯化氢极易溶于水，通过增设吸收和冷却装置，将其回收，也可采用活性炭吸附法或化学方法处理。废气管道的内径不应小于75 mm，并要有良好的接地；要减少废气的产生量并降低废气流速；分析废气含量，符合排放要求后方可排放；火灾爆炸危险比较大的废气排放系统可在氮气保护下进行排放；通向室外的废气排放管要设置阻火器。

为了防止设备或管道被氯气或氯化氢等物质腐蚀造成泄漏，应严格要求设备的材质，通常采用耐腐蚀性材料制造。

(4) 要严格控制各种火源，设备符合防爆要求。设备和管道应有良好的接地设备；物料投入管应延伸到反应器的底部，避免自高处洒落产生静电，此外，厂房应设防雷装置。

(5) 设置防止火势蔓延设备。例如，乙炔加氯化氢生成氯乙烯的反应系统中，乙炔必须经过阻火器后方可进入乙炔、氯化氢混合器，以防止回火；被氯化物料的高位槽与氯化间隔离设置，若采用较多的玻璃反应器，则最好分组设置，装设事故排放槽，以备发生事故时能及时导除反应器内物料。

本 章 小 结

化工生产过程涉及危险化学品种类多、数量大，且对工艺条件要求苛刻，火灾爆炸危险性很大。而化工生产过程种类繁多，即便生产同一种产品，往往有多种工艺路线，且每种工艺路线使用的原料及工艺条件也不尽相同。为使学生尽可能全面地认识和了解化工生产过程的潜在危险性，本章将现有的化工生产过程总结归纳为氧化、过氧化、还原、硝化、电解、聚合、催化重整、裂化、氯化反应等九大类，在对每种类型的化工反应所共有的危险特性总结分析的基础上，对物料、工艺及设备危险性进行了详细的介绍，并给出了相应的安全控制措施。

复习思考题

1. 氧化过程具有哪些特点？
2. 氨氧化生产硝酸工艺过程的潜在危险是什么？应怎样对这些危险进行控制？
3. 氨氧化生产硝酸中所使用的原料及产品自身的危险因素是什么？
4. 异丙醇生产过氧化氢的工艺过程中存在哪些潜在的危险？
5. 过氧化氢异丙苯生产过程的反应高选择性怎样实现？
6. 有氢气存在的还原过程具有哪些潜在的危险性？
7. 硝化反应过程的危险性主要反映在哪些方面？
8. 硝化反应过程的安全措施是什么？
9. 硝化甘油生产过程中所采取的安全技术措施是什么？
10. 食盐水电解过程存在哪些潜在的危险性因素？所采取的安全技术措施分别是什么？
11. 乙烯、氯乙烯及丁二烯聚合反应过程中的主要潜在危险分别是什么？
12. 催化重整反应过程中潜在的危险因素有哪些？应分别采取怎样的安全措施？
13. 催化裂化系统及装置的潜在危险性有哪些？相应的安全技术措施是什么？
14. 加氢裂化系统及装置的潜在危险性有哪些？相应的安全技术措施是什么？
15. 氯化工艺过程的潜在危险性有哪些？

第六章　事故应急救援

本章学习目标

1. 熟悉事故应急救援系统的组成，熟悉应急救援系统各子系统的功能及建立。

2. 熟悉应急救援计划编制的基本要求、类型及其主要内容。

3. 了解应急救援计划的准备程序，熟悉应急救援的基本程序，掌握应急救援计划的编写。

4. 了解事故评估和联络程序，熟悉事故现场应急对策的确定和执行。

第一节　应急救援系统概述

一、事故应急救援的意义

化工是国民经济的基础，化工产品已经渗透到各行各业，随着经济的迅速发展，对化学产品的需求种类和数量也与日俱增。社会的巨大需求促进了化学品生产的快速增长，同时在化工生产和使用过程中，各种化工事故呈不断上升趋势，危及社会安全的多人重大事故时有发生，给人民生命安全、国家财产和环境构成极大威胁。

重视对重大事故预防和控制的研究，建立应急救援系统，及时有效地实施应急救援行动，不但可以预防重大灾害的出现，而且一旦紧急情况出现，可以按照计划和步骤进行行动，有效地减少经济损失和人员伤亡。

二、相关的技术术语

（1）应急救援。应急救援是指在发生了紧急事故后，为及时控制事故现场、抢救事故中的受害者，指导现场人员撤离，消除或减轻事故后果而采取的救援行动。

（2）应急救援系统。应急救援系统是指负责事故预测和报警接收、应急计划的制订、应急救援行动的开展、事故应急培训和演习等事务，由若干机构组成的综合工作系统。

（3）应急计划。应急计划是指用于指导应急救援行动的关于事故抢险、医疗急救和社会救援等的具体方案。

（4）应急资源。应急资源是指在应急救援行动中可获得的人员、应急设备、工具及物质。

三、应急救援系统的组成

当事故或自然灾害不可避免的时候，有效的事故应急救援行动是唯一可以抵御事故或灾害蔓延并减缓危害后果的有力措施。因此，如果在事故或灾害发生前建立完善的应急救援系统，制订周密的救援计划，在事故发生时及时采取有效的应急救援行动，以及事故发生后的系统恢复和善后处理，可以拯救生命、保护财产、保护环境。应急救援系统应包括如下几方面的内容：①应急救援组织机构；②应急救援预案；③应急培训和演习；④应急救援行动；⑤现场清除和净化；⑥事故后的恢复和善后处理。

第二节　应急救援系统的建立

应急救援工作涉及众多的部门和多种救援力量的协调配合，除了应急救援系统本身的组织外，还应当与当地的公安、消防、环保、卫生、交通等部门查清事故原因，评估危害程度及建立协调关系，协同作战。应急救援系统组织机构可分为五个方面：应急指挥中心、事故现场指挥中心、支持保障中心、媒体中心、信息管理中心。系统内的各中心都有其各自的功能职责及构建特点，每个中心都是相对独立的工作机构，但在执行任务时又相互联系、相互协调，呈现系统性运作状态的应急救援系统各中心关系如图 6—1 所示。

一、应急指挥中心（EOC）

应急指挥中心（也称应急运作中心）是整个系统的核心，负责协调事故应急期间各个应急组织与机构间的动作和关系，统筹安排整个应急行动，避免因应急行动紊乱而造成不必要的损失。应急指挥中心一般由各级政府领导人或政府的职能机关

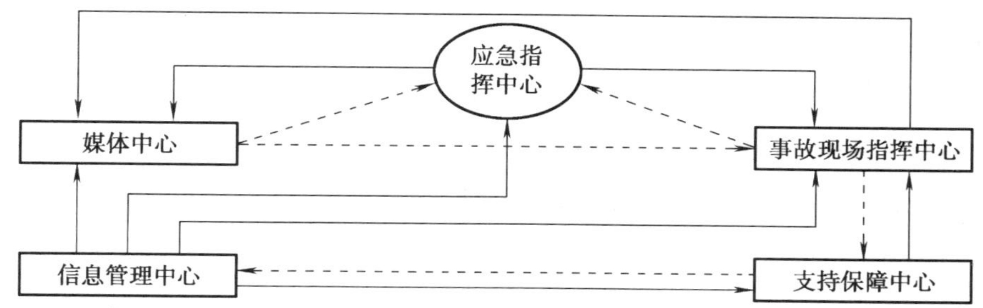

图 6—1 应急救援系统各中心关系图

负责。

1. 应急指挥中心的功能

应急指挥中心主要负责事故应急行动中的协调信息、提供应急对策、处理应急后方支持及其他的管理职责，是进行应急行动全面统筹的中心，保证整个应急救援行动能有条不紊地进行，减少因事故救援不及时或救援组织工作紊乱而造成的额外人员的伤亡和财产损失。

2. 应急指挥中心的建立

应急指挥中心要有相对固定的机构成员，成员定期接受必要的培训，但部分成员可分散于社会各部门，无事故发生期间，在各自部门从事自己的职业，一旦事故发生，应急救援工作开始，必须立刻聚集，组成一个应急运作中心，赶赴事故现场参与应急行动。应急运作中心必须有相应的配置并有专人管理，以保证事故应急期间能获得工作所需的一切设备和资源。

二、事故现场指挥中心（ICP）

1. 事故现场指挥中心的功能

事故现场指挥中心与应急指挥中心的不同之处在于它偏重于事故现场的应急救援指挥和管理工作，职责主要是在事故应急中负责在事故现场制定和实施正确、有效的事故现场应急对策，确保应急救援任务的顺利完成。

2. 事故现场指挥中心的建立

事故现场指挥中心的地位和作用是举足轻重的，它的运转有效性直接关系到整个事故现场应急救援行动的成败，因此必须重视它的建设和完善。

事故现场指挥中心是事故现场指挥部及其工作人员的工作区域，也是应急战术策略的制定中心，通过对事故的评价、设计战术和对策、调用应急资源、确保应急对策的实施、保持与应急指挥中心管理者的联系来完成对事故的现场应急行动。

三、支持保障中心

1. 支持保障中心的功能

支持保障中心在整个应急救援系统中为应急救援提供所需的物质和人力资源，以保证应急救援行动可靠、有效、快速地执行。支持保障可以影响到伤员的营救和事故现场的控制等，建立一个完善的支持保障中心是十分必要也是极其重要的，它的存在不仅保证了应急资源的充足供应，节约了由于盲目购置设备和添置人员而浪费的应急经费，同时通过众多部门的参与也提高了整个社会的安全意识。

2. 支持保障中心的建立

支持保障中心是作为事故应急的后方力量而存在的，该机构的成员来自社会各个部门并在各自不同的部门就职和接受专业培训。一旦发生事故，中心成员立刻进入备战状态，等候事故指挥中心的调遣，赶赴事故现场进行救援工作。该中心成员可分为两大类型：技术支持人员（包括安全和健康人员、环境管理人员、警戒人员和法律人员等）和医疗支持人员，其中，部分支持人员所需的专业应急配备可由其所在部门提供，这样不仅提高了应急设备的利用效率，也节约了应急经费的支出。

四、媒体中心（MIC）

1. 媒体中心的功能

任何一个事故都有可能引起媒体的注意，特别是涉及人民生命财产的重大事故。如果事故发生单位没有专门的机构来处理与媒体的关系，则可能会导致媒体报道的失真，影响应急救援行动，破坏事故单位在公众中的形象，甚至引起公众的恐慌。

媒体中心的功能就是负责与新闻媒体接触的机构，处理一切与媒体报道、采访、新闻发布会等相关事务，保持对外的一致口径，保证事故报道的客观性和可信性，对事故单位、政府部门和公众负责，为应急救援工作营造一个良好的社会环境。

2. 媒体中心的建立

媒体中心是事故单位通过各种新闻媒体与公众接触的纽带，经媒体将有关事故的信息向大众公布，解释事故真相，消除公众的恐慌心理。

五、信息管理中心（IMC）

1. 信息管理中心的功能

信息管理中心负责为应急救援提供一切必要的信息，在现代计算机技术、网络技术支持下，实现资源共享，为应急救援工作提供方便快捷的信息。信息管理中心的作用体现在事故应急中就是信息的高效利用，能极大地节约原有应急所需花费的时间，便于吸收全世界各国先进的应急经验，从而使我国的应急救援系统得到发展和完善，有效地保护人民的生命财产安全，促进国民经济的健康发展。

2. 信息管理中心的建立

信息管理中心是应急救援系统中的五个中心之一，是事故现场应急的支持机构，为其他中心提供它们所需的各类信息以便于指导它们的应急行动和应急计划的制订。

信息管理是指将信息作为一种资源来进行管理，研究信息的获取、加工、存储、报道、传递等，主要内容包括信息需求分析、信息资源建设和信息资源开发利用三大部分。

要建立一个信息管理中心必须具备以下基本条件：先进的信息管理技术、完善的信息管理设备和专业的信息管理人员。建立为事故应急服务的信息管理中心，除了应该具备上述基本条件以外，还必须特别强调信息的及时性、有效性和可靠性，因为事故应急的目的是减少事故可能造成的人员伤亡和财产损失，如果所使用的信息是错误的或者是过时的，将有可能造成不必要的应急资源浪费，加剧事故的危害性后果，甚至可能导致灾难性后果的发生。

六、应急救援系统的运作程序

应急救援系统是一个有机的整体，各机构要不断调整运行状态，协调关系，形成合力，才能使系统快速、有序、高效地开展现场应急救援行动。应急救援系统内各个机构的协调努力是圆满处理各种事故的基本条件，当发生事故时，由信息管理中心首先接收报警信息，并立即通知应急指挥中心和事故现场指挥中心在最短时间内赶赴事故现场，投入应急工作，并对现场实施必要的交通管制，如有必要，应急指挥中心进而通知媒体和支持保障中心进入工作状态，并协调各中心的运作，保证整个应急行动有序高效地进行。同时，事故现场指挥中心在现场开展应急的指挥工作，并保持与应急指挥中心的联系，从支持保障中心调用应急所需的人员和物质支持投入事故的现场应急，信息管理中心开始为其他各单位提供信息服务。这种应急救援运作能使各机构明确自己的职责，管理统一，从而满足事故应急救援快速、有效的需要。应急救援系统的运作程序如图 6—2 所示。

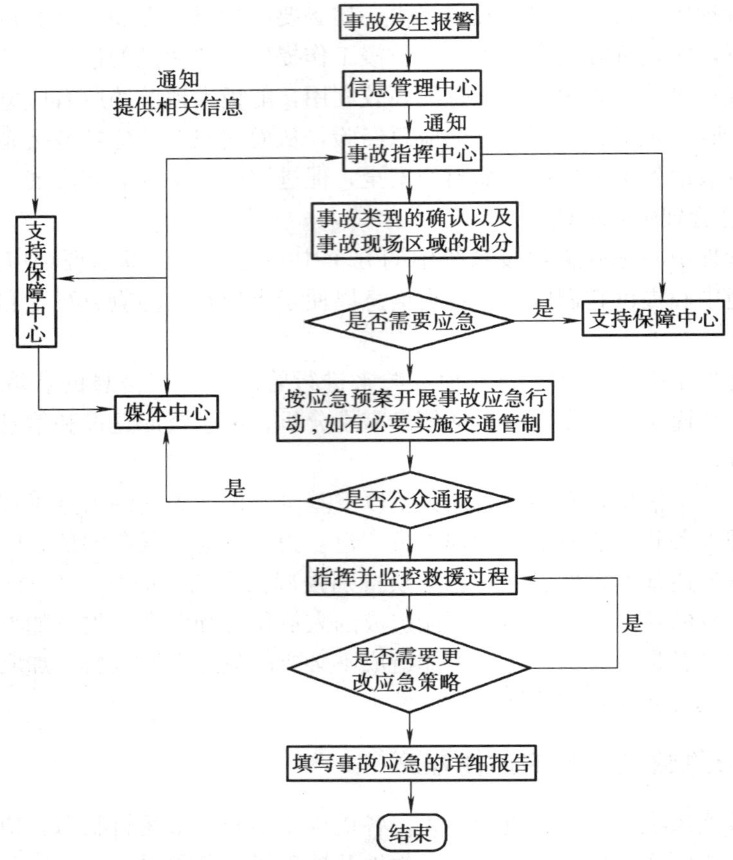

图 6—2　应急救援系统运作程序

第三节　应急救援计划的制订

一、应急救援计划编制概述

1. 应急救援计划的基本要求

要保证应急救援系统的正常运行，必须要有完善的应急救援计划，用计划指导应急准备、训练和演习，乃至迅速高效地应急行动。

企业的应急救援计划，不仅要为职工和附近居民提供一个更为安全的环境，也要符合法律和经济上的要求，应急救援计划应当满足：

（1）有助于辨识现有的工艺、物质或操作规程的危险性。

（2）方便有关人员熟悉工厂布局、消防、泄漏控制设备和应急反应行动。

（3）提高事故突发时的信心和准备性。

（4）减少工人和公众的伤亡人数。

（5）降低责任赔偿风险。

（6）减轻对工厂设施的破坏。

（7）提出降低危险的建议，如引进新的安全装置或改变操作规程。

（8）减少保险费用。

2. 应急救援行动的主要内容

（1）对可能发生的事故灾害进行预测、辨识和评价。

（2）人力、物质等资源的确定与准备。

（3）明确应急组织成员的职责。

（4）设计行动战术和程序。

（5）制订训练和演习计划。

（6）制订专项应急计划。

（7）制定事故后清除和恢复程序。

3. 应急计划编制小组

在应急救援计划编制之前必须筹建计划编制小组，小组成员是企业中各种职能的成员，成员在计划制订和实施中有重要的地位，或可能在紧急事故处理中发挥重要作用。

计划编制小组成员包括：管理、操作、生产、安全、保卫、工程、技术服务、维修保养、法律、医疗、环境和人事等职能部门。此外，小组成员还应包括来自地方社区和地方应急救援组织的代表，如消防、公安、医疗、气象、公共服务和管理机构等，这样可消除现场计划与地方应急计划中的不一致性，同时也可明确紧急事故影响到厂外时涉及的单位和职责。

应急救援计划编制小组的主要目标是制订反应计划，其更深层次的目标在于：

（1）发现和预测任何可能出现紧急事故的类型和程度。

（2）制订紧急状态时的反应行动方案，以提高准备程度。

（3）确保企业在紧急情况下，做到准备充分，通信线路和程序畅通。

（4）保证人员进行培训和演习，定期更新计划和重新评价其有效性。

应急救援计划编制小组的任务分为信息收集和评价、应急反应能力研究和应急计划编制三方面。

二、相关计划的评审

重大事故应急救援计划必须经过评审，包括组织内部评审和专家评审，必要时请上级管理机构进行评审，应急救援计划经评审通过和批准后，按有关程序进行正式发布和备案。

应急救援相关计划的评审可以通过年度计划安排，一般每年进行一次，相关计划评审一般由企业的总经理主持，各部门负责人和有关安全、生产、工艺等人员参加，以确定应急救援系统、应急救援计划、应急救援程序是否适合于企业的安全目标、安全法规和变化了的内外部条件，以保证应急预案的科学性、合理性以及与实际情况的相符合性。

1. 计划评审内容

（1）应急救援相关计划的持续有效性。

（2）应急救援相关计划与企业安全目标、指标的持续适宜性。

（3）应急救援相关计划的实现程度。

（4）应急救援相关计划审核的结果，评审报告提出的所有建议及纠正措施实施情况。

（5）风险控制措施的适宜性，已有事故中吸取的教训。

（6）相关方关注的问题，内部、外部反馈的相关信息。

（7）是否需要针对下述情况对相关计划进行修订：①日益增长的安全要求；②对安全工作的日益重视；③法律、法规方面新的要求；④相关方的要求；⑤市场的要求；⑥组织经营的变化；⑦安全观念的变化。

2. 计划评审一般步骤

（1）根据最高管理者提出的要求制订评审计划，由管理者代表或指派安全主管部门编制评审计划，报最高管理者批准后由主管部门通知相关参加评审的人员。

（2）准备评审资料由管理者代表组织主管部门及有关部门汇集、准备评审资料。评审资料一般包括：①执行安全管理的有关文件；②对有关文件的执行计划、措施及执行记录或报告；③相关方要求的信息反馈单、安全记录；④内部审核提出的不符合项及改进措施的执行、验证记录或报告；⑤对执行安全计划、目标、指标情况的自我评价，包括成绩、问题、改进措施、目标；⑥实现改进安全绩效的关键环节、风险和范围，资源方面有何困难、所需帮助等。

（3）召开评审会，最高管理者主持召开评审会，由主管部门记录评审会议结果并编制评审报告。

（4）批发评审报告，评审报告报管理者审核和批准，分发参加评审的人员和相关部门。

（5）评审后的要求：①通过评审发现的问题，由安全管理者代表签发“纠正（预防）措施通知单”，由主管部门发至责任部门；②责任部门组织调查分析产生不安全的原因，制订改进和纠正措施并组织实施，填写过程和结果记录；③主管部门组织安全改进和纠正措施结果验证，填写验证报告；④由原编制、审批部门办理改进和纠正措施所涉及的文件更改。

三、应急救援计划类型的确定

选择合适的应急救援计划类型目的是确定企业应急预案的目标和适用范围，也就是说通过应急预案的建立，明确企业希望达到什么目的。

1. 应急救援计划类型

对应急救援计划类型的选择在很大程度上取决于应急救援计划的程度和范围，它主要有三个类型：特定计划或称专项计划；行动计划；综合计划。

（1）特定应急计划。特定应急计划也叫专项计划，它专门针对某个特定的紧急情况，例如龙卷风、火灾等。某些特定计划包括准备措施，不过大多数的特定计划通常只有应急阶段部分，通常都不涉及事故前的预防阶段及事故后的恢复阶段。一般来说特定应急计划对于具有较小后果的事故是非常有效的，然而对于具有多重危险的灾害来说，特定应急计划可能引起混乱，可能在培训上需要更多的费用。

（2）应急行动计划。应急行动计划是描述对紧急情况采取应急行动的计划。不管是什么样的危险都要采取一系列基本行动，例如通知、通信、医疗、疏散。行动计划是一系列简单行动的过程组合，应急行动计划通常非常详细地指明每一个人的职责和必须执行的行动。

（3）综合应急计划。综合应急计划全面考虑管理者和应急者的责任和义务，并说明紧急情况应急救援体系的预防、准备、应急行动、恢复等过程的关联。可把它看做特定计划与行动计划的综合，它延伸到紧急情况管理循环的所有四个阶段：预防、准备、应急、恢复，综合性计划可能非常复杂、庞大。

2. 计划、程序、说明书和记录

应急管理文件可分为四级文件体系：

一级文件是管理计划，它包含紧急情况的管理政策、计划目标、组织和责任。为了说明如何完成应急管理的政策和目标，需要制定一系列程序。为了实现一个紧急情况管理程序，计划者应制定一系列关于紧急情况的准备、应急、恢复的程序，例如训练程序、医疗保障程序、通告程序、火灾应急程序、破坏评价程序等。

二级文件是程序，说明某个行动的目的与范围，如做什么、由谁去做、什么时间和在哪里等，这些程序应该简洁，又能提供应急行动所需的充足的信息。计划者应该制定行动步骤，使执行每一次行动都没有误解，可以用各种方式来制定这个程序，可以用文字叙述、流程图表、绘图或是所有这些方式的组合。

三级文件是描述在程序中如何执行特定任务的说明书，制订说明书主要是给部门内人员或个人使用，指出现场事故的指挥者与安全管理者如何履行他们的职责或如何使用某些监测设备的说明书。

四级文件是对应急行动的记录，包括在紧急情况期间所做的通告记录、安全人员对应急队员进入“事故”区域的记录，向政府部门提供的报告的记录以及对于每一个应急行动所必需保留的记录。

3. 协调统一

制定应急计划需要在内部与外界组织间进行密切的协调，在制定与组织计划程序时，计划者应该考虑涉及的所有功能的小组，每一个部门在紧急情况中都有各自的作用，它们对于计划的成功都是非常重要的。表 6—1 列出了不同部门可能的作用。

表 6—1　　各功能小组可能的应急作用

功能小组	可能的作用
工程	帮助实施预防措施，在紧急情况期间给事故指挥者提供技术性的建议
环境	决定政府的通告，在防止对环境的影响上提供建议，与政府的环境官员联系，帮助进行对环境的抽样
财政	帮助进行费用和损坏的评估，帮助其他的管理者
人力资源	提供为伤员的帮助，协调与保险、财政、风险管理人员的联系
法律	帮助总管理者来决定通告的要求，检查发布会之前的新闻泄漏
维修	给应急队提供参谋，对于事故的缓和提供技术性的建议，帮助进行预防措施，在事故后对损坏情况进行评估，特别是进行事故的调查；配备电工、管道工和其他后勤支援
医疗	为伤员提供首先的帮助并给应急队以支持
装置操作	对工艺设备的停车提供技术性建议，帮助评估事故大小，提供有用的信息
公众关系	协调与新闻媒体的关系，准备新闻发布会
采购	帮助获得必要的后勤方面的援助支持应急行动
安全和职业卫生	为事故指挥者提供建议，提供物质安全数据的信息给医院和医生，做出政府所要求的通告、监控和取样
销售	为管理者提供帮助，在紧急情况发生后通知顾客可能存在发送货物的中断
警戒	在紧急情况中，保护设备和事故的现场，采取必要的措施防止外来者和新闻媒体的干扰
公用事业	维修或关闭必要的设备来确保安全

4. 工业事故应急预案的类型

工业事故应急预案通常有四种：①应急行动指南或检查表；②应急反应预案；③应急管理预案；④互助预案。一般讲每个预案都是以上四种类型中的一种，每类预案的涵盖性和复杂性的程度也不尽相同，工厂应根据自身特点和需求，选择最适合的预案。

四、应急救援计划的内容

应急救援计划主要包括五个方面的内容：①对紧急情况或事故灾害的预测、辨识、评价；②对人力、物质和工具等资源的确认与准备；③指导建立现场内外合理有效的应急组织；④设计应急行动战术；⑤制订事故后的现场清除、整理及恢复等步骤。

一个优秀的应急救援计划还应该实现下列要求：明确应急救援系统中各中心的权力和职责、建立培训及演习等准备程序、对所牵涉到的法律法规的论述、对特殊危险建立专项应急预案等。

计划内容主要分为技术内容和组织领导两方面：

（1）技术内容方面。关键是配备各种硬件设施，如各种检测、监控、报警仪器，以及消毒、防护、消防用品和相应的计算机软件管理系统等。

（2）组织领导方面。一个有效有力的领导部门至关重要。首先是化学事故应急的领导机构，根据事故的危害程度，确定由何单位组织整个化学事故的应急，如果危害范围较小，一般由本公司领导组织即可，如果危害面广，造成重大伤亡、严重污染，则需由该地方（市、区）领导亲自组织指挥，否则不易及时调动全市、区各方面的力量。其次是城市内参加化学事故的应急单位和部门，只要平时对化学事故应急的任务、内容与技术等方面有所准备，该力量就可以成为一支有用的应急力量。重大事故应急计划由企业（现场）应急计划和工厂外的应急计划组成，现场应急计划由企业负责，厂外应急计划由政府主管部门负责，现场应急计划和工厂外应急计划应分开，但应协调一致。

五、应急救援计划的准备程序

准备程序是整个应急预案的第一部分内容，主要论述针对事故应急行动所需采取的应急准备，包含以下几种子程序。

1. 评审程序

在修改或制定一个新的应急预案之前，对已有的计划或程序进行评审和回顾是非常必要的，因为这种回顾不仅能为预案制定者提供新预案制定的参考模式，特别是针对类似事故的应急预案制定，而且还能使制定者弥补原有预案的不足和缺陷，避免原有预案中不适当应急步骤的再次出现。该程序包括了对应急预案的横向回顾与纵向回顾：

（1）横向回顾。主要是指对社会各类应急组织和政府部门所拥有的应急预案和程序以及它们的工作状况和运转过程的了解，包括消防部门、应急医疗部门、当地政府部门等。此种回顾有助于明确各部门的应急责任分配，在应急行动中互相提供援助。

（2）纵向回顾。主要是指对曾经发生过的事故的应急预案和程序的回顾，具体包括对危险品运输手册、火灾预防计划、危险品泄漏应急预案、自然灾害应急预案、事故评价报告等。此种回顾可以充分了解事故应急方法的演变历史，以利于制定新预案时扬长避短，保持预案的连续性和时效性以及对应急资源的合理有效的利用。

2. 明确应急责任程序

该程序是对事故应急者的职责做一个简单的说明。

（1）总指挥。来自应急指挥中心，主要负责事故应急行动期间各单位的运作协调，按照应急预案合理部署应急策略，和事故现场指挥者协同工作，保证事故应急救援工作的顺利完成。

（2）事故现场指挥者。来自事故现场指挥中心，主要负责对事故现场的控制，协调应急队员的救援工作，识别危险物质及存在的潜在危险并对事故现场进行分析，执行有效的应急操作，保证应急行动队员的个人安全，并负责事故后的现场清除工作。

（3）公共关系代表。来自媒体中心，主要负责在发生紧急情况时与新闻媒体的联系工作，接受他们的采访，必要时负责召开新闻发布会，并与安全人员和法律人员及其他事故应急者保持联系。

（4）支持人员。来自技术支持机构，包括安全人员、环境工作者、医疗人员等。在事故应急期间，接受事故指挥者的调遣，提供各类应急所需的技术支持和医疗支持。

（5）信息管理人员。来自信息管理部门，负责接收事故报警信息，并在事故应急期间向事故应急者提供他们所需的信息，负责各应急小组之间的通信联系，设置专线电话等。

3. 应急资源和应急能力评价程序

应急资源包括人员、应急设备、装置和物资；应急能力包括人员的技术、经验和接受的培训。预案制定者应该评价与预知危险相匹配的应急资源和能力，从而选择最现实、最有效的应急策略，并制定相应的应急预案。

（1）应急资源。

1）应急人员。评价应急人力资源时，主要考虑应急人员的数量、素质和在紧急情况下应急人员的可获得性，以及人员对紧急情况的承受能力和应变能力。

2）应急设备。应急设备可分为现场应急设备和场外应急设备。

现场应急设备包括：灭火装置、危险品泄漏控制装置、个人防护设备、通信设备、医疗设备、营救设备、文件资料等。

场外应急设备。这是指在列出设备清单以后，不必自备的应急设备，因为在事故发生现场的附近单位和公共安全机构会有一些必需的应急设备。利用这些设备，可以使内部和外部的应急资源得到相互补充，提高应急工作的效率，节约经费的支出，使节约的资金可以用于其他用途。

（2）应急能力。在完成了应急资源评价以后，更重要的工作是对应急能力的评价，因为应急能力的大小会影响一个应急行动是否能实现快速有效，其重要性是不可忽视的。与应急资源的评价相似，应急能力评价也分为内部应急能力和外部应急能力的评价。

1）内部应急能力。内部应急能力是指事故发生单位自身对事故的应急能力，其可以确保事故单位采取合理的预防和疏散措施来保护本单位的人员，其余的事故应急工作留给应急救援系统中的其他机构来完成。

2）外部应急能力。外部应急能力是指利用事故单位以外的外部机构来对紧急情况进行应急的处理能力。发展外部应急能力可以节省发展内部应急能力所需的过多的人员培训、人力资源补充和装备配置的费用。

通常，在对现场内、外的应急能力进行评价以后，根据实际情况合理确定两种能力发展的比例。

4．培训程序

培训程序是应急准备中的重要环节，因为无论应急资源多么充分，应急组织多么完善，如果缺乏必要的人员培训和应急行动的演练，任何一个事故应急救援行动都不会获得成功。培训程序的制定就是为了保证所有应急队员都能接受有效的应急培训，从而具备完成其应急任务所需的知识和技能。

不管针对哪种事故应急，培训都必须包括以下内容：①灭火器的使用以及灭火步骤的训练；②个人防护措施；③对潜在事故的辨识；④事故报警；⑤紧急情况下人员的安全疏散。

5. 训练与演习程序

训练与演习的主要作用是检测应急准备的充分性，包括物质资源、设备及人员的应急水平等。训练与演习的主要目的包括：①测试预案和程序的充分程度；②测试应急培训的有效性和应急人员的熟练性；③测试现有紧急装置、设备和其他资源的充分性；④提高与现场外的事故应急部门的协调能力；⑤通过训练来判别和改正预案和程序中的缺陷。

在程序中应该注明训练和演习的类型与频率，以及训练演习的组织、指导、评价等具体步骤。要实际开展应急演习，必须做好下列准备：①制订完整的演习计划；②做好演习中所有管理部门的准备工作；③现场外的应急队员与应急部门的准备。

应急演习为应急人员提供一次实战模拟训练，使应急人员熟悉必需的应急操作，并积累应急工作经验，为真正的事故应急行动提供宝贵的经验保证，应急演习必须定期举行。

六、应急计划基本程序

应急计划程序是对应急计划所规定的各项具体任务的进一步细化、明确职责并规范操作流程的执行文件，因此在组织编制时一定要把握好时机，过早启动会因上游文件不确定给编制工作带来很大的困难；如果安排太晚，则会因程序准备不及时而影响人员培训和应急演习准备等后续工作的进行。比较适宜的启动时间应是在企业生产运行组织机构基本确定，各部门职责明确，应急计划的基本框架和内容基本定型之后，这时组织编制应急程序会收到事半功倍的效果。

应急计划基本应急程序主要是针对任何事故应急都必需的基本应急行动，它包括有一系列的子程序，以保证应急行动的连续性，为事故指挥者和应急管理者提供有效的现场应急指导，保证应急行动的及时性与合理性。

1. 报警程序

在发生紧急情况或突发事故的过程中，任何人员都有可能发现事故或险情，此时他们的首要任务就是向有关部门报警，提供事故的所有信息，并在力所能及的范围内采取适当的应急行动。该程序主要指导人员如何使用报警与通信设备，如电话、报警器、信号灯、无线电等，并明确安全人员、操作人员或其他人员的报警职责。

在具体执行报警操作时，应该根据事故的实际情况，决定报警的接受对象即通告范围。

制定报警程序时，还必须考虑到一些对程序有用的补充图表或说明，例如，制定简易流程图表以显示信息散发的途径、如何执行紧急呼叫等内容，这些补充图表或说明能为报警人员提供便利。

2. 通信程序

通信程序描述在应急中可能使用的通信系统，以保证应急救援系统的各个机构之间保持联系。程序中应该考虑下列通信联系：①应急队员之间；②事故指挥者与应急队员之间；③应急救援系统各机构之间；④应急指挥机构与外部应急组织之间；⑤应急指挥机构与伤员家庭之间；⑥应急指挥机构与来访者之间；⑦应急指挥机构与新闻媒体之间。

与报警程序制定相似，在制定和执行该通信程序时，应该考虑到一些必要的补充，例如，重要人员的家庭、办公电话号码和手机号码，事故应急中可能涉及的关键部门的名称和电话列表等。

3. 疏散程序

疏散程序主要内容是从事故影响区域内疏散的必要行动。疏散程序的重要地位是十分明显的，因为发生事故时，有关人员安全有序地疏散是最重要的应急行动。

疏散程序应该说明疏散的操作步骤及注意事项并确定由谁决定疏散范围，还应告知给被疏散人员疏散区域所使用的标识与具体的疏散路线。在疏散程序中还应针对受伤人员的疏散制定特殊的保护措施，还包括提供事故现场区域的路线地图、危险区的标注、可供人员休息或隐蔽的掩体等内容，目的是为了保证疏散过程中的人员安全，降低事故损失。

4. 交通管制程序

危险品运输车辆通过重要区段时，为防止交通堵塞和人员过于密集带来的危险，应施行交通管制，从而使危险品车辆迅速顺利地通过复杂的关键路段，可以极大地降低危险。

5. 恢复程序

当事故现场应急行动结束以后，最紧迫的工作是使在事故中一切被破坏或耽搁的人、物和事得到恢复，进入正常运作状态，这就是恢复程序的基本内容。

6. 特殊危险应急程序

特殊危险应急程序是主要针对具体事故以及特殊条件下的事故应急而制定的指导程序，其具体的程序内容根据不同事故情况而定，通常除了包括基本应急程序的行动内容以外还应该包括特殊事故的特殊应急行动内容。

（1）危险品泄漏应急程序。企业中最常发生的事故就是危险品的泄漏，而且泄漏有可能会导致火灾、爆炸等恶性事故，因此，针对危险品泄漏制定特殊应急程序是十分必要的。

程序中应该明确建立事故指挥中心应注意的事项：①位于通风地带；②根据风向确定安全距离；③要有良好的观察事故视野；④有足够空间开展应急操作。

事故指挥者利用该程序作为现场应急的指导，除了按基本应急程序部署必要应急行动以外，更要注意处理危险品泄漏事故的特殊性。例如，在事故应急行动开始时，应首先收集下列信息：①正在泄漏的化学品种类及其泄漏源的位置；②泄漏过程的描述；③泄漏的后果；④蒸气云是否存在及其位置；⑤蒸气云是否可燃；⑥蒸气云下风向的细节；⑦泄漏是否可以控制；⑧是否存在火源以及火源的位置；⑨估计控制需要时间；⑩是否需要额外援助。

（2）火灾应急程序。火灾是最常见也是最易发生的事故之一，如果不能对其实施有效应急措施以控制火势蔓延，那么就有可能造成巨大的事故损失，酿成灾祸悲剧。因此，在拥有了基本应急程序的基础上，应针对火灾事故的特点制定特定应急程序，重点突出在应急行动中的灭火要点、应特别注意和回避的事项等，使应急行动具有更强的针对性，提高行动的效率。

程序应详细说明各应急组织和应急队员的灭火能力、任务和各自的职责，说明事故指挥者、安全人员及其他应急者的个人责任等。

七、事故应急救援计划的编写

事故应急救援计划是应急救援系统的重要组成部分。针对各种不同的紧急情况制定有效的应急预案，不仅可以指导应急人员的日常培训和演习，保证各种应急资源处于良好的备战状态，而且可以指导应急行动按计划有序进行，防止因行动组织不力或现场救援工作的混乱而延误事故应急，从而降低人员伤亡和财产损失。应急预案对于如何在事故现场开展应急救援工作具有重要的指导意义，它帮助实现应急行动的快速、有序、高效，以充分体现应急救援的“应急精神”。事故应急救援计划是针对各种可能发生的事故所需的应急行动而制定的指导性文件。

1. 事故应急救援计划应包括的内容

（1）对紧急情况和事故灾害的辨识、评价。

（2）对人力、物资和工具等资源的确认与准备。

（3）指导建立现场内外合理有效的应急组织。

（4）设计应急行动战术。

（5）制定事故后的现场清除、整理及恢复措施等。

应急预案除上述内容外，还应该实现下列要求：明确应急系统中各机构的权利和职责、建立培训及演习等准备程序、对所涉及的法律法规的论述、对特殊危险建立专项应急预案等。

2. 事故应急救援计划的基本要求

（1）科学性。事故应急救援工作是一项科学性很强的工作，制定预案也必须以科学的态度，在全面调查研究的基础上，开展科学分析和论证，制定出严密、统一、完整的应急反应方案。

（2）实用性。应急救援预案应符合企业现场和当地的客观情况，具有适用性和实用性，便于操作。

（3）权威性。救援工作是一项紧急状态下的应急性工作，所制定的应急救援预案应明确救援工作的管理体系、救援行动的组织指挥权限、各级救援组织的职责和任务等一系列的行政性管理规定，保证救援工作的统一指挥。应急救援预案还应经上级部门批准后才能实施，保证预案具有一定的权威性和法律保障。

3. 事故应急救援计划的编写步骤

事故应急救援计划的编写步骤如图6—3所示。

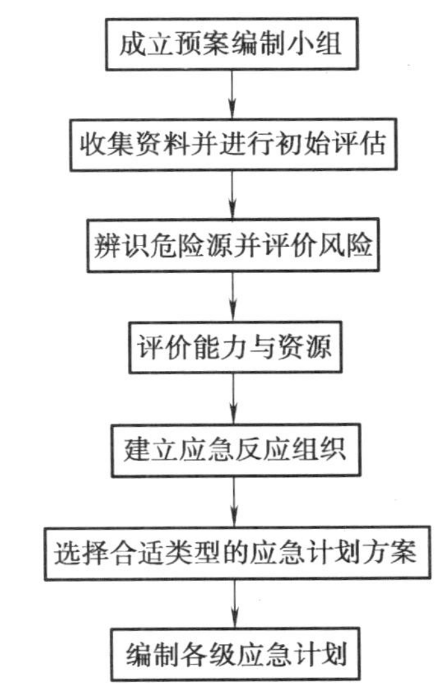

图6—3 事故应急救援计划的编写步骤

编制小组应由安全、环保、操作和生产、保卫、工程、技术服务、维修保养、医疗、环境、人事等部门人员组成，编制小组的首要任务就是收集制定预案的必要信息并进行初始评估，内容包括：适用的法律、法规和标准；企业安全记录、事故情况；地理、环境、气象资料；国内外同类企业事故资料；相关企业的应急预案等。

4. 应急救援预案的分级

（1）Ⅰ级（企业级）应急预案。这类事故的有害影响局限在一个单位的界区之内，并且可被现场的操作者遏制和控制在该区域内。这类事故可能需要投入整个单位的力量来控制，但其影响预期不会扩大到社区（公共区）。

（2）Ⅱ级（县、市/社区级）应急预案。这类事故所涉及的影响可扩大到公共区（社区），但可被该县（市、区）或社区的力量，加上所涉及的工厂或工业部门的力量所控制。

（3）Ⅲ级（地区/市级）应急预案。这类事故影响范围大，后果严重，或是发生在两个县或县级市管辖区边界上的事故，应急救援需动用地区的力量。

（4）Ⅳ级（省级）应急预案。对可能发生的特大火灾、爆炸、毒物泄漏事故，特大危险品运输事故以及属省级特大事故隐患、省级重大危险源应建立省级事故应急反应预案，它可能是一种规模极大的灾难事故，或可能是一种需要用事故发生的城市或地区所没有的特殊技术和设备进行处理的特殊事故，这类意外事故需用全省范围内的力量来控制。

（5）Ⅴ级（国家级）应急预案。对事故后果超过省、直辖市、自治区边界以及列为国家级事故隐患、重大危险源的设施或场所，应制定国家级应急预案。

5. 应急救援预案的类型

根据事故应急预案的对象和级别，应急预案可分为下列类型：

（1）应急行动指南或检查表。它是指针对已辨识的危险采取特定应急行动，简要描述应急行动必须遵从的基本程序，如发生情况向谁报告，报告什么信息，采取哪些应急措施等。

（2）应急响应预案。它是指针对现场每项设施和场所可能发生的事故情况编制的应急响应预案。

（3）互助应急预案。它是指相邻企业为在事故应急处理中共享资源，相互帮助制定的应急预案。

（4）应急管理预案。它是指应急管理预案是综合性的事故应急预案，这类预案详细描述事故前、事故过程中和事故后何人做何事，什么时候做，如何做等。

6. 应急救援预案的基本要素

应急救援预案的基本要素主要有：①组织机构及其职责；②危害辨识与风险评价；③通告程序和报警系统；④应急设备与设施；⑤应急评价能力与资源；⑥保护措施程序；⑦信息发布与公众教育；⑧事故后的恢复程序；⑨培训与演练；⑩应急预案的维护。

7. 事故应急救援计划编制注意事项

事故应急预案应当简明，便于有关人员在实际紧急情况下使用。一方面，预案的主要部分应当是整体应急反应策略和应急行动，具体实施程序应放在预案附录中详细说明；另一方面，预案应有足够的灵活性，以适应随时变化的实际紧急情况。

预案应包括至少六个主要应急反应要素，它们是：①应急资源的有效性；②事故评估程序；③指挥、协调和反应组织的结构；④通报和通信联络程序；⑤应急反应行动（包括事故控制、防护行动和救援行动）；⑥培训、演习和预案保持。

最后，小组应确定出如何保证预案更新，如何进行培训和演习。预案编制不是单独、短期的行为，它是整个应急准备中的一个环节，有效的应急预案应该不断进行评价、修改和测试，持续改进。

八、计划的复查评估与修改

1. 计划复查的目的与实施

（1）辨识应急预案和程序中的缺陷。

（2）辨识培训和人员需要。

（3）确定设备和资源的充分性。

（4）确定培训、训练、演习是否达到预期目标。

确定复查内容的第一步是审查培训、训练演习的专项目标，复查每项目标的标准应该在培训、训练、演习计划制订过程中考虑，如果它不能测定或评估，就不应考虑作为目标。

训练和演习的复查可分为三个阶段：

（1）复查人审查。

（2）参加者汇报。

（3）训练和演习改正。

复查评估者和上级主管人员在一定位置观察和记录参加者的反应，通过观察比较参加者在训练演习中的行动和预期行动，从而发现问题。许多应急预案的缺陷可通过参加者自己对照训练和演习立即辨识出来，因为复查评估人不可能发现训练或演习中出现的每个问题。如果参加训练或演习的人数规模较小，总结时，每个参加者都要进行口头汇报，依次被提问，提出意见。如果人数规模很大，则可要求书面意见。复查评估会议中要使参加者充分反映对应急预案和应急行动的意见。

训练和演习改正这项复查评估的不同在于它的目的不是复查评估应急预案和应急行动，而是要评估训练或演习管理本身。训练或演习改正可用表 6—2 的形式进行，表单应在训练或演习完成之后立刻发给所有参加人员并配有说明。

表 6—2 训练或演习改正单

训练或演习改正单		
请花几分钟完成这个表格，您的选择和建议会帮助我们在未来训练和演习中准备得更好		
	选择答案	
(1) 你是否知道训练与演习的目的和目标？	是	否
(2) 你觉得是否达到了目的和目标？	是	否
(3) 场景叙述是否明白？	是	否
(4) 你觉得场景是否真实？	是	否
(5) 你觉得训练和演习进程是快还是慢？	快	慢
(6) 使用下列图例来评判整体训练和演习： 1 2 3 4 5 6 7 8 9 10 很差 很好		
(7) 与以前训练和演习相比你觉得如何？ 1 2 3 4 5 6 7 8 9 10 很差 很好		
(8) 这次训练或演习是否有效地模拟了应急环境和测试了你的应急能力？ 是_________ 否_________		
(9) 请写出任何问题及您对将来训练或演习的建议：		

2. 复查评估报告

复查评估报告是提出纠正措施和纠正行动的重要依据，应该由训练或演习的指挥者负责准备。复查评估报告应经所有参加训练或演习的部门及人员充分讨论后形成，并交企业领导或上级主管机构。复查评估报告应包括：①训练或演习总结，包括目的、目标和场景的评论。②对重大偏差/缺陷的总结。③建议和纠正措施。④完成这些纠正措施的日程安排。应急管理者负责检查措施进展，完善应急预案和程序，改进未来的训练和演习，一旦完成所有纠正措施，应向企业经理报告。⑤演习时的安全保证。演习要在绝对安全的条件下进行，演习时要在其影响范围内告知该地区的居民，以免引起不必要的惊慌，要求居民做到的事项要各家各户地通知到每个人。

演习后的讲评是对每个演习者的再次学习和全面提高的好机会，对组织指挥者来说，通过讲评可以发现事故应急救援预案中的问题，并可以从中找到改进的措施，把预案提高到一个新的水平。因此，演习后的讲评和总结是演习必不可少的组成部分，时间安排上往往要长于演习时间。讲评、总结的内容要整理成资料存档，并报上级。对于每个救援专业队来说，通过讲评要写出书面报告呈送上级部门，演习评报告内容包括：①通过演习发现的主要问题；②对演习准备情况的评价；③对预案有关程序、内容的建议和改进意见；④对训练、器材设备方面的改进意见；

⑤演习的最佳顺序和时间建议；⑥对演习情况设置的意见；⑦对演习指挥机关的意见等。应急救援演习指挥部根据每个救援专业队的报告汇集写成综合报告。

事故应急救援预案是要通过实践考验，证实该预案切实可行后才能实施，因此，在演习评价和总结以后，要根据评价、总结的意见，进行进一步的验证，确实需要修正的预案内容应在最短时间内修正完毕，并报上级批准。

九、应急救援计划的检查

为了保证应急救援计划的完善，应对应急救援计划进行检查，核查其内容是否全面、系统、可靠和可行。应急救援计划检查的具体内容包括：

（1）危险辨识、风险评价及事故预防的检查。这部分检查内容主要包括：①应急救援系统及预案是否基于相应的风险水平；②是否列出所有危险材料的名称、使用及储存位置、数量、性质等，是否有危险材料生产工艺图或分布图；③是否列出重大危险源及其他需要编制应急预案的材料、设备、设施和场所清单；④是否包括预防紧急情况发生的内容；⑤高危险场所和岗位是否安装合适的保护性监测系统，是否实施了减少危险材料使用量的控制措施；⑥事故预防职责是否分配给相关的合格人员；⑦是否按消防法规和标准对消防设备及系统进行定期检查；⑧安全或保护装置及系统的维护程序中是否包括设备失效时的备用程序或措施。

（2）应急指挥与控制的检查。这部分检查内容主要包括：①是否清晰描述了各级应急指挥机构职责及地理位置，必要时的替换地点和场所，应急指挥中心所选位置是否安全、方便，是否配备有必要的设备；②是否制定应急指挥场所、设备的维护程序并责任到人；③启动应急预案的程序是否正确；④是否分配给有关人员明确的职责；⑤是否有确保应急电源、照明和其他应急设备与资源的措施；⑥是否规定及时更新与应急救援有关的电话号码和与场外机构的应急合作协议。

（3）应急反应机构的检查。这部分检查内容主要包括：①应急预案中是否有处置火灾、爆炸、泄漏等特大事故的应急反应机构、程序和资源；②每个应急响应队是否针对具体事故进行了培训和配备装备；③应急救援的具体任务分配是否明确、职责是否清楚；④是否针对具体危险进行知识与技能培训、训练、演习；⑤泄漏控制程序中是否包括需要清除的物品、预定的处置场所和运输方式、储存和运输清除物的容器等内容；⑥所有应急队员体能是否符合要求并按规定佩戴防护装备；⑦预案中是否规定了应急队员进入和离开应急区域的职责和程序，是否规定了确定和标记危险区域以及限入区域的程序和方法；⑧程序中是否包括启用备用人员及进入应急区域的程序、规定进入路线和至少两条逃生路线、能见度受影响时有助于识别进出路线的标记方法、提供应急人员进入现场的备用工具等内容。

（4）监测、报警与通信联络系统检查。这部分检查内容主要包括：①预案中是否有使用烟感监测系统、热感监测系统、泄漏监测系统、过程监测系统等监测系统的内容；②是否对监测系统及其装置进行定期测试、检查、维护和校准；③除监测系统外，是否对危险区域进行定期巡检；④是否规定由合格人员对报警系统进行定期测试和维护；⑤预案中是否有通信联络程序和方法；⑥是否确保应急指挥中心与各应急救援队（组）、各应急救援队（组）之间、应急指挥中心与场外机构、应急指挥中心与后勤支持机构、应急指挥中心与技术支持机构的通信联络畅通；⑦是否有备用通信联络系统，备用指挥中心的通信联络设备是否充足；⑧是否定期测试和维护通信联络设备与程序。

（5）应急关闭程序的检查。这部分检查内容主要包括：①预案中是否有应急关闭生产系统的程序，是否明确实施应急关闭行动的负责人；②是否制定了每项具体操作、设备或区域应急关闭程序检查表；③实施应急关闭程序的专用工具是否方便获取；④关键设备、阀门或控制系统是否清楚标识，是否有其分布图或示意图；⑤应急人员是否能便于联系熟悉某项具体操作的技术人员。

（6）应急设备与企业外援助方面的检查。这部分检查内容主要包括：①预案中是否有确定设备需求、设备清单和获取的程序内容；②是否按制造商的要求对设备进行维护保养并建立程序，是否按规定对应急设备进行定期检测、检验，并建立检验档案；③是否确保应急设备维护和检验人员合格培训；④特殊危险材料应急设备清单是否随着材料变化而更新；⑤是否能及时从企业内或企业外获取事故现场气象信息；⑥预案中是否考虑并评估了安全生产部门、公安部门、消防队、政府其他部门等地方政府（社区）部门的能力和资源；⑦是否有与附近企业的应急互助协议并说明相互援助的内容和方式，协议和预案中是否规定了联系方法和协调应急行动的程序；⑧互助应急的指挥组织及其各自职责是否明确；⑨是否进行过互助应急培训、训练或演习，外援机构（如消防、武警、医疗救护等）是否熟悉企业情况；⑩是否定期召开应急合作会议，对场外人员培训以及通过训练和演习来测试应急程序。

（7）疏散与警戒内容的检查。这部分检查内容主要包括：①预案中是否有人员疏散的程序、集合地点等内容，每个易发事故点是否至少有两条疏散路线；②是否明确了发布紧急疏散和返回命令的责任人，工作场所有关责任人是否明确自己的责任（引导疏散并指明路线、检查有无人员未疏散、关闭有关设备、门、窗等）；③是否确保员工掌握疏散程序，并按要求定期演练；④是否确保疏散集合场所设在安全区域，到达的路线或地图标识是否清楚；⑤是否有应急指挥中心或指挥部、医疗抢救中心、后勤供应库房等的应急警戒程序；⑥是否有现场附近交通管制措施。

（8）应急培训、训练和演习内容的检查。这部分检查内容主要包括：①预案中有应急培训、训练和演习的内容；②培训计划中是否还包括了危险材料、个体防护设备、火灾、爆炸、泄漏、急救相关内容；③培训计划是否基于具体的危险和应急响应岗位职责，并说明了培训的形式和频度；④培训记录是否包括了日期、人员、类型、效果等；⑤是否定期进行培训及其效果（知识、技能）评估和再培训并与场外应急培训协调，是否在合理的时间内对新参加应急救援的人员进行培训；⑥应急培训是否做到针对性、周期性、定期性、真实性的全员培训；⑦训练和演习是否贴近实际，其结果是否评估并建档，发现问题是否采取纠正措施；⑧除定期进行全面训练和演习外，是否对通信、消防、医疗急救、泄漏控制、应急指挥中心及其工作人员、监测与侦检、净化与清除、疏散等关键要素进行演练；⑨设计训练和演习场景时是否考虑了预案评价与需求分析、明确目标与范围、费用与资源、潜在事故与可能的应急操作等因素；⑩企业内、外各类人员是否都参加相应的应急训练和演习。

（9）重新进入和恢复方面的检查。这部分检查内容主要包括：①预案中是否包括应急结束后的重新进入和恢复程序，是否建立恢复行动小组；②是否有保护事故现场及企业或政府主管部门实施事故调查的程序。

第四节　应急救援行动

应急救援行动是在紧急情况发生时（如火灾、爆炸和有毒物质泄漏等），为及时营救人员、疏散撤离现场、减缓事故后果和控制灾情而采取的一系列营救援助行动。

一、应急设备与资源

实施任何一个应急救援行动都要求有相应的设备、供应物资和设施。在紧急情况时如果没有足够的设备与供应物资，如消防设备、个人防护设备、清扫泄漏物的设备，即使训练良好的应急队员也无法减缓事故。此外，如果设备选择不当，可能导致对应急人员或附近的公众的严重伤害。

企业应该购买必需的应急设备与供应物资，并且要进行定期的检查、维护和补充，以免由于资源缺乏延误应急救援行动。

1．应急装备的配备原则

应急装备的配备应根据各自承担的任务和要求选配，选择应急装备要从实用性、功能性、耐用性和安全性以及客观条件等方面考虑。

2. 基本应急装备

基本应急装备可分为两大类：基本装备和专用装备。基本装备，一般指所需的通信装备、交通工具、照明装备和防护装备等；专用装备，主要指各专业队伍所用的专用工具和物品。

（1）消防设备。消防车和消防物质（水、泡沫、干化学品灭火物质、干粉等）是最基本的消防设备配置，其数量和质量必须满足应急救援的基本要求。

（2）通信装备。目前，我国救灾所用的通信装备一般分为有线和无线两类，在实施应急预案工作中，常采用无线和有线两套装置配合使用。

（3）交通工具。良好的交通工具是迅速实施应急预案的可靠保证，在行动中常用飞机和汽车作为主要的运输工具。

（4）照明装置。事故现场情况较为复杂，常常需有良好的照明，因此，需配备必要的照明工具，有利于工作的顺利进行。照明装置的种类较多，在配备照明工具时除了应考虑照明的亮度外，还应根据事故现场的特点，注意其安全性能。

（5）防护装备。在实施化学事故应急处理预案行动中，对各类人员均需配备个人防护装备，个人防护装备可分为防毒面罩和防护服。指挥人员、医务人员和其他不进入污染区域的人员配备过滤式防毒面罩，并与防毒手套和防毒靴等配套使用，其目的是在执行任务中，防止风向的突然变化或穿越污染区域时的应急保护。对于进入污染区域的人员应配备密闭型防毒面罩，目前，常用正压式空气呼吸器，防护服应能防酸碱。

（6）泄漏控制设备与物质。泄漏是造成许多重大化工事故的前提，有效的泄漏控制设备对化工事故的应急救援是十分重要的。要根据企业的实际情况选用与配置相应的泄漏控制设备，常用的有固定消减系统（如水幕和水喷淋）、移动消减系统设备、化学药剂（如抑制剂、中和剂、吸附剂）等。

（7）侦检装备。侦检装备应具有快速、准确的特点，现多采用检测管和专用气体检测仪，优点是快速、安全、操作容易、携带方便，缺点是具有一定的局限性。

（8）医疗急救器械和急救药品。医疗急救器械和急救药品的选配应根据需要有针对性地加以配置，急救药品，特别是特殊解毒药品的配备，应根据当地化学毒物的种类备好一定的数量。

3. 应急装备的保管和使用

做好应急装备的保管工作，保持良好的使用状态是一项重要工作。各部门都应制定应急装备的保管、使用制度和规定，指定专人负责，定时检查。

二、事故评估程序

应急救援的不同阶段实施何种行动均要进行决策，而决策需要对事故发展状况进行持续评定，也就是说事故评估是为应急行动提供决策支持。在企业内出现危险的异常现象时，第一发现人应立刻报警，启动应急程序。这种事故评定过程在紧急事故初始阶段，可能是由第一个发现者来确定，他会决定是否启动报警程序，这也会启动相应的反应系统，以后可由企业应急救援总指挥和其工作人员来执行。事故评估在应急行动流程图中的位置如图 6—4 所示，从图可见，是否进入应急状态，主要取决于事故的评估。当然，进入应急状态后，要不断地进行动态的事故评估，为采用有效的应急救援措施提供技术支持。

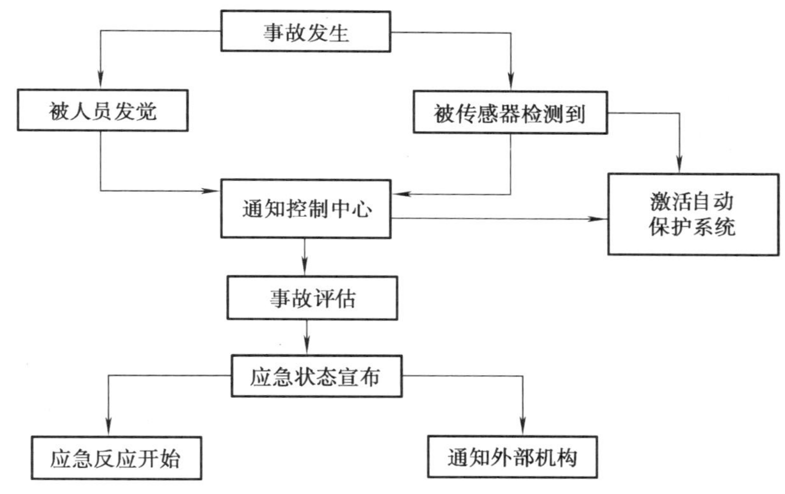

图 6—4 应急救援启动流程图

对事故评估的方法有多种，不同的人判断同一事故可能会产生不同的事故分级，为避免出现这样混乱情况，应确定统一的事故分级标准，根据不同的事故严重程度，确定不同的事故应急级别，事故越严重，应急等级越高。使用这样的分级方法可表示出事故严重程度并便于迅速传达给其他人员。根据事故应急分级标准，应急救援负责人可在特定时刻根据事故严重程度确定出相应应急救援行动级别。大多工业企业可采用三级分类系统。

一级——预警。这是最低应急级别。根据工厂不同，这种应急行动级别是可控制的异常事件或容易被人员控制的事件，据事故类型，可向上级应急机构外部通报，但不需要援助。

二级——现场应急。该应急级别包括已经对工厂造成影响的火灾、爆炸或毒物泄漏等事故，但事故影响范围还不会超出厂界，厂外公众一般不会受事故的直接影响。这种级别表明工厂人员已经不能或不能立即控制事故，这时需要外部援助，厂外应急人员如消防和泄漏控制人员应该立即行动。

三级——社会应急。这是最严重的紧急情况，通常表明事故已经超出了工厂边界。在火灾、爆炸事故中，这种级别表明要求外部消防人员控制事故。

通过采用应急救援行动分级，可以根据不同级别，启动相应应急组织机构和调动所需资源，也便于应急救援实现标准化、模式化，这样在发生紧急情况时，也可简化和改善通信联络。

企业在确定应急分级时应与地方政府应急救援分级协调统一、达成一致，最好与其他邻近企业的应急分级也进行协调统一。另外企业的所有人员都应该清楚这种分级方法和它的含义，因为一旦发生紧急情况时，每个人都需要采取相应的行动。

三、通知和通信联络程序

应急时的通信联络在协调应急行动中起着非常重要的作用。当事故影响范围较大或事故升级时，企业还必须与外部机构进行通信联络，通知事故发生或可能发生及事故的可能后果估计。此外通信联络对于实施防护措施，如大众的紧急疏散也至关重要。因此，在编制应急预案时，必须制定相关的通知和通信联络程序，在应急救援计划中基本的通告和通信联络程序有：报警、企业内应急通告、外部机构应急通告、建立和保持企业反应组织不同功能之间的通信联络（包括事故应急指挥中心）、建立和保持现场反应组织和外部机构及其他反应组织之间的通信联络，如果大众被影响，通知企业外人员应急救援、通知媒体。

事故的最初通告程序特别重要，因为它决定何时启动应急预案的行动。早期应急通告也能提供外部资源的早期动员，为避免通信联络中断，应急组织内的所有职能岗位必须配备通信设备，否则会严重影响应急预案的有效性。

1. 报警

报警是实施应急预案的第一步。通常在企业内，任何员工都能拉响警报或进行报告，这样便于及早发现异常情况。从这时开始，应急反应会按预先的计划实施，首先将通知最初的应急评估负责人，确定应急级别并根据应急行动级别启动相应的应急反应预案。

2. 通知企业人员

最初应急的首要任务是让企业内人员知道发生紧急情况。一般企业最常使用的是声音报警系统，报警有两个目的：一是动员应急人员；二是建议其他无关人员和来访者采取防护行动（如转移到更安全的地方，进入安全避难点，或撤离企业）。

3. 通知外部机构

根据事故类型和严重程度，工厂应急救援总指挥或其他有关人员必须通知相关外部机构，一般最好通知地方事故应急指挥中心或消防部门等。

应急通报是强制的，一是法规的要求，二是通报企业外应急救援组织并动员他们。在通知应急严重程度时，使用一套事先确定的应急行动级别非常有效，企业外的应急行动是否启动，要根据应急预案中事故类型和严重程度由现场应急总指挥的判断来决定。

4. 建立和保持企业内的应急通信联络

一旦企业应急救援总指挥决定启动应急预案，有关通信联络部门应负责保持各应急机构之间高效的通信联络。企业应急救援指挥中心内必须设置通信联络中心，装备有固定通信设备。如果应急救援指挥中心与外部通信中断，必须立刻报告通信联络负责人，由他动员现有资源和人力来解决问题。

5. 建立和保持与外部应急救援组织的通信联络

当应急预案启动后，企业应急总指挥和副总指挥将在事故应急救援指挥中心内通过通信功能保持与外部机构联络，并通过事故现场指挥员来保持协调到达事故现场的外部应急机构联络，事故现场指挥员直接与事故应急救援指挥中心进行联系。

6. 向公众通报应急情况

当事故后果会影响到公众时，可采取疏散或躲避在建筑内的防护行动。无论采取哪种行动，必须及时向公众进行通知，告诉公众可以避难的位置和疏散路线。一般公众防护行动的决定权由地方政府负责，但企业应急组织应该做好一系列准备活动，并向地方应急救援管理部门提供相关技术支持信息，其主要内容有：①准备向当地政府主管部门提供建议；②根据危险分析，制定关于何时进行公众疏散或是安全避难的指南；③根据事故性质、气象条件、地形和原有逃生路线提出疏散的最佳路线；④保存当地电台、电视台的电话簿；⑤事先联系这些电台以协调信息发布；⑥建立填单式信息向公众广播，减少紧急时的混乱和避免忽略某些信息。

企业负责人没有权力决定涉及公众的行动，可是这并不减少他们的事故责任，他们应该确保对大众建立起防护措施和有效通信机制，尽量减小事故后果。

7. 通报媒体

当事故发生时，新闻媒体如报纸、电视和电台的记者可能会到达事故现场或企业采集有关新闻消息，保卫人员应该确保没有批准一律不得入内，任何无关人员都不能进入事故应急救援指挥中心或事故现场，以免影响应急救援行动。为防止媒体事故报道出现偏差，应建立专门负责协调公众、媒体的机构，来提供准确的事故信息和事态发展状况以及采取的救援行动。

四、现场应急对策的确定和执行

应急人员赶到事故现场后首先要确定应急对策，即应急行动方案。正确的应急行动对策不仅能够使行动达到所预期的目的，保证应急行动的有效性，而且可以避免和减少应急人员的自身伤害。在营救过程中，应急救援人员的风险很大，没有一个清晰、正确的行动方案，会使应急人员面临不必要的风险，应急对策实际上是正确的事故评估判断和决策的结果。

1. 事故现场处置的基本内容

（1）预防。事故处置工作是立足于事故的发生，但同时要做好预防工作，包括事故发生之前所采取的预防措施和事故发生过程中为避免二次事故而采取的措施。对可能发生事故的各种危险源进行登记、安全评估、实施各种安全检查等，这些都是在预防阶段不可缺少的工作。

（2）准备。准备工作主要体现安全、可靠、有效的方针，即一旦发生事故，要保证处置和救援工作能够有效地实施。

（3）反应。反应阶段就是事故处置的具体实施阶段，是事故发生之后各种处置和救援力量所采取的行动。对反应过程来讲，并无现成的模式，一方面要遵循事故处置的基本原则，另一方面也需要根据事故的性质与所影响的范围灵活掌握。

（4）恢复。恢复阶段的工作主要是使那些受到事故影响的人、受到损害和影响的地区的秩序恢复到正常状态。对于不同类型的事故，参加事故救援处置的社会组织和力量会有所不同。无论国外还是国内的处置实践，其共同点是不同程度地动用大量的社会组织和力量，救援处置力量多了，就需要进行有效的协作和分工，否则，不仅会使处置工作效率低下，而且还会使处置工作陷入混乱之中。

2. 现场应急对策的确定过程

现场应急对策的确定过程同时也是应急救援行动的过程，这是一个动态的、不断改进与完善的过程。其过程参见图 6—5。

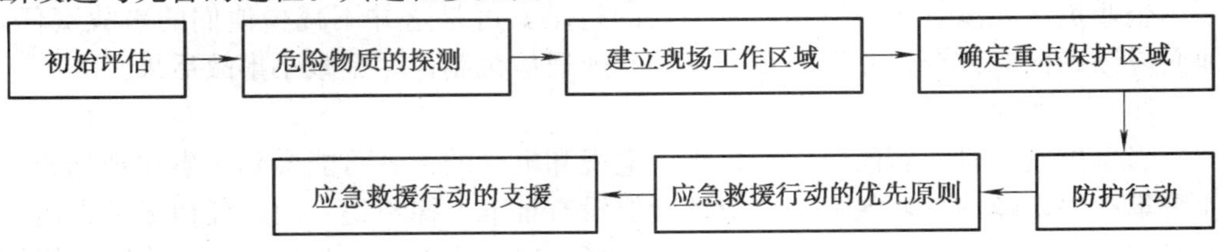

图 6—5　现场应急对策的确定过程

（1）初始评估。事故应急的第一步工作是对事故情况的初始评估。初始评估应描述最初应急者在事故发生后几分钟里观察到的现场情况，包括事故范围和扩展的潜在可能性，人员伤亡、财产损失情况以及是否需要外界援助。初始评估是由应急指挥者和应急人员共同决策的结果。

（2）危险物质的探测。危险物质的探测实际上是对事故危害及事故起因的初步探测，可以采用两种方式进行：第一种方式，由两个人组成的小组在远离（在逆风向的较高位置，并且确保他们不会接触危险物质）事故现场的地方测定发生事故的物质；第二种方式，要求由两名应急人员组成的小组，到事故区域进行实际状况评估，采用这种方式可能更危险些，应急人员要穿上相应的防护服并携带必要的安全设备。

需要探测和了解的情况有：①所涉及物质的类型和特性，如闪点、燃烧值、蒸气密度、蒸气压力、可溶性、活性、pH 值、相容性、燃烧的产物；②泄漏、反应、燃烧的数量；③密闭系统的状况，如当前压力和温度、容器损坏的数量和类型、正在进行中的反应及泄漏的后果；④控制系统的控制水平和转换、处理、中和的能力；⑤其他与事故有关的情况。

（3）建立现场工作区域。建立事故现场工作区域，在这个区域明确应急人员可以进行工作，这样有利于应急行动和有效控制设备进出，并且能够统计进出事故现场的人员。

确定工作区域主要根据事故的危害、天气条件（特别是风向）和位置（工作区域和人员位置要高于事故地点）。在设立工作区域时，要确保有足够的空间，开始时所需要的区域要大，必要时可以缩小。

对危险物质事故要设立的三类工作区域，即危险区域（高危险区域、危险区域）、缓冲区域、安全区域，如图 6—6 所示。

危险区域是把一般人员排除在外的区域，是事故发生的地方，它的范围取决于事故级别的范围以及清除行动的执行，只有受过正规训练和有特殊装备的应急操作人员能够在这个区域作业。所有进入这个区域的人员必须在安全人员和指挥者的控制下工作，还应设定一个可以在紧急情况下得到后援人员帮助的紧急入口。

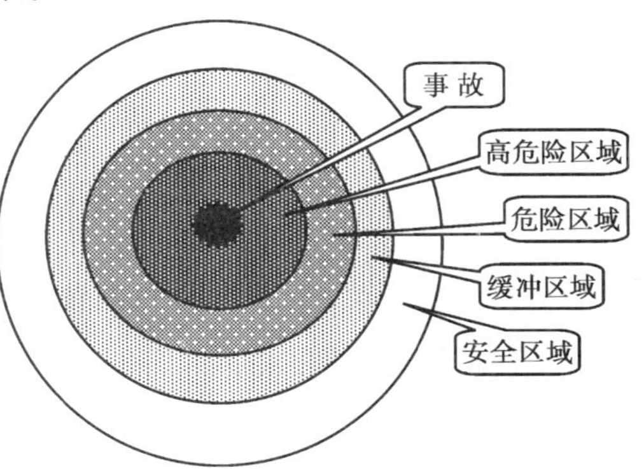

图 6—6　危险物质事故的区域划分

环绕危险区域的是缓冲区域，也是

进行净化和限制通过的区域，在这里污染将会受到净化，可称之为入口通道，只有受过训练的净化人员和安全人员可以在这里工作。

第三个区域是安全区域（也叫做支持区域），这个区域是指挥和准备区域，它必须是安全的，只有应急人员和必要的专家能在这个区域。

限制区域的大小、地点、范围将取决于泄漏或事故的类型、污染物的特性、天气、地形、地势和其他的因素，在现场实时的观察、仪器的读数、多方面的参考资料决定受控制区域的大小和程度。

（4）确定重点保护区域。通过事故后果模型和接触危险物质的浓度，应急指挥者将估计出事故影响的区域，在这个区域内，要考虑的因素见表6—3。

表6—3　　确定重点保护区域应考虑的因素

因素	对应的问题
人员接触	哪些人最可能接触危险 影响程度 达到危险浓度的时间
对事故现场内重要系统的考虑	任何重要的控制区域是否在危险区域内 是否有必要在危险区域内对重要设施进行有序的停车程序，以防止更大的潜在危险
对环境的考虑	对危险很敏感的土壤区域 对野生生物的保护 渔业 水生生物
财产	现场内的财产（设备、操作系统、车辆、油罐车、原材料、产品、存货） 现场外的财产
现场外的关键系统	可能受到事故影响的主要运输系统 可能受到事故影响的公用水、电、气、通信服务系统等
应急人员的工作区域	指挥中心 准备区域 支援的路线

（5）防护行动。防护行动目的在于保护应急中企业人员和附近公众的生命和健康，主要包括：

1）搜寻和营救行动。如果人员受伤、失踪或困在建筑和单元中，就需要启动搜寻和营救行动，搜寻和营救行动一般由救护队或消防队执行。营救人员应成对工作，配备自持式呼吸器，在进行营救行动前或过程中，需要实施防护行动，例如切断动力、单元隔离或灭火。

2）人员清点和集合区。重大事故应急要求所有企业人员实行防护行动，无论采取什么行动，不能有人员遗漏，要求在应急前、后进行人员清点。

3）疏散。在重大事故应急发生时，要求从事故影响区疏散企业人员到其他区域，有时甚至要求企业除了负责控制事故的应急人员外的其他人员都必须疏散，小企业或事故迅速恶化时，可直接进行全体疏散。所有人员应该熟悉关于疏散的相关信息，在放弃企业时，应该根据指示关闭所有设施和设备。此外，单元操作人员应该确切知道如何以安全方式进行应急停车，对于控制主要工艺设备停车的应急设备和公用工程，如果没有通知不能实施停车程序。晚上应保证照明充足，便于安全逃生。企业内要设置风标和南北指示标志，让人员辨识逃生方向。

4）现场安全避难。当毒物泄漏时，一般采取疏散或安全避难的方式。当人员受到毒物泄漏的威胁，且疏散又不可行时，现场短期避难所可给人员提供临时保护。

短期避难所通常是具有空气供给的密封室，空气可由瓶装压缩空气提供，一般控制室设计为短期避难所，使操作人员在紧急时安全使用。建立短期避难所的另一原因是人员到达长期避难场所的距离过远，或因缺少替代疏散路线而不能安全疏散。短期避难所应结构良好，没有明显的洞、裂口或其他可能使危险气体进入内部的结构弱点；门窗有良好的密封；通风系统可控制。

如果需要长期避难设施，在计划和设计时必须保证安全的室内空气供给和其他支持系统。

在许多情况下（如快速、短暂的气体泄漏等），采取安全避难是一个很有效的方法，特别是与疏散相比它具有实施所需时间少的优点。

5）企业外疏散和安全避难。在紧急情况尤其是发生毒物泄漏时，应急指挥者首先向外报警并建议政府主管部门采取行动保护公众。接到企业通报，地方政府主管部门应决定是否启动企业外应急行动，协调并接管应急总指挥的职责。

迅速有效地对公众通报应急，通报的应急信息应能提醒和通知大众该做什么。安全避难一般不涉及后勤问题，如果建议进行疏散，后勤问题难度会很快升级，例如，通常是在下风向 1 km 区域内开始疏散，在大城市地区需要疏散人群数目会很大，要求更多时间。没有组织周密的计划结果可能是灾难性的。

为了建立有效疏散计划，企业管理层不能单独行动，应该积极与地方政府主管部门合作，制定应急预案保护公众免受紧急事故危害。

（6）应急救援行动的优先原则。优先原则包括：员工和应急救援人员安全优先；防止事故扩展优先；保护环境优先。以火灾为例，首先要建立疏散和营救遇险者及探测者可以进入的安全区域；其次选择一个防御性的计划来防止火势蔓延。在实施防御措施中，事故指挥者要坚持人员安全优先，要努力保护环境使其免受燃烧流体、烟雾和危险气体的污染。例如，应急者临时构筑防堤，防止燃烧流体与附近化学物质发生反应。

（7）应急救援行动的支援。支援行动是指当实施应急救援预案时，需要援助事故应急行动和防护行动的行动。它包括以下方面：

1）医疗救治。可提供应急医疗救治的组织和医疗援助。负责医疗救治的人员必须熟悉最基本的急救技术，保证在应急行动后立刻开始医疗救治，迅速把伤员从事故现场转移到临时区域，他们可在那里得到充分医疗救治。

2）临时区行动。临时区是应急救援活动后勤运作的活动区域，主要用来接收、临时储存和给应急救援人员分发后勤物资；应急部署前集合企业外应急人员；停放所有运输车辆、救护车、起重机械、消防车和其他来到现场的车辆；提供直升机的降落场地；建立非污染区。

临时区不能离事故现场太远，同时要考虑安全。临时区域应该有充足的车位，保证应急车辆自由移动。应设置保卫防止无关人员进入此区域，临时区选址时要考虑保证电力照明和水源充足。

临时区可位于应急指挥中心附近，位置应该让所有有关人员知道，要张贴标识以指示应急人员。

3）互助与协调外部机构行动。事故的附近企业是拥有技术、人员、物资和设备的另一个资源，其他当地外部机构只有事先介入计划才能有效合作，可以成立互助协会，成员单位事先知道能提供什么合作和由谁提供。

4）执法和社会服务。应急时事故影响区的执法主要由保安和当地公安部门负责，其主要任务是防止无关人员和旁观者进入企业或事故现场，指挥交通以保证公众安全，保护应急行动，企业保安也要控制人员进入应急指挥中心、新闻发布室、有重要记录和商业秘密的敏感地区。

全体应急时，当地警方有指挥疏散和在疏散区执法（防止抢劫）的任务。

社会服务，如对事故受害者家属的援助或对疏散者的帮助应该在政府主管部门的直接指挥下有序进行，编制地方政府应急预案时应予以考虑，对企业员工的其他救助可由企业管理层通过人事部门和当地志愿组织提供。

5）恢复和重新进入。从应急到恢复和重新进入事故现场需要编制专门程序，根据事故类型和损害严重程度，具体问题具体解决。主要考虑的因素有：组织重新进入人员；调查损坏区域；宣布应急结束；开始对事故原因调查；评价企业损失；转移必要操作设备到其他位置；清理损坏区域；恢复损坏区的水、电等供应；清除废墟；抢救被事故损坏的物资和设备；恢复被事故影响的设备、设施；解决保险和损坏赔偿。

当应急结束后，企业应急总指挥应该委派有关人员重新入驻，清理重大破坏地区和保证恢复操作的安全。根据危险的性质和事故大小，重新入驻人员包括应急人员、企业技术、工程维修人员等。重新入驻人员的安全应该保证，如果危险，人员应佩戴个人防护设备，重新入驻要直接观察现场和采取适当措施后才能进入破坏区域。

进入现场的人员应将发现的情况及时通知企业应急指挥，决定是否宣布应急结束。只有在所有火灾扑灭、没有点燃危险存在、所有气体泄漏物质已经被隔离和剩余气体被驱散时，才可以宣布结束应急状态。

恢复工作的最终目的是恢复到企业原有状况或更好，所需时间进程、费用和劳动力与事故的严重程度有关。无论怎样，从事故中吸取教训是极为重要的，同时审查应急救援预案、评价应急行动的有效性，通过加入新的内容，改善原应急预案，提高事故预防水平。

本章小结

事故应急救援是化工安全生产的重要组成部分，建立应急救援系统，及时有效地实施应急救援行动，不但可以预防重大灾害的出现，而且可以有效地减少事故损失和人员伤亡。

本章以应急救援系统基本概念为基础，概括性地介绍了应急救援系统的建立和运作程序，应急救援计划的制订和应急救援行动相关知识。通过本章学习，可全面地认识和了解化工安全事故发生后的应急救援工作，从应急救援系统的构成和运作到计划类型的确定，以及应急行动的执行和方法，较系统地认识企业应急救援工作的意义和方法。

复习思考题

1. 简述事故应急救援的意义。
2. 简要叙述应急救援系统的建立过程。

3. 应急救援系统的运作程序是什么？
4. 应急救援计划的基本要求有哪些？
5. 如何确定应急救援计划类型？
6. 简述应急救援计划的主要内容。
7. 编写事故应急救援计划的基本要求是什么？
8. 事故应急救援计划的编写步骤是什么？
9. 如何进行应急救援计划的检查？
10. 简述事故评估程序。
11. 如何确定现场应急对策并执行？
12. 现场安全避难的选择原则是什么？

主要参考文献

1. 刘景良. 化工安全技术. 北京：化学工业出版社，2003

2. 许文. 化工安全工程概论. 北京：化学工业出版社，2002

3. 蔡凤英，谈宗山. 化工安全工程. 北京：科学出版社，2001

4. 蒋军成，虞汉华. 危险化学品安全技术与管理. 北京：化学工业出版社，2005

5. 杨立中. 工业热安全工程. 合肥：中国科学技术大学出版社，2001

6. 严传俊，范玮. 燃烧学. 西安：西北工业大学出版社，2006

7. 高永庭. 防火防爆工学. 北京：国防工业出版社，1989

8. 汪元辉. 安全系统工程. 天津大学出版社，1999

9. 李民权，曹德扬，欧阳福康等译. 工业污染事故评价技术手册. 北京：中国环境科学出版社，1992

10. 谢兴华. 燃烧理论. 徐州：中国矿业大学出版社，2002

11. 欧文格拉斯曼. 燃烧学. 北京：科学出版社，1983

12. 傅维标，张永廉，王清安. 燃烧学. 北京：高等教育出版社，1989

13. 傅维标，卫景彬. 燃烧物理学基础. 北京：机械工业出版社，1984

14. 许晋源，徐通模. 燃烧学. 北京：机械工业出版社，1979

15. F. A. 威廉斯. 燃烧理论. 北京：科学出版社，1990

16. D. D. Drysdale. An Introduction to Fire Dynamics. New York：John Wiley & Sons，1985

17. Daniel A. Crowl. Understanding Explosions. New York：American Institute of Chemical Enginers，2003

18. 公安部政治部. 消防燃烧学. 北京：中国人民公安大学出版社，1997

19. 韩占先，徐宝林，霍然. 降伏火魔之术：火灾科学与消防工程. 济南：山东科学技术出版社，2001

20. 吕志. 灭火战术. 上海科学技术出版社，1992

21. Charles H. Vervalin 著. 石油化工厂防火手册. 石油部北京石油设计院译. 北京：石油工业出版社，1983

22. 陆忠兴，周元培. 氯碱化工生产工艺. 北京：化学工业出版社，1994

23. 陆滨等. 石油化工手册. 北京：化学工业出版社，1987

24. 宇德明. 易燃、易爆、有毒危险品储运过程定量风险评价. 北京：中国铁道出版社，2000

25. 徐名甫，黄土安. 现代石油防火防爆实用技术. 哈尔滨：黑龙江科学技术出版社，1985

26. 刘诗飞，詹予忠. 重大危险源辨识及危害后果分析. 北京：化学工业出版社，2004

27. 丹尼尔 A. 劳克尔，约瑟夫 F. 卢瓦尔著. 化工过程安全理论及应用. 蒋军成，潘旭海译. 北京：化学工业出版社，2006

28. Willie Hammer，Dennis Price. Occupational Safety Management and Engineering. New York：Pearson Education，2001

29. 杨泗霖. 防火与防爆. 首都经济贸易大学出版社，2000

30. J. 克罗斯，D. 法勒著. 粉尘爆炸. 项云林译. 北京：化学工业出版社 1993

31. 张守中. 爆炸基本原理. 北京：国防工业出版社，1988

32. 冯肇瑞，杨有启. 化工安全技术手册. 北京：化学工业出版社，1993

33. 田兰，曲和鼎，蒋永明等. 化工安全技术. 北京：化学工业出版社，1984

34. 崔克清. 化工过程安全工程. 北京：化学工业出版社，2002

35. 匡永泰，高纬民. 石油化工安全评价技术. 北京：中国石化出版社，2005

36. 崔克清. 化工单元运行安全技术. 北京：化学工业出版社，2006

37. 崔克清，陶刚. 化工工艺及安全. 北京：化学工业出版社，2004

38. 李荫中. 石油化工防火防爆手册. 北京：中国石化出版社，2003

39. 王凯全，邵辉. 事故理论与分析技术. 北京：化学工业出版社，2004

40. 刘茂，吴宗之. 应急救援概论. 北京：化学工业出版社，2004

41. 缪勇，臧广州. 安全事故防范与紧急救援及预案编制实用手册. 北京：民族音像出版社，2003

42. 刘宏. 职业安全管理. 北京：化学工业出版社，2004

43. 王自，齐步走，赵金垣. 化学事故与应急救援. 北京：化学工业出版社，2001

44. 邵辉，王凯全. 危险化学品生产安全. 北京：中国石化出版社，2005